"十四五"职业教育国家规划教材

院校机电类"十三五"
微课版规划教材

U0161329

交流伺服与
变频技术及应用

第4版 | 附微课视频

龚仲华 夏怡 / 编著

ELECTROMECHANICAL

人民邮电出版社
北京

图书在版编目（CIP）数据

交流伺服与变频技术及应用 ：附微课视频 / 龚仲华，
夏怡编著. -- 4版. -- 北京 ：人民邮电出版社，2021.11
职业院校机电类"十三五"微课版规划教材
ISBN 978-7-115-50816-4

Ⅰ．①交… Ⅱ．①龚… ②夏… Ⅲ．①交流电机－伺
服系统－高等职业教育－教材②交流电机－变频调速－高
等职业教育－教材 Ⅳ．①TM921.54②TM340.12

中国版本图书馆CIP数据核字(2020)第069753号

内 容 提 要

本书是"十二五"和"十三五"职业教育国家规划教材《交流伺服与变频技术及应用》的全新改版，
可满足"3+3"现代职教体系机电大类多专业通用教材的要求。

本书以安川公司当前的∑-7系列交流伺服驱动器、CIMR-A1000系列变频器为载体对知识点进行
组织，介绍了变频调速的基本原理、电力电子器件、十二相整流、三电平逆变技术、交-交变流等基础
知识，全面阐述了交流伺服和变频器工程设计、应用、维修所涉及的产品选型，以及电路设计、运行
控制、功能应用、调试维修所涉及的知识与技能。

本书技术先进、知识综合、技能实用、案例丰富，既可作为高等职业院校数控技术、机电一体化
技术、工业机器人技术、机电设备维修与管理等机电类专业的通用教材，也可作为从事数控机床设计、
制造、维修的工程技术人员的参考用书。

- ◆ 编　　著　龚仲华　夏　怡
　　责任编辑　王丽美
　　责任印制　彭志环
- ◆ 人民邮电出版社出版发行　　北京市丰台区成寿寺路 11 号
　　邮编　100164　　电子邮件　315@ptpress.com.cn
　　网址　https://www.ptpress.com.cn
　　北京市艺辉印刷有限公司印刷
- ◆ 开本：787×1092　1/16
　　印张：14.5　　　　　　　　　2021 年 11 月第 4 版
　　字数：355 千字　　　　　　　2025 年 1 月北京第 9 次印刷

定价：49.80 元

读者服务热线：(010)81055256　印装质量热线：(010)81055316
反盗版热线：(010)81055315
广告经营许可证：京东市监广登字 20170147 号

前言　PREFACE

　　本书是"十二五"和"十三五"职业教育国家规划教材《交流伺服与变频技术及应用》全面修订后的版本，总结了编著者多年的教学实践经验，结合了当前高职教育教学改革与发展要求，兼顾了"3+3"现代职教体系机电大类多专业通用教材的要求。本书的主要修订内容如下。

　　1. 贯彻了二十大精神。本书以社会主义核心价值观为引领，注重立德树人，面向现代化、面向世界、面向未来，可激发学生文化创新创造活力，增强实现中华民族伟大复兴信念，树立正确的世界观、人生观和价值观；弘扬精益求精的专业精神、职业精神和工匠精神。

　　2. 更新了技术知识。本书以安川当前的主流产品Σ-7系列交流伺服驱动器、CIMR-A1000系列变频器，代替了原教材的ΣV系列交流伺服驱动器、CIMR-G7系列变频器，并介绍了交-交变流技术、机电一体化集成产品、全闭环控制系统等当代先进技术与产品，知识更先进、技术更实用。

　　3. 调整了体例结构。本书每一任务都设定了知识目标、能力目标，并设置了基础学习、实践指导、拓展提高、技能训练共4个学习环节，构建了从部件到整机、从简单到复杂、从知识到能力、从理论到实践循序渐进的知识学习与能力培养体系，同时大大丰富了技能训练的内容，使教学更方便、练习更详细。

　　4. 凝练了教学项目。本书将原来的导论及10个项目，整合为变频调速原理、交流伺服电路设计与连接、交流伺服驱动器调试与维修、变频器电路设计与连接、变频器调试与维修5个项目，使主题更明确、重点更突出。

　　编著者在本书的编写过程中参阅了安川公司的产品说明书与技术资料，并得到了安川公司技术人员的大力支持，在此表示衷心的感谢。

　　由于编著者水平有限，书中难免存在不足，敬请广大读者予以指正。

编著者

2023年5月

目录 CONTENTS

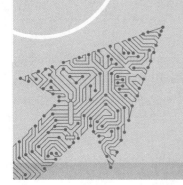

••• 任务一　认识交流电机控制系统 •••

知识目标

1. 熟悉交流传动系统、交流伺服系统以及交流电机的调速方法。
2. 熟悉变频器、交流伺服驱动器。
3. 掌握交流调速系统的主要技术指标。
4. 了解交流电机控制系统的发展历史和机电一体化集成产品。

能力目标

1. 能区分交流传动系统与交流伺服系统。
2. 能区分变频器、交流伺服驱动器与交流主轴驱动器。

基础学习

一、交流电机控制与调速

1. 交流传动与交流伺服

交流电机[1]控制系统是以交流电动机为执行元件的位置、速度或转矩控制系统的总称。按照传统的习惯，用来传递动力、改变转速和转矩的控制系统一般直接称为"传动系统"；而既能传递动力、改变转速和转矩，又能控制位置（电动机角位移）的控制系统称为"伺服系统"。因此，所谓交流传动系统，通常是指交流电机驱动的速度和转矩控制系统；所谓交流伺服系统，通常是指交流电机驱动的位置（含速度和转矩）控制系统。

交流电机调速

交流传动系统在机械、矿产、冶金、纺织、化工、交通等行业的使用较为普遍。交流传动系统一般以感应电机（Induction Motor，IM）[2]作为控制对象，通用型变频器（General Purpose Variable-frequency Drive 或 General Purpose AC Drive）简称变频器，是当前使用较为广泛的控制装置。

交流伺服系统主要用于数控机床、机器人、航天航空等需要大范围调速、高精度位置或速

---

[1] 电机包括"电动机"与"发电机"两类，本书中的电机专指"电动机"。
[2] 为了从原理上区分各类交流电机，"异步电机"一词在国外已被"感应电机"取代，本书采用国际通用名词。

度控制的场合。交流伺服系统的控制对象为交流永磁同步电机（Permanent-Magnet Synchronous Motor，PMSM），其控制装置为交流伺服驱动器（AC Servo Drive）。交流伺服系统的驱动电机一般由驱动器生产厂家专门生产、配套提供，习惯上被称为交流伺服电机（AC Servo Motor）。

2. 交流电机调速

速度控制是交流传动系统与交流伺服系统的共同要求。交流电机的调速方法有很多种，常用的有图1.1-1所示的变极调速、变转差调速、变频调速等。

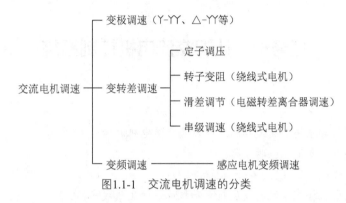

图1.1-1　交流电机调速的分类

（1）变极调速是通过改变感应电机定子绕组的接线（Y-YY、△-YY等）来改变电机磁极数（对数），从而改变电机同步转速的传统调速方案。变极调速需要使用绕组接线可变的多速电机，由于磁极只能成"对"变化，因此这是一种只能进行有限级（一般2级）、成倍改变转速的有级变速方案，通常只用于简单变速，或作为变频调速的辅助变速措施。变极调速可用于磁极可变的感应电机和同步电机（Synchronous Motor，SM）。由于交流伺服电机采用的是永磁同步电机结构，其磁极由永久磁铁产生，故不能使用变极调速。

（2）变转差调速是通过改变感应电机转差率来改变电机输出转速的传统调速方案，它需要配套定子调压、转子变阻、滑差调节、串级调速等大功率调速部件。变转差调速只能用于对存在转差的感应电机调速，且调速装置的体积大、效率低、成本高，调速范围、调速精度、经济性等指标较低。随着变频器、交流伺服驱动器的普及，变转差调速已被逐步淘汰。

（3）变频调速是通过改变交流电频率来改变电机转速的调速方案，它不仅可用于感应电机，而且也可用于同步电机和交流伺服电机。与感应电机相比，交流伺服电机的调速范围更大、调速精度更高、动态特性更好。但是，由于伺服电机的磁场强度恒定，因此，原则上只能用于输出转矩保持不变的恒转矩调速，如机床的进给轴驱动等；而很少用于诸如机床主轴等需要保持输出功率不变的恒功率调速。

交流伺服系统具有能与直流伺服系统相媲美的优异性能，而且其可靠性更高、高速性能更好、维修成本更低，产品已在数控机床、工业机器人等高速、高精度控制领域全面取代传统的直流伺服系统。

二、伺服驱动器与变频器

在以交流电机作为控制对象的速度控制系统中，尽管有多种多样的控制方式，但通过改变供电频率来改变电机转速，仍是目前绝大多数交流电机控制系统的最佳选择。从这一意义上说，当前所使用的交流调速装置（交流伺服驱动器、通用型变频器）都可以通称为"变频器"，其区别只是控制对象（电机）有所不同而已。

1. 交流伺服驱动器与变频器

图 1.1-2 所示为交流伺服驱动器与变频器的控制对象比较。

图1.1-2　交流伺服驱动器与变频器的控制对象比较

交流伺服系统主要用于位置控制，速度、转矩控制只是控制系统中的一部分，因此，习惯上将其控制器称为伺服驱动器（Drive）；而变频器（Variable-frequency Drive）则多指用于感应电机变频调速的通用控制器。因此，可认为交流伺服驱动器的控制对象为交流永磁同步电机（PMSM），以及在此基础上发展起来的、用于回转轴直接驱动的内置力矩电机（Built-in Torque Motor，BTM）和直线轴直接驱动的直线电机（Linear Motor，LM）；而变频器的控制对象则为通用感应电机（IM）、同步电机（PM），以及在此基础上发展起来的内置式永磁同步电机（Interior Permanent-Magnet Synchronous Motor，IPMSM）和同步磁阻电机（Synchronous Reluctance Motor，SRM）。

变频器作为一种通用控制装置，其控制对象是不同厂家生产的、具有不同参数的感应电机。从后文提到的交流电机调速原理可知，建立电机的数学模型是实现精确控制的前提，它直接决定了调速系统的性能，依靠当前的技术还不能做到用一个通用控制装置来精确控制任意控制对象，因此，变频器也分为通用型与专用型两类。

2. 变频器的分类

人们平时常说的"变频器"通常是指通用型变频器，它可以用于不同厂家生产的、具有不同参数的感应电机控制。

通用型变频器在设计时由于无法预知控制对象的各种参数，电机模型需要进行大量的简化与近似处理，其调速范围一般较小，调速性能也较差。矢量控制变频器一般可通过"自动调整（自学习）"操作来自动测试一些简单的电机参数，在有限范围内提高模型的准确性，改善控制性能。

为了实现大范围、高精度变频调速控制，就必须预知控制对象（电机）的精确参数，它只能通过专用感应电机、专用型变频器才能实现。

专用型变频器所配套的感应电机需要由变频器生产厂家特殊设计，并经过严格的测试与试验，其数学模型十分精确，采用闭环矢量控制后的调速性能也大大优于普通感应电机的通用型变频器调速，并且能够准确控制转矩或通过上级位置控制器控制位置。专用型变频器的价格高、性能好、恒功率调速范围宽，通常用于数控机床主轴的大范围、精确调速，故称"交流主轴驱动器"。

实践指导

一、交流调速的技术指标

变频器与交流伺服驱动器是新型交流电机速度调节装置，传统意义上的"调速指标"已经不能全面反映调速系统的性能，需要从静态、动态两方面来重新定义技术指标。

调速系统不但要满足工作机械稳态运行时对转速调节与速度精度的要求，而且还应具有快速、稳定的动态响应特性。因此，除功率因数、效率等经济指标外，衡量交流调速系统技术性能的主要指标有调速范围、调速精度与速度响应三方面。

1. 调速范围

调速范围是衡量系统变速能力的指标，一般以系统在一定的负载下实际可以达到的最低转速与最高转速之比表示，如 1∶100 等；或者直接以最高转速与最低转速的比值 D 表示，如 $D=100$ 等。

在通用型变频器控制普通感应电机的调速系统上，确定系统的调速范围时，需要注意以下两点。

① 调速范围不是变频器参数中的频率控制范围。变频器的实际调速范围要远远小于频率控制范围。这是因为，当变频器输出频率小于或大于一定值时，普通感应电机已无法输出正常运行所需的转矩。因此，即使是三菱公司的 FR-A840 系列变频器，虽然其频率控制范围可达 0.01～590Hz（1∶59000），但普通感应电机采用 V/f[1]调速时的有效调速范围也只有 1∶10（6～60Hz）；即使采用矢量控制，也只能达到 1∶120（0.5～60Hz）。

② 计算调速范围时，不能有传统的"额定负载"这一输出转矩约束条件。因为，当通用型变频器用于感应电机调速时，如果采用 V/f 控制，电机只有在额定频率的点上才能输出额定转矩、额定功率。

定义通用型变频器调速范围的输出转矩条件有所不同，三菱公司一般将电机能短时输出150%转矩的范围定义为调速范围，而安川等公司则将电机连续输出转矩大于规定值的范围定义为调速范围。尽管两种定义方式的含义有所区别，但得到的调速范围值基本一致。

2. 调速精度

交流调速系统的调速精度在开环与闭环控制系统中有不同的含义。在通用型变频器控制普通感应电机的开环系统上，调速精度是指变频器控制 4 极标准电机时，在额定负载下所产生的转速降与电机额定输出转速之比，其性质与传统的静差率类似，计算式如下

---

[1] V/f 为英文电压/频率（Voltage/frequency）首字母的缩写，在国外无一例外地以 V/f 表示，但在国内常被表示为 U/f 控制，本书所采用的是国际通用表示法。

$$\delta = \frac{空载转速 - 满载转速}{额定输出转速} \times 100\%$$

对于闭环控制的交流主轴驱动系统或交流伺服系统，计算式中的"额定输出转速"通常选择电机能够达到的最高转速。

系统的调速精度与系统结构密切相关。一般而言，对于同样的控制方式，采用闭环控制的调速精度可比开环提高约 10 倍。

3. 速度响应

速度响应是交流调速系统新增的技术指标，它是指系统在负载惯量与电机惯量相等的前提下，速度指令以正弦波形式给定时输出可以完全跟踪给定变化的正弦波频率值。

速度响应有时也称频率响应，两种表示方式只是数值及单位不同：速度响应的单位为 rad/s；频率响应的单位为 Hz；两者的转换关系为 1Hz = 2πrad/s。

速度响应是衡量交流调速系统的动态跟随性能的重要指标，也是各种交流调速系统的主要差距所在（见表 1.1-1）。

表 1.1-1 通用型变频器、交流主轴驱动器与交流伺服驱动器的速度响应比较

控制装置		速度响应（rad/s）	频率响应（Hz）
通用型变频器	开环 V/f 控制	10~20	1.5~3
	闭环 V/f 控制	10~20	1.5~3
	开环矢量控制	120~300	20~50
	闭环矢量控制	120~300	20~50
交流主轴驱动器		600~1500	100~250
交流伺服驱动器		2400~20000	400~3200

二、交流调速系统性能比较

通用型变频器、交流主轴驱动器、交流伺服驱动器 3 类调速系统的调速性能及能达到的指标有很大的差别，具体如下。

1. 输出特性

图 1.1-3 所示为国外某公司对通用型变频器控制额定频率为 60Hz 的 4 极标准感应电机（开环 V/f 控制）、交流主轴驱动器控制专用感应电机（交流主轴电机）、交流伺服驱动器控制伺服电机时的输出特性实测结果。

由图可见，通用型变频器控制普通感应电机时，只能在额定频率的点上才能输出 100% 转矩；使用专用感应电机的交流主轴驱动器，在额定频率以下区域均可输出 100% 转矩；而使用交流伺服驱动器，则可以在全范围输出 100% 转矩。因此，在采用通用型变频器控制普通感应电机的场合，电机必须"降额"使用。

引起通用感应电机低速输出转矩下降的一个重要原因是感应电机一般只能依靠转子轴上的风机进行"自通风"冷却，而无独立的冷却风机；随着电机转速的下降，其冷却能力将显著下降，从而导致电机允许的工作电流下降。因此，在通用感应电机上安装独立的冷却风机是提高通用型变频器低速输出转矩的有效措施。

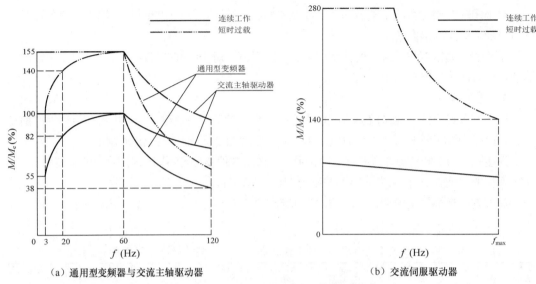

（a）通用型变频器与交流主轴驱动器　　　　　　（b）交流伺服驱动器

图1.1-3　交流电机控制系统的输出特性

2．控制对象

交流伺服电机的转子磁场由永久磁铁产生，磁场强度保持不变。因此，这是一种全范围恒转矩调速的驱动系统，特别适合于恒转矩负载调速，如机床进给驱动等，但不适用于金属切削机床的主轴等恒功率调速。

交流主轴驱动器的控制对象是专用感应电机，它可通过定子磁链的控制进行弱磁升速。因此，这是一种额定转速以下具有恒转矩特性、额定转速以上具有恒功率特性的调速系统，较适合于机床主轴的变速控制。

通用型变频器控制普通感应电机时的输出特性无规律，在整个调速范围内，电机实际可保证的输出转矩只有额定转矩的 50% 左右。因此，无论是恒转矩负载还是恒功率负载，在选用时都必须留有足够的余量。当系统用于恒转矩调速时，一般需要按负载转矩的 2 倍来选择电机与变频器。

3．可控制的电机功率

通用型变频器适用范围广，可控制的电机功率在 3 类产品中为最大，目前已可达 1000kW以上；交流主轴驱动器多用于数控机床的主轴控制，根据机床的实际需要，其最大输出功率一般在 100kW 以下；而交流伺服驱动器则用于高速、高精度位置控制，伺服电机的最大输出功率一般在 15kW 以下。

由于交流主轴驱动器、交流伺服驱动器是针对特殊电机设计的专用控制器，驱动器与电机原则上需要一一对应。而变频器是一种通用产品，对电机的参数无太多要求，因此，只要变频器容量允许，它可用于不同功率电机的控制，如利用 7.5kW 的变频器控制 3.7kW 或 5.5kW 的电机，不但可行而且实际中还经常这样使用。如果需要，变频器还可通过电路切换，利用一个变频器来控制多台电机（称 $1:n$ 控制）。

4. 过载与制动特性

通用型变频器、交流主轴驱动器、交流伺服驱动器的过载性能有较大差别，通常而言，三者可以承受的短时过载能力依次为 100%～150%、150%～200%、200%～350%。

交流伺服电机的转子安装有永久磁铁，停电时可以通过感应电势的作用在定子绕组中产生短路电流，输出动力制动转矩；而交流主轴驱动器与变频器控制的是感应电机，一旦停电旋转磁场即消失，故在停电制动有较高要求的场合应使用机械制动器。

此外，由于交流伺服电机的转子永久磁铁具有固定的磁场，只要定子绕组加入电流，即使在转速为零时，仍能输出保持转矩，即具有所谓"零速锁定"功能。而感应电机的输出转矩需要通过定子旋转磁场与转子间的转差来产生，故交流主轴驱动器与通用型变频器在电机停止时无转矩输出。当然，如果交流主轴驱动器、通用型变频器与带闭环位置控制功能的上级控制器配套使用，且位置调节器的增益足够高，当电机在零位附近产生位置偏移时，仍可通过上级位置控制器产生较大的恢复力矩。

5. 性能比较

目前市场上各类交流调速装置的产品众多，由于控制方式、电机结构、生产成本与使用要求不同，调速性能的差距较大。

通用型变频器、交流主轴驱动器、交流伺服驱动器当前的技术性能比较如表 1.1-2 所示。由于技术的发展与进步，各类产品的性能在不断提高，因此，在不同的时期，3 类产品可达到的技术指标也有较大的不同。

表 1.1–2　交流调速系统当前的技术性能比较

项目	交流伺服驱动器	通用型变频器				交流主轴驱动器
电机类型	永磁同步电机	通用感应电机				专用感应电机
适用负载	恒转矩	无明确对应关系，选择时应考虑 2 倍余量				恒转矩/恒功率
控制方式	矢量控制	开环 V/f 控制	闭环 V/f 控制	开环矢量控制	闭环矢量控制	闭环矢量控制
主要用途	高精度、大范围速度/位置/转矩控制	低精度、小范围变速；1∶n 控制	小范围、中等精度变速控制	小范围、中等精度变速控制	中范围、中高精度变速控制	恒功率变速；简单位置/转矩控制
调速范围	≥1∶5000	≈1∶20	≈1∶20	≤1∶200	≥1∶1000	≥1∶1500
调速精度	≤±0.01%	±2%～3%	±0.3%	±0.2%	±0.02%	≤±0.02%
最高输出频率	—	400～650Hz	400～650Hz	400～650Hz	400～650Hz	200～400Hz
频率响应	400~3200Hz	1.5～3Hz	1.5～3Hz	20～50Hz	20～50Hz	100～250Hz
转矩控制	可	不可	不可	不可	可	可
位置控制	可	不可	不可	不可	简单控制	简单控制
前馈、前瞻控制等	可	不可	不可	不可	可	可

拓展提高

一、交流控制系统的发展

1. 发展简况

与直流电机相比，交流电机具有转速高、功率大、结构简单、运行可靠、体积小、价格低等一系列优点。但从控制的角度看，交流电机是一个多变量、非线性对象，其控制远比直流电机复杂。因此，在一个很长的时期内，直流电机控制系统始终在电气传动、伺服控制领域占据主导地位。

对交流电机控制系统来说，无论速度控制还是位置或转矩控制，都需要调节电机转速，因此变频是所有交流电机控制系统的基础，而电力电子器件、晶体管脉宽调制（Pulse Width Modulation，PWM）技术、矢量控制理论则是实现变频调速的关键。

利用 PWM 技术实现变频调速所需要的交流逆变（以下简称 PWM 变频），是目前公认的最佳控制方案。20 世纪 70 年代初，随着微电子技术的迅猛发展与第二代"全控型"电力电子器件的实用化，高频、低耗的晶体管 PWM 变频成为可能，基于传统电机模型与经典控制理论的无刷直流电机（Brushless DC Motor，BLDCM）伺服驱动系统与 V/f 控制的变频调速系统被迅速实用化，交流伺服驱动器与变频器从此进入了工业自动化的各领域。

早期的交流伺服驱动器与变频器都是基于传统的电机模型与控制理论、从电机的静态特性出发进行控制的，它较好地解决了交流电机的平滑调速问题，为交流控制系统的快速发展奠定了基础。同时由于其结构简单、控制容易、生产成本低，至今仍有所应用。但是，BLDCM 伺服驱动系统采用的是方波供电，由于感性负载（电机绕组）电流不能突变，存在功率管的不对称通断与高速剩余转矩脉动等问题，严重时可能导致机械谐振。V/f 变频调速系统的缺点是无法实现电机转矩的控制，特别在电机低速工作时的转矩输出较小，因而不能用于高精度、大范围调速及恒转矩调速。

随着对电机控制理论研究的深入，20 世纪 70 年代，德国拉斯切克（F. Blaschke）等人提出了感应电机的磁场定向控制理论，美国卡斯特曼（P. C. Custman）与克拉克（A. A. Clark）等人申请了感应电机定子电压的坐标变换控制专利，交流电机控制开始采用全新的矢量控制理论，而微电子技术的迅速发展则为矢量控制理论的实现提供了可能。20 世纪 80 年代初，采用矢量控制的正弦波永磁同步电机（PMSM）伺服驱动系统与矢量控制的变频器产品相继在 SIEMENS（德国）、YASKAWA（日本）、ROCKWELL（美国）等公司研制成功，并被迅速推广与普及。

经过多年的发展，交流电机的控制理论与技术已经日臻成熟，各种高精度、高性能的交流电机控制系统不断涌现，交流伺服驱动系统已经在数控机床、机器人上全面取代直流伺服驱动系统。

2. 关键技术研究

"变流"与"控制"是交流调速的两大关键技术，前者主要涉及电力电子器件应用与电路拓扑结构问题，后者是感应电机控制理论研究与控制技术实用化问题。以变频器为例，其技术的应用与发展过程如图 1.1-4 所示。

在控制理论方面，变频器已从最初的 V/f 控制发展到了今天的矢量控制、直接转矩控制；在控制技术上，则从模拟量控制发展到了数字控制与网络控制。交流电机的速度控制范围与精度得到了大幅度提高，转矩控制与位置控制功能得到了进一步完善，并开始大范围替代直流电机控制系统。

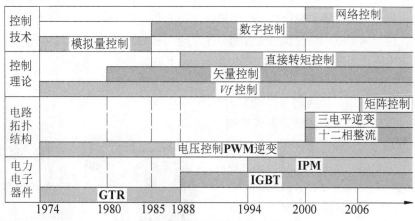

图1.1-4 变频技术的应用与发展过程

在电力电子器件的应用上，交流伺服驱动器与变频器主要经历了第二代"全控型"器件［主要为电力晶体管（GTR）］、第三代"复合型"器件［主要为绝缘栅双极型晶体管（IGBT）］与第四代功率集成电路［主要为智能功率模块（IPM）］3个阶段，IGBT与IPM为当代交流伺服驱动器与变频器的主流器件。

在电路拓扑结构（主电路的结构形式）上，中小容量的交流伺服驱动器与变频器目前仍以"交-直-交"电压控制PWM逆变为主，但十二相整流（12-Phase Rectification）、双PWM变频、三电平逆变（3-Levels Inverting）等技术已在大容量变频器上应用，新一代"交-交"逆变、矩阵控制的变频器（Matrix Converter），如安川公司生产的U1000系列变频器等，已经被实用化。

图1.1-5所示为变频类产品生产企业日本安川公司的产品发展情况，它基本上代表了当代变频技术的发展趋势。

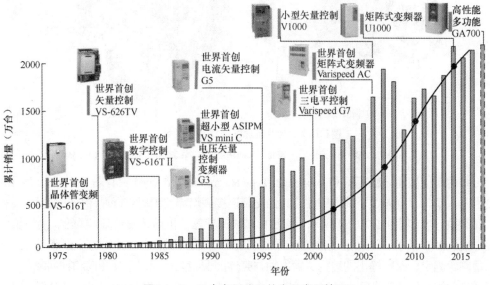

图1.1-5 日本安川公司的产品发展情况

二、机电一体化集成产品

机电一体化集成是当今伺服驱动电机技术发展的另一重要方向。通过驱动电机和机械传动部件的机电一体化集成设计，简化甚至取消机械传动部件，实现电机直接驱动（即所谓的机械"零"传动），也是伺服驱动系统和机械传动部件生产厂家当前研究的重点。伺服执行器、直接驱动电机是其中的代表性产品，其现状和发展情况如下。

1. 伺服执行器

在工业机器人领域，代表当今伺服驱动系统在机电一体化集成研究领域最新成果和发展方向的产品之一是图 1.1-6 所示的伺服执行器（Servo Actuator），知名的谐波减速器生产厂哈默纳科（Harmonic Drive System）、RV 减速器生产厂纳博特斯克（Nabtesco Corporation）近年都相继研发了将谐波减速器、RV 减速器与伺服驱动电机集成为一体的伺服执行器产品。

图1.1-6　伺服执行器

伺服执行器集驱动电机和减速器于一体，可替代传统的"驱动电机+减速器"回转减速系统，直接驱动工业机器人的关节运动。

谐波减速伺服执行器的结构如图 1.1-7 所示。

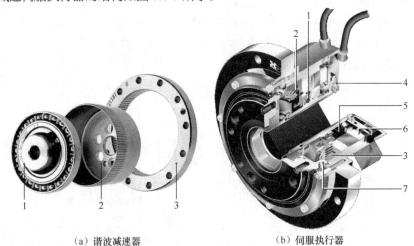

（a）谐波减速器　　　　　（b）伺服执行器

图1.1-7　谐波减速伺服执行器的结构

1—谐波发生器　2—柔轮　3—刚轮　4—编码器　5—转子　6—定子　7—CRB 轴承

传统的部件型谐波减速器（Component Type Harmonic Reducer）只有图 1.1-7（a）所示的谐波发生器、柔轮、刚轮 3 个基本部件，其他安装连接件均需要用户自行设计与安装。

伺服执行器如图 1.1-7（b）所示，它是由谐波减速器（由谐波发生器、柔轮、刚轮组成）、伺服电机、CRB 轴承、位置/速度检测编码器等部件组成的机电一体化集成单元。谐波减速器采用的是刚轮固定、柔轮输出的结构，输出轴与壳体间安装有可同时承受径向和轴向载荷、能直接驱动负载的高精度、高刚性交叉滚子轴承（Cross Roller Bearing，CRB）7；CRB 轴承的内圈内侧与柔轮 2 连接，内圈外侧为带负载连接法兰的输出轴，外圈和壳体连为一体；谐波发生器 1 和伺服电机转子 5 连为一体；伺服电机的定子 6、编码器 4 安装在壳体上。当电机旋转时，可在输出轴上得到可直接驱动负载的减速输出。

2. 直接驱动电机

通过电机直接驱动取消机械传动部件是伺服驱动系统当前的研究热点之一，也是未来的发展方向之一。图 1.1-8 所示的内置力矩电机（Built-in Torque Motor）和直线电机（Linear Motor）是直接驱动电机（Direct Drive Motor）的代表性产品。

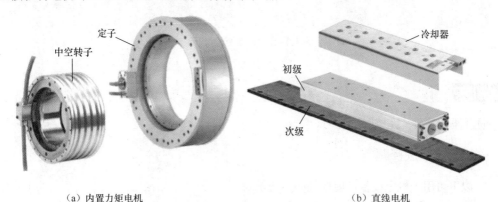

（a）内置力矩电机   （b）直线电机

图1.1-8　直接驱动电机

（1）内置力矩电机（Built-in Torque Motor）是用于工业机器人和数控机床回转运动轴驱动的直接驱动电机，这种电机采用了多极绕组和永磁中空转子，其转速低、输出转矩大，可直接驱动低速、大转矩回转摆动负载。内置力矩电机由美国科尔摩根（Kollmorgen）的前身 Inland 于 1949 年率先研制，由于结构简单、使用方便，产品在工业控制领域得到了广泛的应用。目前，电机最大输出转矩已超过 10000N·m，小规格电机最高转速超过 600r/min，可满足绝大多数工业机器人的驱动要求，是今后工业机器人关节驱动的理想选择，但在数控机床和工业机器人方面的应用目前尚受到美国 US5584621 专利和相关国际专利保护。

（2）直线电机（Linear Motor）是用于工业机器人和数控机床直线运动轴驱动系统的直接驱动电机，它由安装电枢绕组的移动初级（由定子演变）、永磁式固定次级（由转子演变）、冷却器等部件组成，次级部件可根据需要接长。直线电机驱动系统可取消机械传动系统的滚珠丝杠、同步皮带、联轴器等部件，实现直线运动系统的电气直接驱动，是大于 100m/min 的高速直线运动系统的理想选择。直线电机原理早在 1845 年由英国查尔斯·惠斯通（Charles Wheastone）发现，但由于技术原因，直到 20 世纪 70 年代才开始在工业控制领域的某些特殊行业得到应用；到了 20 世纪 90 年代，直线电机才真正开始应用于机械制造业。目前，直线电机的最大推力已超过 20000N、最高移动速度已超过 1200m/min，产品在高速数控机床等上的应用已经较为普遍。

为了适应用户个性化的需求，大规格的内置力矩电机、直线电机目前多以部件的形式提供，电机的安装连接件可由用户根据自己的要求设计；用于工业机器人等中小型设备驱动的内置力矩电机、直线电机现已有图 1.1-9 所示的机电一体化集成设计的直接驱动单元（Direct Drive Unit）产品。

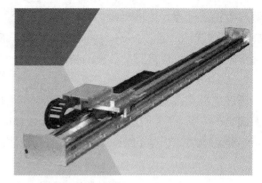

图1.1-9 直接驱动单元

技能训练

通过任务学习，完成以下练习。

一、不定项选择题

1. 以下可用于机电设备速度控制的系统是……………………………………（ ）
    A. 交流传动   B. 直流传动   C. 交流伺服   D. 直流伺服

2. 以下可用于机电设备位置控制的系统是…………………………………（ ）
    A. 交流伺服   B. 变频调速   C. 直流伺服   D. 直流调速

3. 可用来控制、调节交流电机转速的装置是………………………………（ ）
    A. CNC   B. PLC   C. 变频器   D. 伺服驱动器

4. 以下可实现感应电机的无级调速的方法是………………………………（ ）
    A. 变极   B. 变频   C. 调压   D. 变转差

5. 通用型变频器的控制对象通常是…………………………………………（ ）
    A. 伺服电机   B. 感应电机   C. 直流电机   D. 专用电机

6. 通用型变频器与交流主轴驱动器的主要区别是…………………………（ ）
    A. 调速原理   B. 电路结构   C.控制器件   D. 电机

7. 变频器调速范围通常指在该范围内电机的………………………………（ ）
    A. 输出转矩保持不变   B. 输出功率保持不变
    C. 最大输出转矩保持不变   D. 输出转矩大于规定值

8. 目前国产交流伺服驱动器可达到的速度响应为1256rad/s，其频率响应约为……（ ）
    A. 100Hz   B. 200Hz   C. 1000Hz   D. 2000Hz

9. 安川Σ-7系列交流伺服驱动器的频率响应为1600Hz，其速度响应约为…………（ ）
    A. 1000rad/s   B. 2000rad/s   C. 10000rad/s   D. 20000rad/s

10. 数控机床进给轴不使用变频器的主要原因是……………………………（ ）
    A. 无伺服锁定功能   B. 输出功率太小
    C. 输出转矩太小   D. 输出特性不好

11. 国产数控机床主轴常用变频器调速的原因是……………………………（ ）
    A. 价格低   B. 输出功率大   C. 调速范围大   D. 输出特性好

12. 金属切削机床主轴一般不采用伺服驱动的主要原因是.........................( )

    A. 最高转速较低 B. 不能恒转矩调速   C. 输出功率较小   D. 不能恒功率调速

13. 转速低于 5000r/min、精度要求很高时，应优先选用的调速装置是.................( )

    A. 变频器   B. 交流伺服驱动器   C. 交流主轴驱动器 D. 机械变速

14. 在廉价、低性能、小范围调速的场合，应优先选用的调速装置是....................( )

    A. 变频器   B. 交流伺服驱动器   C. 交流主轴驱动器 D. 机械变速

二、简答题

1. 什么叫交流传动系统？它与交流伺服系统有何不同？

2. 简述变频器、交流主轴驱动器、交流伺服驱动器在结构与用途上的主要区别。

3. 什么叫交流调速系统的调速范围？定义变频器调速范围需要注意哪些问题？

4. 交流调速系统的速度响应是怎样定义的？它与频率响应怎样转换？

5. 试比较变频器、交流主轴驱动器、交流伺服驱动器在主要技术指标上的区别。

••• 任务二　掌握电机控制理论与原理 •••

知识目标

1. 掌握法拉第电磁感应定律、电机的机-电能量转换计算式、转矩平衡方程及功率-转矩转换公式。

2. 掌握电机输出特性和负载特性。

3. 熟悉交流伺服电机 BLDCM、PMSM 的运行原理。

4. 熟悉感应电机的运行原理。

5. 了解 V/f 变频控制原理及感应电机等效电路。

能力目标

1. 能够熟练计算电机的输出转矩、功率。

2. 能够区分不同电机的输出特性及各类负载特性。

基础学习

一、电磁感应定律与电磁力定律

电机的本质是实现电能与机械能的转换。机电能量的变换需要通过电磁场实现，电磁感应定律与电磁力定律是实现交流电机控制的理论基础。

1. **法拉第电磁感应定律**

法拉第电磁感应定律的基本内容为：当通过某个线圈中的磁通量 Φ 发生变化时，在该线圈中就会产生与磁通量对时间的变化率成正比的感应电势，其值为

$$e=-\frac{\mathrm{d}\Phi}{\mathrm{d}t}$$

式中的负号表示感应电势的方向总是试图阻止磁通量的变化。磁通量 Φ 为磁场强度 B 与线圈与磁场正交部分面积 S 的乘积。当线圈的匝数为 N 时，感应电势的值也将增加 N 倍，为了便于表示与分析，习惯上将 N 与 Φ 以乘积的形式表示为 $\psi = N\Phi$，并将 ψ 称为磁链，这样，对于多匝线圈，上式可以表示为

$$e = -\frac{\mathrm{d}\psi}{\mathrm{d}t} \tag{1.2-1}$$

如果从电路原理上考虑，通电线圈可以视为电感量为 L 的感性负载，因此，当电感的电流随着时间变化时，电感中的感应电势为

$$e = -L\frac{\mathrm{d}i}{\mathrm{d}t}$$

负号表示感应电势的方向与电流方向相反，与式 1.2-1 进行比较，可以得到

$$\psi = Li \tag{1.2-2}$$

这就是电流–磁链转换公式。

作为法拉第电磁感应定律的应用，可以推出当闭合导体（线圈）在磁场内做切割磁感线运动时，电磁感应定律的表示形式为

$$e = Blv \tag{1.2-3}$$

式中：B——磁感应强度（$\mathrm{Wb/m^2}$）；

$\quad l$——导体长度（m）；

$\quad v$——导体在垂直于磁感线方向的运动速度（m/s）；

$\quad e$——导体的感应电势（V）。

导体中的感应电势的方向可以通过右手定则确定。

在图 1.2-1 所示的交流电机中，由于励磁绕组中通入的是交流电流，故磁链将随时间变化；此外，线圈与磁场存在的相对角位移也将引起线圈磁链的变化，因此式 1.2-1 可展开为

$$e = \frac{\mathrm{d}\psi}{\mathrm{d}t} = \frac{\partial\psi}{\partial t} + \frac{\partial\psi}{\partial\theta}\cdot\frac{\mathrm{d}\theta}{\mathrm{d}t} \tag{1.2-4}$$

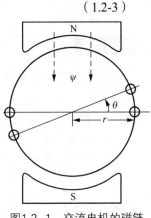

图1.2-1　交流电机的磁链

式 1.2-4 中的前一部分 $\dfrac{\partial\psi}{\partial t}$ 为不考虑线圈与磁场相对角位移时，由磁链本身随时间变化所产生的感应电势，变压器就是应用这一原理的典型事例。因此，$\dfrac{\partial\psi}{\partial t}$ 在部分场合被称为"感应电势"或"变压器电势"。

式 1.2-4 中的第二部分 $\dfrac{\partial\psi}{\partial\theta}\cdot\dfrac{\mathrm{d}\theta}{\mathrm{d}t}$ 为不考虑磁链本身变化，由线圈与磁场相对角位移（线圈切割磁感线）产生的电势，称为"切割电势"或"速度电势"。对于磁场均匀分布的旋转运动，容易证明 $\dfrac{\partial\psi}{\partial\theta}\cdot\dfrac{\mathrm{d}\theta}{\mathrm{d}t} = \psi\omega$，$\omega$ 为线圈旋转角速度（rad/s）。

2. 电磁力定律

通电导体在磁场中将受到电磁力的作用，根据电磁力定律，作用力的大小为

$$F = Bli \tag{1.2-5}$$

式中：B——磁感应强度（$\mathrm{Wb/m^2}$）；

l——导体长度（m）；

i——导体的电流（A）；

F——导体所受到的电磁力（N）。

力的方向可以通过左手定则确定。

由式 1.2-3 与式 1.2-5 可知，当通电导体为闭合线圈，通过的电流强度为 i，并假设线圈导体的运动方向始终垂直于磁感线，则机-电功率转换式可以表示为

$$P=e \cdot i=Blv \cdot i=Bli \cdot v=F \cdot v$$

对于旋转电机，假设线圈的半径为 r（见图 1.2-1），旋转角速度为 ω，则线圈的转矩 $M = F \cdot r$，线圈的线速度为 $v = \omega \cdot r$，所以

$$P=e \cdot i=F \cdot v=M \cdot \omega \qquad (1.2\text{-}6)$$

即：在不考虑导体发热损耗时，通电导体所消耗的电能与导体所具有的机械能相等。这便是电动机机-电能量转换计算式。

二、电机运行的力学基础

使用电机的根本目的是通过电机所产生的电磁力带动机械装置（负载）进行旋转或直线运动，因此，习惯上称之为"电力拖动系统"。

研究电机控制系统不但需要考虑电机的电磁问题，而且还涉及诸多的机械运动问题，因此，需要熟悉电机传动系统所涉及的力学问题与计算公式。

1. 转矩平衡方程

电力拖动系统是建立于牛顿运动定律基础上的机电系统，对于转动惯量固定不变的旋转运动，牛顿第二定律的表示形式为

$$M = M_f + J \frac{d\omega}{dt} \qquad (1.2\text{-}7)$$

式中：M——电机输出转矩（N·m）；

M_f——负载转矩（N·m）；

J——转动惯量（kg·m^2），当质量 m 的物体绕半径 r 进行回转时，$J = mr^2$；

ω——电机角速度（rad/s），当以电机转速 n（r/min）表示时，$\omega = \dfrac{2\pi n}{60}$。

式 1.2-7 又称电力拖动系统的转矩平衡方程。

电机输出的机械功率可以通过下式进行计算

$$P=M \cdot \omega \qquad (1.2\text{-}8)$$

当功率单位为 kW、转矩单位为 N·m、角速度用电机转速 n（r/min）表示时，上式可以转换为

$$P = M \cdot \frac{2\pi}{60} n \cdot \frac{1}{1000} \approx \frac{1}{9550} Mn \ (\text{kW}) \qquad (1.2\text{-}9)$$

这就是电机输出功率-转矩转换公式。

2. 机械特性

电机输出转矩、功率与转速之间的相互关系称电机的机械特性。为了反映电机的主要参数，对于不同的电机，其机械特性的表示方法也有所区别。

交流伺服电机主要用于恒转矩负载控制，输出转矩是电机的主要参数，因此，其机械特性通常以图1.2-2（a）所示的 $M = f(n)$ 曲线表示。电机转速小于额定转速时，其输出转矩为定值；大于额定转速时，输出转矩稍有下降。

交流主轴电机主要用于恒功率负载控制，输出功率是电机的主要参数，因此，其输出特性通常以图1.2-2（a）所示的 $P = f(n)$ 曲线表示。电机转速小于额定转速时，其输出转矩为定值，输出功率随转速线性增加；大于额定转速时，输出功率保持不变。

感应电机以速度控制为主，输出转速是电机的主要参数，因此，其机械特性通常以图1.2-2（b）所示的 $n = f(M)$ 的曲线表示。当负载转矩低于电机额定输出转矩时，其输出转速基本上随负载转矩的增加而线性下降。

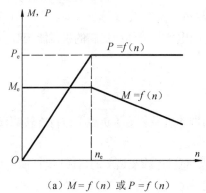
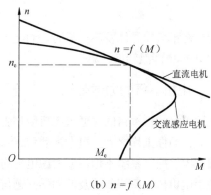

（a）$M = f(n)$ 或 $P = f(n)$ （b）$n = f(M)$

图1.2-2　电机的机械特性

3. 负载特性

人们在选择交流调速装置时，经常涉及恒转矩调速、恒功率调速等概念，这是根据不同负载的特性对调速系统所提出的要求。

（1）恒转矩负载

恒转矩负载是要求驱动转矩不随转速改变的负载。例如，对于图1.2-3所示的起重机，驱动负载匀速提升所需要的转矩为 $M = F \cdot r$，由于卷轮半径 r 不变，在起重机的提升重量指标确定后，就要求驱动电机在任何转速下都能够输出同样的转矩，这就是恒转矩负载。

再如，对于利用滚珠丝杠驱动的金属切削机床的进给运动，电机所产生的进给力 F 和输出转矩 M 的关系为 $M = F \cdot \dfrac{h}{2\pi}$（$h$ 为丝杠导程）。由于丝杠导程 h 固定不变，因此，在机床进给力指标确定后，同样要求驱动电机在任何转速下都能够输出同样的转矩，这也是典型的恒转矩负载。

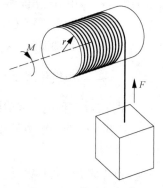

图1.2-3　起重机负载

（2）恒功率负载

恒功率负载是要求驱动功率不随转速改变的负载。例如，对于金属切削机床，刀具在单位时间内能切削的金属材料体积 Q 直接代表了机床的加工效率。而 $Q = k \cdot P$（k 为单位功率的切削体积），在刀具、零件材料确定后，k 为定值，因此，当机床加工效率指标确定后，就要求带动刀具或工件旋转的主轴电机能够在任何转速下输出同样的功率，这就是典型的恒功率负载。

但是，由电机输出功率-转矩转换式 1.2-9 可知，电机的输出功率与输出转矩和转速的乘积成正比，当转速很小时，如要保证输出功率不变，就必须有极大的输出转矩，这是任何调速系统都无法做到的。目前，即使在交流主轴驱动系统上，电气调速也只能够保证额定转速以上区域实现恒功率调速。为此，对于需要大范围、恒功率调速的负载，如机床主轴等，为了扩大其恒功率调速范围，往往需要通过变极调速、增加机械减速装置等辅助手段来扩大电机的恒功率输出区域。

例如，对于额定转速为 1500r/min、最高转速为 6000r/min 的主电机，其实际恒功率调速区为 1500～6000r/min，电机和主轴 1∶1 连接时的恒功率调速范围为 4。但是，如增加图 1.2-4 所示的传动比为 4∶1 的一级机械减速，并在主轴低于额定转速 1500r/min 时自动切换到低速挡，就可将主轴的恒功率输出区扩大至 375～6000r/min，主轴的恒功率调速范围变为 16。

（3）风机负载

除以上两类负载外，风机、水泵等也是经常需要进行调速的负载，此类负载的特点是：转速越高，所产生的阻力越大。负载转矩和转速的关系为 $M = k \cdot n^2$，它要求电机在启动阶段的输出转矩较小，但随着转速的升高，电机的输出转矩需要以速度的平方关系递增，此类负载称为风机负载。

以上 3 类负载的特性如图 1.2-5 所示。但实际负载往往比较复杂，多数情况是各种负载特性的组合，如恒功率负载，它总是有机械摩擦阻力等非恒功率负载因数，因此，工程上所谓的恒转矩、恒功率和风机负载，只是指负载的主要特性。

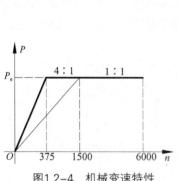
图1.2-4 机械变速特性

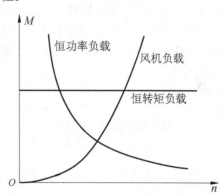
图1.2-5 负载特性

综上所述，所谓恒转矩调速就是要求电机的输出转矩不随转速变化的调速方式，而恒功率调速则是要求电机输出功率不随转速变化的调速方式。

4. 电力拖动系统稳定运行条件

电力拖动系统的稳定运行与电机的机械特性及负载特性有关。

图 1.2-6 所示的感应电机用于恒转矩负载驱动时，特性段 C-C'为稳定工作区，而特性段 C'-C"为不稳定工作区。

例如，当电机工作于稳定工作区的 A 点时，电机的输出转矩与负载转矩相等（同为 M_f），由转矩平衡方程 $M - M_f = J\dfrac{\mathrm{d}\omega}{\mathrm{d}t}$ 可知，这时的加速转矩

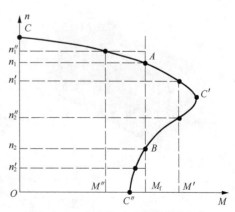
图1.2-6 电力拖动系统的稳定运行

$M' - M_f = 0$，电机转速将保持 n_1 不变。

如果运行过程中某种原因使电机转速由 n_1 下降到了 n_1'，从机械特性可见，此时的电机输出转矩将由 M_f 增加到 M'，转矩平衡方程中的 $M' - M_f > 0$，故 $\dfrac{d\omega}{dt} > 0$，电机随即加速，输出转速随之上升，直到电机转速回到 n_1、$M - M_f = 0$ 时才停止加速，重新获得平衡。反之，当某种原因使电机转速由 n_1 上升到 n_1'' 时，电机输出转矩 M'' 将小于 M_f，因此，$M'' - M_f < 0$、$\dfrac{d\omega}{dt} < 0$，电机随即减速，输出转速下降，直到回到 n_1 点后 $M - M_f = 0$，重新获得平衡。

当电机工作在不稳定区的 B 点时，电机输出转矩等于负载转矩也同为 M_f，加速转矩 $M' - M_f = 0$，电机转速可暂时保持 n_2 不变。但是，当某种原因使电机转速由 n_2 下降到 n_2' 时，从机械特性上可见，此时电机输出转矩反而小于 M_f，故 $M - M_f < 0$、$\dfrac{d\omega}{dt} < 0$，电机将减速，转速进一步下降，如此不断循环，直到停止转动。同样，当某种原因使电机转速由 n_2 上升到 n_2'' 时，电机输出转矩反而由 M_f 增加到 M'，导致 $M' - M_f > 0$、$\dfrac{d\omega}{dt} > 0$，电机将加速，转速进一步上升，如此不断循环，最终远离 n_2 点。

由此可见，电力拖动系统稳定运行的条件是：当转速高于运行转速时，电机输出转矩必须小于负载转矩；当转速低于运行转速时，电机输出转矩必须大于负载转矩，以便电机加速回到平衡点。

实践指导

一、交流伺服电机运行原理

1. BLDCM 运行原理

交流伺服电机本质上是一种交流永磁同步电机，电机外形与结构如图 1.2-7 所示。

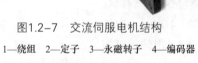

图1.2-7　交流伺服电机结构

1—绕组　2—定子　3—永磁转子　4—编码器

伺服电机运行原理

交流伺服电机的转子安装有高性能的永磁材料，可产生固定的磁场；定子布置有三相对称绕组。采用不同方式运行的电机，其结构并无太大的区别。

交流伺服电机可以像直流电机一样控制运行，而且其性能与直流电机类似，故又称无刷直流电机（Brushless DC Motor，BLDCM）。图 1.2-8 所示是交流伺服电机 BLDCM 运行和直流电机运行的原理比较图。

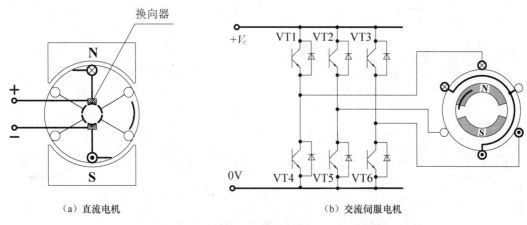

（a）直流电机　　　　　　　　　　　　　　（b）交流伺服电机

图1.2-8　交流伺服电机运行和直流电机运行的原理比较

图 1.2-8（a）所示为直流电机运行原理图。在直流电机中，定子为磁极（一般由励磁绕组产生，为了便于说明，图中以磁极代替），转子上布置有绕组，电机依靠转子线圈通电后所产生的电磁力转动。直流电机通过接触式换向器的换向，保证任意一匝线圈转到同一磁极下的电流方向总是相同的，以产生方向不变的电磁力，保证转子向固定方向连续旋转。

图 1.2-8（b）所示为交流伺服电机的运行原理图。由图可见，交流伺服电机的结构相当于将直流电机的定子与转子进行了对调，当定子绕组通电后，产生的反作用电磁力使得磁极（转子）产生旋转。

定子中的绕组可以通过对功率晶体管（MOSFET、IGBT、IPM 等）的控制按照规定的顺序轮流导通，例如，图 1.2-8（b）中顺序为 VT1/VT6→VT6/VT2→VT2/VT4→VT4/VT3→VT3/VT5→VT5/VT1→VT1/VT6，以保证定子绕组产生方向不变的电磁力，带动转子向固定方向旋转。如果改变功率管的通断次序，将图 1.2-8（b）中的通断次序改为 VT4/VT2→VT2/VT6→VT6/VT1→VT1/VT5→VT5/VT3→VT3/VT4→VT4/VT2，即可改变电机的转向；而改变功率管的切换频率则可调节电机转速。

这样的交流伺服电机只是以功率管的电子换向取代了直流电机的整流子与换向器，其性能特点与直流电机完全相同，但取消了直流电机的换向器，故称为"无刷直流电机"。

BLDCM 运行的关键是需要根据转子磁极的不同位置控制对应功率管的通断。为此，必须在转子上安装用于位置检测的编码器或霍尔元件，以保证功率管通断的有序进行。

BLDCM 兼有直流电机与交流电机两者的优点，同时避免了换向器带来的高速换向与制造维修等问题，大幅度提高了最高转速，其使用寿命长、维修方便、可靠性高。BLDCM 只需要在直流电机的基础上增加电子换向控制，其控制非常容易，可以通过简单的电子线路、利用模拟量控制实现，因此在 20 世纪 80 年代就被实用化与普及，在数控机床、机器人等控制领域得到了广泛应用。

2. PMSM 运行原理

交流伺服电机进行 BLDCM 运行时，其定子绕组电流为图 1.2-9（a）所示的方波，它直接利用电磁力带动转子旋转，其定子中不存在空间旋转的磁场。

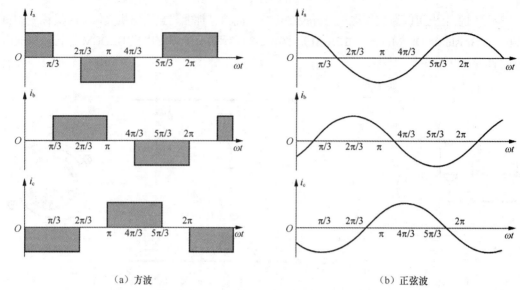

（a）方波　　　　　　　　　　　　　　　　（b）正弦波

图1.2-9　交流伺服电机定子绕组的电流形式

BLDCM 运行虽然具有控制简单、可靠性高等一系列优点，但所存在的问题是：由于定子绕组是电感负载，其电流不能突变；而且在同样的电压下，定子绕组的反电势与电流变化率相关。因此，在不同转速下的反电势将随着切换频率的变化而改变，它将带来功率管的不对称通断与高速剩余转矩脉动，严重时可能导致机械谐振的产生，故难以满足高速数控机床等大范围高速、高精度控制的要求，目前已较少使用。

随着微处理器、电力电子器件与矢量控制理论、PWM 变频技术的快速发展，人们借鉴了感应电机的运行原理，将交流伺服电机中的定子电流由图 1.2-9（a）所示的方波改为图 1.2-9（b）所示的三相正弦波，这样便可以在定子中产生平稳的空间旋转磁场，带动转子同步、平稳旋转，这种电机称为"交流永磁同步电机（PMSM）"。

PMSM 利用了平稳的空间旋转磁场带动转子同步旋转，它解决了 BLDCM 运行的不对称通断与高速剩余转矩脉动问题，其运行更平稳，动、静态特性更好，它是当代交流伺服驱动器的主要形式。PMSM 采用一种交流同步电机运行方式，电机的输出转速与定子的三相电流的频率、电机结构（磁极对数）有关，因此，其调速原理与通用型变频器相同。

3. 输出特性

交流伺服电机的运行原理与直流电机类似，它具有与直流电机类似的优异的调速性能。通过前面的基本理论学习，我们知道，电机绕组产生的电磁力为 $F = Bli$，由电磁力产生的回转转矩为 $M = F \cdot r$。因此，在电机结构确定后，绕组的长度 l、半径 r 均为定值，电机的输出转矩将取决于磁场强度 B 与绕组电流 i。

如果进一步分析，对于交流伺服电机，由于转子采用的是磁场强度 B 保持不变的永久磁铁励磁，因此，电机的输出转矩实际上只取决于绕组电流 i。

限制电机绕组电流的主要因素是绕组发热。当电机绕组通入电流后，由于绕组本身存在电阻，它将产生 $P = I^2R$ 的功率损耗，这一损耗将转换为热量散发，导致绕组温度的上升，从而引起绝缘材料的损坏。因此，对于绕组绝缘材料固定不变的电机，绕组允许通过的最大电流是一个固定不变的值。

综上所述，对于交流伺服电机，理论上说，不论电机以什么转速运行，绕组允许的最大电流始终是一个定值，从而使得电机的输出转矩也是一个定值。因此，伺服电机是一种具有"恒转矩"输出特性的驱动电机。

交流伺服电机的输出特性如图 1.2-10 所示。采用永久磁铁励磁的交流伺服电机，只要绕组存在电流，便可产生输出转矩。因此，即使电机处于转速为 0 的静止状态，也同样能产生转矩。伺服电机静止时的输出转矩称为"静态转矩"。电机静止时，轴承等部件无摩擦、发热，绕组允许的最大电流可略大于运行时的电流，电机输出转矩也可略高于额定输出转矩。电机运行时，随着电机转速的升高，轴承等部件的摩擦损耗、发热将逐步增加，最大电流、输出转矩均将随之下降。

实验表明，当电机在额定转速以下工作时，轴承等部件引起的摩擦、发热基本可视为定值。因此，电机的输出转矩可保持恒定，即：对于额定转速以下的区域，电机的额定输出转矩与静态转矩近似相等。但是，当电机在额定转速以上区域高速运行时，轴承等部件引起的摩擦、发热将显著增加，为了保证电机温升不超过允许值，绕组的最大电流需要相应降低，电机的输出转矩稍有下降。

需要注意的是：由于交流伺服电机的磁场强度不能改变，它不能像直流电机那样，通过降低磁场强度的"弱磁"调速来保持电机输出功率的恒定，因此，它不适合于金属切削机床的主轴控制等"恒功率负载"驱动。

交流伺服驱动系统具有优异的加减速与过载性能。由于永久磁铁具有固定不变的磁场，短时大电流也不会立即

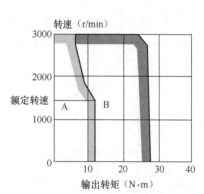

图1.2-10 交流伺服电机的输出特性

产生温升，静态加速时其加减速转矩可达额定转矩的 300%以上。交流伺服电机运行时，如果负载出现短时的过载，电机也能产生短时的过载转矩以克服负载转矩，保持速度或位置不变。

交流伺服电机的最高转速一般可达到 3000~6000r/min。在所有交流调速系统中，交流伺服的调速范围最大、精度最高、过载能力最强、速度响应最快，故可用于高速、高精度速度与位置控制。

二、感应电机运行原理

1. 旋转磁场的产生

变频器与交流伺服驱动器的控制对象有所不同，它是一种用于通用感应电机调速控制的装置。

图1.2-11 感应电机的结构

1—定子 2—转子 3—绕组 4—风叶

感应电机的结构如图 1.2-11 所示，它与交流伺服电机的主要结构区别在于转子无永久磁铁。

三相交流感应电机运行原理是：通过三相交流电在定子中产生旋转磁场，并通过这一磁场的电磁感应作用在转子中产生感应电流，依靠定子旋转磁场与转子感应电流之间的相互作用，

使得转子跟随旋转磁场旋转。

旋转磁场是一种强度不变并以一定的速度在空间旋转的磁场。理论与实践证明，只要在对称的三相绕组中通入对称的三相交流电，就会产生旋转磁场。

以单绕组线圈为例，假设三相绕组 A-X、B-Y、C-Z 互隔 120° 对称分布在定子的圆周上，当在三相绕组中分别通入如下电流

$$i_A = I_m \cos\omega t$$

$$i_B = I_m \cos\left(\omega t - \frac{2\pi}{3}\right)$$

$$i_C = I_m \cos\left(\omega t - \frac{4\pi}{3}\right)$$

感应电机运行
原理

在不同时刻，3 个线圈所产生的磁场变化过程如图 1.2-12 所示。假设当电流的瞬时值为正时，电流方向从绕组的首端（A、B、C）流入（用符号×表示）、末端（X、Y、Z）流出（用符号·表示）。

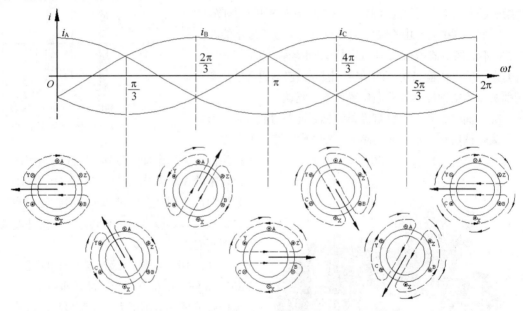

图1.2-12　旋转磁场的产生

在 $\omega t = 0$ 时刻，$i_A = I_m$、$i_B = -\frac{I_m}{2}$、$i_C = -\frac{I_m}{2}$，因此 A 相电流为正（从 A 端流入，X 端流出），而 B、C 相为负（从 Y、Z 端流入，B、C 端流出）。由图可见，Y、A、Z 3 个线圈相邻边的电流都为流入，而 B、X、C 3 个线圈相邻边的电流都为流出。根据右手定则可画出其磁感线分布为图 1.2-12 左侧第一图所示，方向为自右向左。

到了 $\omega t = \frac{\pi}{3}$ 时刻，$i_A = i_B = \frac{I_m}{2}$、$i_C = -I_m$，因此 A、B 相电流为正（从 A、B 端流入，X、Y 端流出），而 C 相为负（从 Z 端流入，C 端流出）。由图可见，A、Z、B 3 个线圈相邻边的电流都为流入，而 X、C、Y 3 个线圈相邻边的电流都为流出，根据右手定则可画出其磁感线分布为图 1.2-12 左侧第二图所示，磁场方向在第一图的基础上顺时针旋转了 60°。

同理可得到 $\omega t=\dfrac{2\pi}{3}$、π、$\dfrac{4\pi}{3}$、$\dfrac{5\pi}{3}$、2π 时刻的磁场分布图。

由图 1.2-12 可见，在对称的三相绕组通入对称三相电流后，就可以得到一个磁场强度不变、但磁极在空间旋转的旋转磁场。这一旋转磁场通过电磁感应的作用就可以带动转子的旋转，感应电机就是依据这一原理所制造。

当交流电机的定子通过三相交流电产生旋转磁场后，如果转子处于静止状态，则旋转磁场与转子导条之间将产生切割磁感线的相对运动，导条中将产生感应电势与感应电流，而这一感应电流又将在导条上产生电磁力。由电磁感应原理可知，这一电磁力的方向总是在使得转子跟随旋转磁场旋转的方向上。通俗地讲，旋转磁场将"吸引"转子同方向旋转，这就是感应电机的运行原理。

在转子中产生电磁力的前提是转子导条与旋转磁场之间必须存在切割磁感线的相对运动。也就是说，转子的转速必须小于旋转磁场的转速，否则，两者将相对静止而无电磁力的产生。因此，这是一种转子转速与旋转磁场转速不同步的电机，俗称"异步电机"。

在感应电机中，旋转磁场的转速称为"同步转速"，而转子的转速称为"输出转速"或直接称"电机转速"，两者之间的转速差称为"转差率"。转子与旋转磁场的速度差越大，所产生的感应电流也就越大，电磁力也就越大。因此，在同步转速不变的情况下，电机的负载越重，为了产生相应的输出转矩，转差率就越大，电机转速也就越低。

电机的输出转矩还与旋转磁场的强度有关，磁场强度越大，同样转速差下所产生的电磁转矩也就越大。因此，为了控制感应电机的输出转矩，还需要通过改变定子的电压来改变旋转磁场的强度。

2. 同步转速

从图 1.2-12 可见，对于单绕组布置（称 1 对极）的电机，当三相电流随时间变化一个周期（2π）时，旋转磁场正好转过 360°（一转）。因此，如果电流的频率为 f（每秒变化 f 周期），旋转磁场的转速将为 f 转/秒，即

$$n_0=f\ (\text{r/s})=60f\ (\text{r/min})$$

旋转磁场的转速 n_0 称为感应电机的同步转速，在 1 对极的电机上它只与电流频率有关。但是，如果圆周上布置 2 组对称三相绕组 X-A、B-Y、C-Z 与 X'-A'、B'-Y'、C'-Z'，并将同相绕组 X-A 与 X'-A'、B-Y 与 B'-Y'、C-Z 与 C'-Z' 串联连接且按图 1.2-12 排列，电机的磁场极对数变为 2。

通过同样的分析方法可得到 $\omega t=0$、$\dfrac{2\pi}{3}$、$\dfrac{4\pi}{3}$、2π 时刻的磁场分布，如图 1.2-13 所示。比较图 1.2-12 与图 1.2-13 在同一时刻下的磁场分布图可知：极对数为 2 时，所产生的空间旋转磁场在电流变化一周期时仅转过 180°。

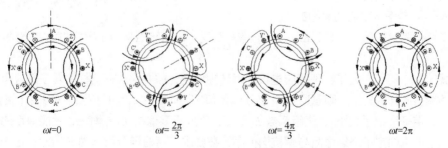

$\omega t=0$ 　　$\omega t=\dfrac{2\pi}{3}$ 　　$\omega t=\dfrac{4\pi}{3}$ 　　$\omega t=2\pi$

图 1.2-13　极对数为 2 时的旋转磁场

同理可得，当圆周上布置有 p 组对称三相绕组（极对数为 p）时，其同步转速一般计算式为

$$n_0 = \frac{f}{p} \text{（r/s）} = 60\frac{f}{p} \text{（r/min）}$$

由此可见，交流电机的同步转速只与电机的极对数 p、输入交流电的频率 f 有关，如果需要调节电机同步转速，只需要改变电机的极对数与频率。

由于电机极对数与结构相关，且改变 p 只能成倍改变同步转速而不能做到无级调速，因此，变极调速只能作为辅助变速手段。也就是说：通过改变同步转速实现的无级调速只能利用"变频"控制实现。这一结论同样适用于 PMSM 电机。

综上所述，无论是交流伺服电机还是感应电机，都可通过改变频率实现电机的平滑调速。变频器、交流主轴驱动器、交流伺服驱动器都是为了实现这一功能而制造的不同类型控制器。

拓展提高

一、V/f 变频控制原理

感应电机的变频调速控制可分为保持定子电压与频率的比例为恒定的控制（简称 V/f 控制）与矢量控制两大类。V/f 控制是基于感应电机传统的等效电路，从交流电机的静态特性分析出发，对感应电机所进行的变频调速控制，其原理可以通过感应电机传统的等效电路与静态运行特性进行分析。

由电磁感应原理可知，当定子线圈中通入了频率为 f 的交流电后，在定子线圈中的感应电势为

$$E_1 = \sqrt{2}\pi f_1 k_1 W_1 \Phi \tag{1.2-10}$$

式中：E_1——定子感应电势；

f_1——定子电流频率；

k_1——定子绕组系数；

W_1——定子绕组匝数；

Φ——磁通量。

从电磁学的角度分析，感应电机转子中产生的电磁转矩为

$$M = K_m \Phi I_2 \cos\varphi \tag{1.2-11}$$

式中：K_m——电机转矩常数；

I_2——转子感应电流；

$\cos\varphi$——转子电路的功率因数。

对于结构固定的感应电机，K_m、$\cos\varphi$ 基本不变，输出转矩与转子感应电流 I_2 与磁通量 Φ 有关。

由式 1.2-11 可见，为了实现感应电机的恒转矩调速，需要保证在同样的转子感应电流 I_2 下电机能够输出同样的转矩，则磁通量 Φ 必须保持恒定。而由式 1.2-10 可知，对于电机结构一定的电机，其定子绕组匝数 W_1、绕组系数 k_1 不变，因此只要保持 E_1/f_1 恒定，就能保证磁通量 Φ 不变。由于电机的定子绕组电阻与感抗均很小，在要求不高的场合可认为 $E_1 \approx U_1$（定子电压），也就是说，只要保持变频调速时的 U_1/f_1 不变，就可近似实现感应电机的恒转矩调速。这样的变

频调速控制称为"V/f控制"方式。

二、感应电机等效电路

通过对感应电机运行原理的分析可知，感应电机旋转磁场的转速与电流频率成正比，只要能够改变电流频率便可实现调速。但是，实际控制并没有这么简单，因为定子电流频率的改变将影响电机绕组的感抗、感应电势、输出特性等诸多参数，所以需要对电机的特性进行深入分析。

感应电机的转子绕组实质上是一组短路的导条，绕组通过电磁感应从定子旋转磁场上获得能量。从电磁感应原理上说，它可视为一种旋转着的变压器，电机的定子绕组相当于变压器的初级线圈，而转子则相当于次级线圈。

当感应电机转子静止、而磁场以f_1的频率旋转时，假设转子绕组中的感应电势为E_{20}，则转子中的感应电流为

$$I_{20} = \frac{E_{20}}{R_2 + j\,X_2} \tag{1.2-12}$$

式中：R_2——转子绕组电阻；

X_2——转子绕组感抗，$X_2 = 2\pi f_1 L_2$。

根据变压器原理，如果将转子的感应电势与电流统一归算到定子侧，则有

$$I'_{20} = \frac{W_2}{W_1} \cdot I_{20} = \frac{W_2}{W_1} \cdot \frac{\frac{W_2}{W_1} \cdot E_1}{R_2 + j\,X_2} = \frac{E_1}{R'_2 + j\,X'_2} \tag{1.2-13}$$

式中：$R'_2 = \left(\dfrac{W_1}{W_2}\right)^2 \cdot R_2$；$X'_2 = \left(\dfrac{W_1}{W_2}\right)^2 \cdot X_2$；

W_1、W_2——定子、转子绕组匝数；

E_1——定子感应电势。

以上为转子静止时的等效式。

如果转子以转速n旋转，并定义转差率$S = \dfrac{n_1 - n}{n_1}$（n_1为同步转速），则转子与旋转磁场的相对转速将为S_{n_1}，式1.2-13中与频率相关的转子感应电势、电抗亦将随着转速的改变而改变。这时，归算到定子侧的转子电流将变为

$$I'_2 = \frac{SE_1}{R'_2 + j\,SX'_2} = \frac{E_1}{R'_2 + j\,X'_2 + \frac{1-S}{S} \cdot R'_2} \tag{1.2-14}$$

由式1.2-13与式1.2-14可见，与转子静止时相比，电机转动后相当于在转子等效电路上增加了一项$\dfrac{1-S}{S} \cdot R'_2$的等效电阻，而根据能量转换原理，此电阻所消耗的功率就是电机旋转时的输出功率。

在考虑定子绕组的阻抗$R_1 + jX_1$和激磁阻抗Z_m后，根据式1.2-14可以得到感应电机的单相等效电路，如图1.2-14所示。

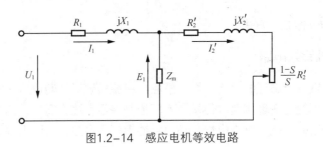

图1.2-14 感应电机等效电路

三、感应电机的机械特性

根据力学方程，角速度为 ω、输出转矩为 M 的回转体所对应的机械功率为 $P_j = M \cdot \omega$。按照能量守恒定律，三相感应电机的这一功率应与等效电路中三相绕组的等效电阻 $\frac{1-S}{S} \cdot R_2'$ 所消耗的功率相等，故可得

$$M = \frac{3I_2'^2}{\omega} \cdot \left(\frac{1-S}{S} \cdot R_2' \right) \qquad (1.2\text{-}15)$$

考虑到 $\omega = 2\pi n$ 及 $\frac{n}{1-S} = n_1$、$n_1 = \frac{f_1}{p}$（n 为转子输出转速，n_1 为同步转速，单位为 r/s；f_1 为定子电流频率，p 为电机极对数），代入式1.2-15整理后得

$$M = \frac{3}{2\pi n_1} \cdot \frac{I_2'^2 R_2'}{S} = \frac{3p}{2\pi f_1} \cdot \frac{I_2'^2 R_2'}{S} \qquad (1.2\text{-}16)$$

由于感应电机的定子绕组的电阻 R_1 与感抗 X_1 的压降和定子感应电势 E_1 相比很小，在工程计算时可以用图1.2-15所示的等效电路来近似代替图1.2-14，因此

$$I_2' = \frac{SE_1}{\sqrt{R_2'^2 + \left(SX_2' \right)^2}} \approx \frac{U_1}{\sqrt{\left(R_1 + R_2'/S \right)^2 + \left(X_1 + X_2' \right)^2}} \qquad (1.2\text{-}17)$$

将式1.2-17代入式1.2-16，便可以得到以下的感应电机机械特性方程式

$$M = \frac{3p}{2\pi f} \cdot \frac{U_1^2}{\left(R_1 + R_2'/S \right)^2 + \left(X_1 + X_2' \right)^2} \cdot \frac{R_2'}{S} \qquad (1.2\text{-}18)$$

式中：p——电机极对数；

$\quad f$——电流频率（Hz）；

$\quad U_1$——定子电压；

$\quad R_1$——转子绕组电阻；

$\quad X_1$——定子绕组感抗；

$\quad R_2'$——折算到定子侧的转子绕组电阻；

$\quad X_2'$——折算到定子侧的转子绕组感抗；

$\quad S$——转差率，$S = \dfrac{n_0 - n}{n_0}$，n_0 为同步转速，n 为电机转速。

由于电机在高速时的转差率 S 很小，可认为 $\left(R_1 + \dfrac{R_2'}{S} \right)^2 + \left(X_1 + X_2' \right)^2 \approx \left(\dfrac{R_2'}{S} \right)^2$

$$\therefore M \approx M_{a} = \frac{3p}{2\pi f_1} \cdot \frac{SU_1^2}{R_2'} \propto S$$

而在低速时的 S 接近于 1，且 $R_1 >> R_2$，可认为 $\left(R_1 + \frac{R_2'}{S}\right)^2 \approx R_1^2$

$$\therefore M \approx M_{b} = \frac{3p}{2\pi f_1} \cdot \frac{U_1^2}{\left(R_1\right)^2 + \left(X_1 + X_2'\right)^2} \cdot \frac{R_2'}{S} \propto \frac{1}{S}$$

按此画出的感应电机机械特性图如图 1.2-16 所示。图中的 S_k 称为"临界转差率"，在该转差率上，感应电机输出的转矩为最大值 M_m，临界转差率与最大转矩可以通过对机械特性方程式的求导得到，其值为

$$S_k' = \frac{R_2'}{\sqrt{R_1^2 + \left(X_1 + X_2'\right)^2}}$$

$$M_m = \frac{3p}{4\pi f_1} \cdot \frac{U_1^2}{R_1 + \sqrt{R_1^2 + \left(X_1 + X_2'\right)^2}}$$

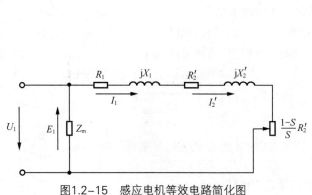

图1.2-15　感应电机等效电路简化图

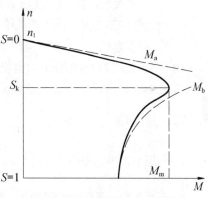

图1.2-16　感应电机机械特性

技能训练

通过任务学习，完成以下练习。

一、不定项选择题

1. 采用国际单位制时，电机的机–电能量转换公式为 ⋯⋯⋯⋯⋯⋯⋯⋯⋯⋯⋯⋯⋯ （　　）

　A. $P = M \cdot \dfrac{n}{9550}$　　　　　　　　　　B. $P = M \cdot \omega$

　C. $M = M_f + J\dfrac{\mathrm{d}\omega}{\mathrm{d}t}$　　　　　　　　　D. $f = Blv$

2. 电机功率–转矩换算式 $P = M \cdot \dfrac{n}{9550}$ 中 P、M、n 的单位分别为 ⋯⋯⋯⋯⋯⋯⋯ （　　）

　A. kW、N·m、rad/s　　　　　　　　　B. kW、N·m、r/min

C. W、N·m、r/min   D. kW、kg·m、r/min

3. 以下属于恒转矩负载的是 .... (　　)

    A. 电梯升降   B. 机床进给运动   C. 机床主轴切削运动   D. 风机

4. 以下属于恒功率负载的是 .... (　　)

    A. 电梯升降   B. 机床进给运动   C. 机床主轴切削运动   D. 风机

5. 数控机床进给采用伺服电机驱动的原因是 .... (　　)

    A. 保证进给力不变   B. 属于恒转矩负载

    C. 保证切削能力不变   D. 属于恒功率负载

6. 以下对金属切削机床主轴调速描述正确的是 .... (　　)

    A. 属于恒功率负载   B. 恒功率调速范围越大越好

    C. 属于恒转矩负载   D. 恒转矩调速范围越大越好

7. 以下对无刷直流电机理解正确的是 .... (　　)

    A. 简称 BLDCM   B. 属于交流伺服电机范畴

    C. 简称 PMSM   D. 属于直流伺服电机范畴

8. 以下对 PMSM 电机描述正确的是 .... (　　)

    A. 交流伺服电机   B. 交流永磁同步电机   C. 直流伺服电机   D. 无刷直流电机

9. 输入频率不变时，以下电机中转速不随负载变化的是 .... (　　)

    A. 同步电机   B. 交流主轴电机   C. 感应电机   D. 交流伺服电机

10. 同步转速为 1500r/min 的电机，磁极对数增加 1 倍后的同步转速为 .... (　　)

    A. 3000r/min   B. 6000r/min   C. 750r/min   D. 375r/min

二、证明题

1. 利用牛顿第二定律 $F = F_f + ma$，证明电力拖动系统的转矩平衡方程 $M = M_f + J\dfrac{d\omega}{dt}$。

2. 证明工程计算用的电机功率–转矩换算式 $P = M \cdot \dfrac{n}{9550}$。

三、计算题

1. 已知 Y180M-4 感应电机的铭牌数据为：$P_e = 18.5\text{kW}$，$n_e = 1470\text{r/min}$，$I_e = 35.9\text{A}$。

（1）该电机的额定角速度、额定输出转矩各为多少？

（2）该电机的同步转速、磁极对数各为多少？

2. FANUC-βi22s 交流伺服电机的铭牌数据为：$n_e = 2000\text{r/min}$，$f_e = 133\text{Hz}$。该伺服电机的极对数为多少？

••• 任务三　熟悉 PWM 逆变技术 •••

知识目标

1. 了解交流逆变的基本形式。

2. 掌握 PWM 逆变原理。

3. 熟悉十二相整流、三电平逆变电路原理。

4. 了解矩阵控制"交-交"变流原理。

5. 了解常用的电力电子器件。

能力目标

1. 能够区分"交-直-交""交-交"逆变电路。

2. 能够区分电流控制、电压控制、PWM 逆变电路。

基础学习

一、交流逆变的基本形式

1. 交流逆变技术

所谓交流逆变技术，就是将电网的工频交流电（如三相 380V/50Hz）转换为频率、电压、相位可调的交流电的控制技术，它是变频控制的核心技术。

PWM 逆变技术

在以交流电机为执行元件的机电一体化控制系统中，为了实现位置、速度或转矩的控制，需要改变电机的转速。根据电机运行原理，无论是 PMSM 运行的伺服电机，还是普通同步电机、感应电机，其输出转速都取决于定子旋转磁场的转速，即电机的"同步转速"。因此，只要能够改变同步转速，便可实现交流电机的调速。

通过任务二的学习，我们知道，三相交流电机同步转速为

$$n_0 = 60\frac{f}{p}$$

式中：n_0——同步转速（r/min）；

f——输入交流电的频率（Hz）；

p——电机磁极对数。

由此可知，要改变交流电机的同步转速，就必须改变电机的磁极对数 p 或输入交流电的频率 f。

电机磁极对数与电机的结构相关。在磁极由永久磁铁产生的 PMSM 上，它是一个固定不变的值；即使在磁极由定子绕组产生的普通感应电机、同步电机上，它也只能成对改变。因此，"变极调速"只能作为普通感应电机、同步电机的辅助调速手段，进行大范围、有级变速，而不能用于需要连续、无级变速的调速系统。这就是说，要使得交流电机的同步转速能够连续、无级变化，只能通过改变输入交流电频率的方法实现。因此，必须通过交流逆变，将来自电网的工频交流电转换为频率、幅值、相位可调的交流电。

交流逆变需要一整套控制装置，这一装置称为逆变器（Inverter），俗称变频器。机电一体化控制用变频器、交流伺服驱动器、交流主轴驱动器等，广义上都属于逆变器的范畴，其区别只是控制对象（电机类型）有所不同而已。

交流逆变的最佳方案是，直接将来自电网的交流电转换为幅值、频率可变，相位可调的交流电，这样的逆变称为"交-交"逆变。"交-交"逆变是交流变频技术当前的发展方向之一，由于技术非常复杂、实现十分困难，截至目前，全世界只有日本安川等极少数公司能提供实用化

的产品。有关"交-交"逆变的原理可参见"拓展提高"。

交流逆变的另一方案是"交-直-交"逆变，其技术已十分成熟，当前生产、使用的绝大多数交流伺服器、变频器、交流主轴驱动器都采用"交-直-交"逆变技术。

2. "交－直－交"逆变

"交-直-交"逆变的电路结构如图 1.3-1 所示。来自电网的交流输入首先需要利用整流电路转换为直流，然后再通过逆变电路将直流转换为幅值、频率可变，相位可调的交流。由于逆变需要经过交流转换为直流，再将直流转换为交流的过程，故称之为"交-直-交"逆变或"交-直-交"变流。

图1.3-1　"交－直－交"逆变的电路结构

由图 1.3-1 可见，"交-直-交"逆变的主回路由整流电路、中间电路（直流控制电路）、逆变电路 3 部分组成。整流电路用来产生逆变所需的直流电压、电流；中间电路用于直流电压的调节、控制；逆变电路用于将直流转变为幅值、频率、相位可变的交流。

（1）整流电路

整流电路的主要作用是将交流输入转换为直流输出。由于电网输入的交流电频率通常为50Hz 或 60Hz，它对控制器件的工作频率要求不高，因此在中小功率的逆变器上大多采用二极管整流。对于大功率逆变器，为了节能，需要将电机制动时所产生的能量返回到电网，这样的逆变器需要使用大功率晶体管、晶闸管等电力电子器件（Power Electronics）实现可控整流。

（2）中间电路

中间电路的主要作用是调节直流母线电压、使之保持不变。在以二极管为整流器件的逆变器上，由于整流电路的输出电压无法调节，当逆变电路的输出电流（电机负载）发生变化，或者因电机制动产生能量回馈时，将引起直流母线电压的波动；因此，中间电路需要通过能耗电阻（制动电阻）来调节直流母线电压、消耗制动能量。在大多数逆变器上，中间电路通常由通断可控的大功率电力电子器件（IGBT 等）、制动电阻等器件组成。

（3）逆变电路

逆变电路是通过 PWM 技术对大功率电力电子器件（IGBT 等）的通断控制，将直流母线的电压、电流转换为幅值、频率、相位可控的交流电压、电流的电路。逆变电路的性能将直接决定输出交流电的质量，它是"交-直-交"逆变的关键。为了提高逆变性能，逆变回路需要采用高频通断的大功率电力电子器件（IGBT、IPM 等）。

3. 电流、电压控制逆变

"交-直-交"逆变控制方式主要有电流控制、电压控制与 PWM 控制 3 种。

电流控制逆变的原理如图 1.3-2 所示。逆变器的直流母线上串联有电感量很大的平波电抗器，其整流部分可看成输出电流幅值保持 I_d 不变的电流源。逆变器通过逆变功率管的开关作用，可以向电机输出幅值恒定的方波电流，因此可用于大型同步电机的 BLDCM 运行控制。

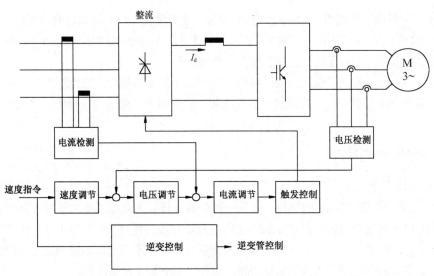

图1.3-2 电流控制逆变原理图

电压控制逆变的原理如图 1.3-3 所示。逆变器通过直流母线上并联的大容量电容器维持直流电压的不变，其整流部分可视为电压保持不变的恒压源。直流母线上的电压通过逆变功率管的开关作用，可以向电机输出幅值恒定的方波电压，它同样可用于大型同步电机的 BLDCM 运行控制。

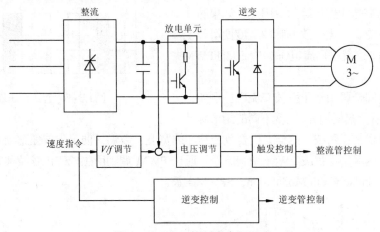

图1.3-3 电压控制逆变原理图

电压控制逆变的直流母线电压调节需要通过可控整流实现，其控制较复杂，因此在实际使用时经常采用图 1.3-4 所示的 PAM 方式。

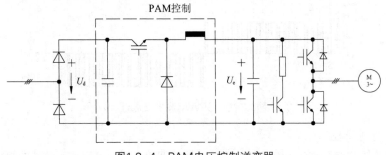

图1.3-4 PAM电压控制逆变器

PAM 是一种通过斩波管的通断控制整流输出、改变直流母线电压幅值的调压方式，电压调节以脉冲调制的方式实现，故称"脉冲幅值调制（Pulse Amplitude Modulation，PAM）"。PAM 无须控制整流电压，而且还可多逆变回路共用整流电路。

电流控制、电压控制逆变的逆变回路只能控制输出频率与相位，电流、电压的幅值调节需要整流回路或中间电路实现，系统结构相对复杂，故多用于交通运输、采矿、冶金等行业的大型逆变器。

二、PWM逆变原理

1. 采样控制理论

PWM 是晶体管脉宽调制的缩写。这是一种将直流转换为宽度可变的脉冲序列的技术。采用了 PWM 技术的逆变器只需要改变脉冲宽度与分配方式，便可同时改变电压、电流与频率，其开关频率高、功率损耗小、动态响应快，因此这是中小功率逆变器最常用的逆变控制方式，变频器、交流伺服驱动器、交流主轴驱动器一般都采用 PWM 逆变技术。

PWM 逆变原理源自采样理论。根据采样理论，如果将多个面积（冲量）相等、形状不同的窄脉冲加到一个具有惯性的环节上，所产生的效果基本相同。

根据这一理论，对于具有惯性的 RC（RL）电路，直流电压（电流）便可用图 1.3-5 所示的多个面积相等的窄脉冲进行等效。因此，如果脉冲的幅值保持不变，只需要改变脉冲宽度便可改变等效的直流值，这就是直流电压（电流）的 PWM 调节原理。

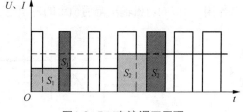

图1.3-5 直流调压原理

采样理论同样可用于正弦波交流电。例如，利用图 1.3-6 所示幅值相等、宽度不同的矩形脉冲串，便可等效代替正弦波。这样，只要改变脉冲的宽度、数量，便可生成任意频率、幅值、相位的正弦波，这就是正弦波 PWM 调制原理。通过 PWM 调制所生成的正弦波称为正弦脉宽调制（Sinusoidal Pulse Width Modulation，SPWM）波。

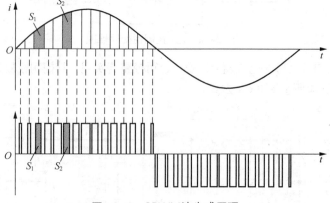

图1.3-6 SPWM波生成原理

2. 载波调制原理

PWM 逆变的关键是产生 PWM 的波形。虽然从理论上说，可根据正弦波的频率、幅值的要求，通过波形分割与计算得到 PWM 脉冲串的宽度数据，但是这样的计算与控制通常较复杂、实现难度较大。因此，实际控制时大都采用载波调制技术生成 SPWM 波。

载波调制技术源自通信技术，20 世纪 60 年代中期被应用到电机调速控制上。载波调制产生 SPWM 波的方法很多，图 1.3-7 所示是一种简单的载波调制方法。

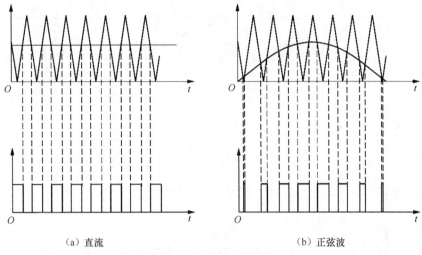

（a）直流　　　　　　　　　　　　（b）正弦波

图1.3-7　载波调制原理

图 1.3-7 所示的载波调制采用的是三角波调制法，它可直接通过简单的比较电路将三角波与要求得到的理想波形比较，如理想波形的幅值大于三角波，输出的脉冲状态为"1"。因此，当需要产生图 1.3-7（a）所示的直流时，所输出的脉冲串为等宽脉冲；当理想波形为图 1.3-7（b）所示的正弦波时，所输出的脉冲串为频率相同、宽度不等的脉冲。

在载波调制中，将被调制的基波（图 1.3-7 中为三角波）称为"载波"，将希望得到的理想波形称为"调制波"或"调制信号"。

采用载波调制时，载波的频率就是输出脉冲的频率，它是决定逆变输出波形质量的重要技术指标。载波频率越高，输出的脉冲串就越密，由脉冲串等效的波形也就越接近调制波，但它对逆变功率管的开关频率要求也越高，产生的开关损耗也越大。目前，变频器、交流伺服驱动器的载波频率通常都可达 2~15kHz。

利用正弦波调制原理，在三相电路中使用一个公共的载波信号来对 A、B、C 三相调制信号进行调制，并假设逆变电路的直流电压幅值为 E_d。当以 $\dfrac{E_d}{2}$ 作为参考电位时，可得到图 1.3-8 所示的 u_a、u_b、u_c 三相波形。

此电压加入三相电机后，按 $u_{ab}=u_a-u_b$、$u_{bc}=u_b-u_c$、$u_{ca}=u_c-u_a$ 的关系，便可得到图 1.3-8 所示的三相线电压的 SPWM 波形（图中以 u_{ab} 为例）。交流伺服驱动器、交流主轴驱动器、变频器都是基于这一原理的变频调速装置。

从 PWM 逆变原理可见，与电流控制、电压控制逆变比较，PWM 逆变输出电压的幅值、相位、频率均可直接通过逆变回路调节，整流电路可直接采用二极管不可控整流，中间电路简单。而且其统结构简单、输出响应速度快，并可避免可控整流存在的功率因数降低、谐波大的问题，改善了用电质量。此外，由于 PWM 逆变的输出是远高于电机运行频率的高频窄脉冲，故可降低输出中的谐波分量，改善低速性能，扩大调速范围。

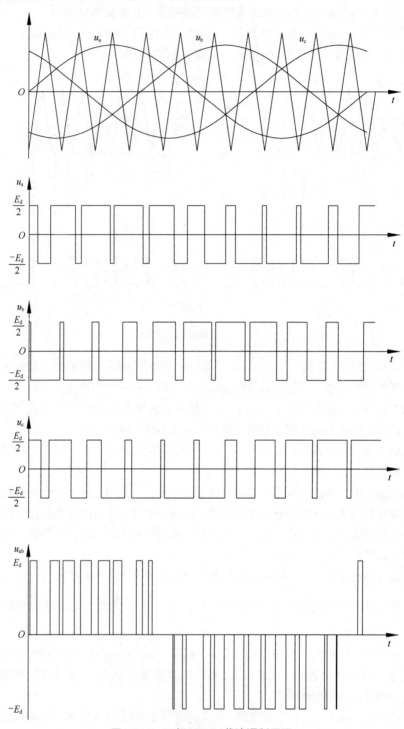

图1.3-8 三相SPWM载波调制原理

实践指导

一、十二相整流与三电平逆变

1. 三相桥式整流电路

在"交-直-交"逆变器中，整流电路的作用是将交流输入转换为直流输出，中小功率的逆变器一般直接采用图 1.3-9 所示的二极管三相桥式整流电路。

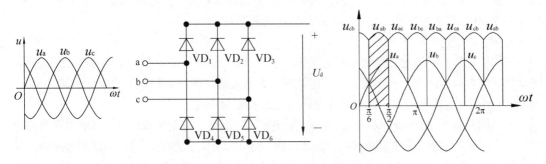

图1.3-9 三相桥式整流电路

三相桥式整流电路直接将电网的三相交流电作为输入，整流管二极管的通断取决于三相交流电压的相对值，电压差值最大的两只整流管优先导通。例如，当三相输入电压为

$$u_a = \sqrt{2}U\sin\omega t$$

$$u_b = \sqrt{2}U\sin\left(\omega t - \frac{2\pi}{3}\right)$$

$$u_c = \sqrt{2}U\sin\left(\omega t - \frac{4\pi}{3}\right)$$

在 $0\sim\pi/6$ 范围，u_c 的正向电压最大，u_b 的反向电压最大，二极管 VD_3、VD_5 将导通，输出的整流电压为 $u_d=u_{cb}$；到了 $\frac{\pi}{6}\sim\frac{\pi}{2}$ 范围，u_a 的正向电压最大，u_b 的反向电压最大，二极管 VD_1、VD_5 将导通，输出的整流电压为 $u_d=u_{ab}$ 等。因此，三相桥式整流电路在一个周期内，整流二极管需要进行 6 次换向，在输出侧得到的整流电压为六相线电压 u_{ab}、u_{ac}、u_{bc}、u_{ba}、u_{ca}、u_{cb}（各占 $\frac{\pi}{3}$）叠加而成的电压波形，即

$$u_{ab} = -u_{ba} = \sqrt{6}U\sin\left(\omega t + \frac{\pi}{6}\right)$$

$$u_{bc} = -u_{cb} = \sqrt{6}U\sin\left(\omega t - \frac{\pi}{2}\right)$$

$$u_{ca} = -u_{ac} = \sqrt{6}U\sin\left(\omega t - \frac{7\pi}{6}\right)$$

根据面积相等的原则，可得到整流输出的直流电压平均值 U_d 为

$$U_d = 6 \times \frac{1}{2\pi} \int_{\frac{\pi}{6}}^{\frac{\pi}{2}} \sqrt{6}\sin\left(\omega t + \frac{\pi}{6}\right) dt = \frac{3\sqrt{6}}{\pi} U \left(-\cos\left(\omega t + \frac{\pi}{6}\right)\right)\Big|_{\frac{\pi}{6}}^{\frac{\pi}{2}} = \frac{3\sqrt{6}}{\pi} U \approx 2.34U$$

如果以线电压的有效值 U_1（$U_1 = \sqrt{3}U$）代替上式中的相电压 U，则有

$$U_d \approx 1.35U_1$$

由于变频器、交流伺服驱动器的直流输出侧都安装有大容量的平波电容器，它可将整流输出电压提高 1.1~1.2 倍。因此，对于三相 200V 输入的整流电路，其直流母线电压大致为 DC 320V；对于三相 400V 输入的整流电路，其直流母线电压大致为 DC 610V。

2. 十二相整流电路

三相桥式整流电路的三相输入电源在整流时将"时通时断"，它必然会给电网带来谐波。通过傅里叶级数分析可知，三相桥式整流电路的谐波电流的幅值与谐波次数成反比，其中 5 次、7 次谐波对电网的影响最大，其谐波分量分别为 20% 与 14.3%。

十二相整流（12-Phase Rectification）是改进"交-直-交"逆变整流电路、降低电网谐波的简单方法。十二相整流的主回路采用了图 1.3-10 所示的 2 组输入独立、输出并联的整流桥，其交流输入为幅值相同、相位相差 30° 的三相电压，这样就可在整流输出侧得到十二相线电压叠加的波形，故称"十二相整流"。

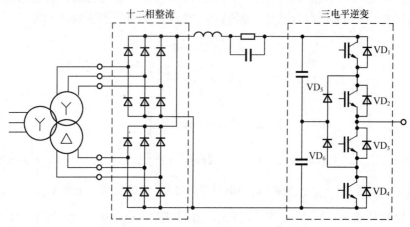

图1.3-10　十二相整流与三电平逆变电路

相位相差 30° 的输入可直接通过 △/Y 变压器得到，其实现非常简单，但通过这一简单措施，却可使 2 组整流输入侧的 5，7，17，19，… 次谐波正好完全抵消。因此，对于电网只存在可通过简单滤波消除的 $12k\pm1$（k 为正整数）次谐波电流。

十二相整流不仅可消除谐波、减轻逆变器对电网的危害，降低输入变压器、断路器、电缆的容量与耐压要求，而且整流输出的直流电压纹波也只有三相桥式整流的 50%，从而降低了逆变器对平波器件的要求和生产制造成本。

3. 三电平逆变

三电平逆变（3-Levels Inverting）原本是为解决中低压器件用于高电压逆变控制问题而设计的电路，它由日本学者南波江章（A. Nabae）在 1980 年率先提出。三电平逆变电路的结构如图 1.3-10 所示，它的每一逆变桥臂都使用了 2 只串联的逆变管，如图中的 VD₁/VD₂、VD₃/VD₄等。它

利用二极管 VD_5、VD_6 的钳位控制，使每只逆变管所承受的最大电压由原来的 E 降低至 $\dfrac{E}{2}$，从而降低功率管的耐压要求。

采用三电平逆变后，电机的每相输出将由普通逆变的 $-E$、E 两种状态（参见图 1.3-8），变为 V_3/V_4 导通（输出电压为 $-\dfrac{E}{2}$）、VD_2/VD_3 导通（输出电压为 0）、VD_1/VD_2 导通（输出电压为 $\dfrac{E}{2}$）的 3 种状态，每一逆变管所承受的最大电压降低为 $\dfrac{E}{2}$，从而实现了中低压器件对高电压逆变的控制，并可起到改善输出电流波形、抑制谐波的作用。

实践证明，三电平逆变不仅可降低功率管的耐压要求，还具有提高逆变可靠性、改善输出电流波形、降低电机侧电磁干扰与抑制谐波的作用，因此，在中大容量的逆变器上得到了推广和应用。

二、矩阵控制"交-交"变流

1. 技术研究

实现交流逆变的最佳方案是，直接将来自电网的交流电转换为幅值、频率、相位可调的交流电，即采用"交-交"变流技术。"交-交"变流不仅可省去"交-直-交"变流的整流和中间电路，去除大容量电解电容等易损件，而且其能量可双向流动、实现四象限运行与回馈制动，从而使逆变器的结构更紧凑、使用寿命更长、效率更高、节能更显著。

矩阵控制（Matrix Convert）"交-交"变流是一种采用现代控制技术的新型"交-交"逆变技术，它完全脱离了传统的"交-直-交"变流模式，可直接将 M 相交流输入转换为幅值和频率可变、相位可调的 N 相交流输出。采用矩阵控制变流技术的变频器目前已经有实用化的产品（安川 U1000），预计在不久的将来可得到进一步推广和应用。

矩阵控制"交-交"变流最早提出于 1976 年，当初设想的是一种从 M 相输入变换到 N 相输出的通用结构，故一度称为"通用变换器"。到了 1979 年，有学者提出了一种由 9 个功率开关组成的从三相到三相的矩阵式"交-交"变换器结构，它为矩阵控制变频提供了雏形，同时还证明了矩阵变换器输入相位角的可调性。但是，由于技术上的不足，其应用研究的进展一直较为缓慢。直到 20 世纪 90 年代初，随着科学技术的进步，矩阵变换理论和控制技术才渐趋成熟，有学者提出了一种基于空间矢量的 PWM 控制方案，并基于此在 1994 年研制了具有输入功率因数校正功能的、三相到三相的矩阵式"交-交"变换器。

2. 逆变原理

矩阵控制"交-交"逆变原理如图 1.3-11 所示，它需要 18 个功率管两两结合，组成 9 组可双向通断的开关电路，并以矩阵的形式连接输入电源 L1、L2、L3 和电机电枢 U、V、W。电机的三相 PWM 逆变脉冲可通过功率管的通断控制直接从输入电源波形中截取。

矩阵控制"交-交"逆变不需要整流和中间电路，并且具有谐波低、输入电流相位灵活可调等诸多优点，其功率因数可达 0.98 以上；此外，还可通过相位的超前、滞后控制起到功率因数补偿器的作用。

表 1.3-1 所示为安川公司提供的 U1000 系列矩阵控制变频器和传统"交-直-交"变频器的主要技术性能比较。由表可见，矩阵变频是一种有众多优点和广阔应用前景的新型控制技术，它或将成为交流逆变技术未来的发展方向。

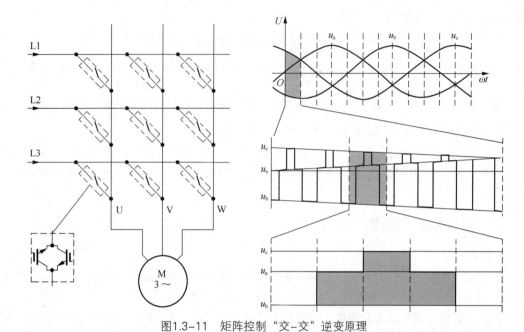

图1.3-11　矩阵控制"交-交"逆变原理

表 1.3-1　"交-直-交"变频器与矩阵控制变频器的主要性能比较

主要技术参数	"交-直-交"变频器	矩阵控制变频器
高次谐波（电流畸变）	无直流电抗器 88%；加直流电抗器 33%	5%
制动方式	电阻（回馈制动需要附件）	回馈
功率因数	无直流电抗器 0.75；加直流电抗器 0.9	0.98
主回路连接线径（截面积）	20mm²	6 mm²
变频器体积比	100%（基准）	约 35%
变频器质量比	100%（基准）	约 20%
变频器能耗比	100%（基准）	约 80%

拓展提高

一、电力电子器件及发展

1. 电力电子器件的定义和作用

交流逆变需要使用专门的、用弱电控制强电的半导体器件，这些器件必须在高压、大电流的状态下工作，故称为电力电子器件（Power Electronics）。

电力电子器件是逆变器最重要的基础元件，正是它们的快速发展带来了 PWM 技术的进步，使得变频器、交流伺服驱动器、交流主轴驱动器等新型交流调速装置的诞生与实用化成为可能。

电力电子器件是用于高压、大电流电路通断控制的器件，其理想的性能是：载流密度大、耐压高，以用于高压、大电流控制；能承受的 $\dfrac{\mathrm{d}i}{\mathrm{d}t}$、$\dfrac{\mathrm{d}v}{\mathrm{d}t}$ 大，以提高 PWM 频率、改善输出波形；

体积小、导通压降低，以降低器件功耗，实现小型化和高效节能。器件的小型化、复合化、智能化与集成化是当今电力电子器件的发展方向。

2. 电力电子器件的发展

电力电子器件的发展总体经历了以晶闸管为代表的第一代半控器件，以 GTO、GTR 与功率金属氧化物场效应晶体管（Metal Oxide Semiconductor Field Effect Transistor，MOSFET）为代表的第二代全控器件，以 IGBT 为代表的第三代复合器件以及第四代以 IPM 为代表的集成器件的发展历程；第五代、第六代、第七代产品实际上是第四代 IPM 的延续和改良。

从应用的角度看：第一代高压、大电流晶闸管仍在直流高压输电和无功功率补偿装置中使用；第二代 GTO 继续在超高压、大功率领域发挥作用，MOSFET 在高频、低压、小功率领域具有竞争优势；第三代 IGBT 在中高压、中小功率控制场合有着良好的市场；而普通晶闸管、GTR 正在逐步被 MOSFET 和 IGBT 所代替。

在交流伺服驱动器、变频器上，最初多采用晶闸管或 GTR，1988 年开始广泛使用 IGBT，1994 后开始使用 IPM，IPM 成为当前的主流器件。

随着材料技术的发展，新型宽禁带半导体材料的出现为电力电子器件的低功耗、大容量、小型化提供了可能，碳化硅（Silicon Carbide，SiC）器件的开发是其代表性的产品。SiC 的禁带宽度、饱和电子漂移速度、击穿强度、热导率均高于其他半导体材料，开关时间可达 10ns 量级；在同样的耐压和电流水平下，其漂移区电阻仅为 Si 器件的 1/200，导通压降也比单极型、双极型 Si 器件低得多。因此，它是高温、高频、大容量器件的理想材料。

例如，三菱公司自 2006 年研制出 10A 级 SiC 器件、并成功用于 3.7kW 电机控制以来，现已研发出 3.3kV/1.2kA 的 SiC-MOSFET、SiC-SBD（Schottky Barrier Diode）及 600V/50A 的功率集成模块 DIPIPM（Dual In-line Package Intelligent Power Module），即双列直插功率集成模块等实用化的产品，并自 2012 年起应用于交流伺服驱动器。

在小型化、复合化、集成化与智能化方面，随着离子注入、精细光刻、边缘结构隔离等工艺技术的进步，芯片制造的最小特征尺寸已发展到亚微米、甚至纳米的水平。IPM 主体器件 IGBT 的体结构已从传统的穿通（Punch Through，PT）、非穿通（Non Punch Through，NPT）发展到了今天的弱穿通（Light Punch Through，LPT），器件的厚度减小了 30% 以上。IGBT 的栅极结构正在从现行的平面栅、沟槽栅向新型的薄膜栅发展，以进一步减小损耗。在安装方式上则研发出了无陶瓷板和基极间焊接层、不需要散热涂覆的树脂绝缘铜基极结构，简化了用户安装。在集成化方面，继第六代逆导 IGBT（Reverse Conducting-Insulated Gate Bipolar Transistor，RC-IGBT）超小型 DIPIPM 后，三菱等公司又推出了整流、逆变、制动电路全集成的第七代"交-直-交"逆变模块 DIPIPM+等产品，并可将电流检测和温度传感器、电磁接口（Electro Magnetic Interference，EMI）等器件集成到 IPM 内部，实现器件的复合化与智能化。

二、常用电力电子器件

1. 二极管与晶闸管

在交流电机控制系统中，关断不可控的电力电子器件主要用于整流主回路，表 1.3-2 所示为典型产品二极管与晶闸管的技术特点与用途。

表 1.3-2　关断不可控型电力电子器件

名称	功率二极管	晶闸管
符号	A i_A $\downarrow U_{AK}$ + − K	A i_A $\downarrow U_{AK}$ + − G i_G K
输出特性	i_A O U_{AK}	i_A i_{G1} i_{G2} O U_{AK}
电压、电流波形	U_{AK} i_A	U_{AK} i_A i_G
功能说明	不可控整流； $U_{AK} \geq 0.5V$ 时，二极管导通； $U_{AK} < 0.5V$ 时断开	可控制导通，但不能控制关断； $U_{AK} \geq 0.5V$ 时，且 $i_G \geq 0$ 时导通； 导通后，只要 i_A 大于维持电流， 仍然可以保持导通状态
用途	高压、大电流不可控整流电路	高压、大电流可控整流电路； 带有换流控制的逆变回路

功率二极管的工作原理与普通二极管相同；只要正向电压 U_{AK} 大于 0.5V，便可正向导通；如工作电流保持在允许范围，正向压降可保持 0.5V 基本不变；当正向电压 U_{AK} 小于 0.5V 或反向加压时，如反向电压在允许范围，可认为反向漏电流为 0。这是一种通断取决于正向电压控制的"不可控"器件。

晶闸管具有控制导通的"门极"G，当正向电压 U_{AK} 大于 0.5V，且在"门极"加入触发电流 i_G 后导通。晶闸管一旦导通，"门极"即失去控制作用，只要正向电流大于"维持电流"就可以保持导通（即使 U_{AK} 小于 0V），但是关断晶闸管必须使得正向电流小于维持电流，因此晶闸管称为"半控"器件。

功率二极管与晶闸管的共同特点是工作电流大、可承受的电压高，但缺点是关断不可控、开关频率低，故可用于高压、大电流低频控制的场合。此外，功率二极管与晶闸管的关断控制必须通过改变电压或电流的极性实现。在"交-直-交"逆变器上，由于直流母线电压、电流的方向通常不可改变，因此它们大多用作整流器件。

2. 全控器件

在逆变器中，全控器件主要用于逆变主回路，表 1.3-3 所示为变频器与交流伺服驱动器常用的全控型电力电子器件的技术特点与用途表。

表 1.3-3　全控型电力电子器件

名称	电力晶体管	功率 MOSFET	IGBT
符号	B—○ C i_C + U_{CE} − E i_B	G—○ D i_D + U_{DS} − S U_{GS}	G—○ C i_C + U_{CE} − E U_{GE}
输出特性	i_C / U_{CE}：$i_B<0$，$i_B>0$，$i_B=0$	i_D / U_{DS}：$U_{GS}<U_T$，$U_{GS}>U_T$，$U_{GS}=U_T$	i_C / U_{CE}：$U_{GE}<0$，$U_{GE}>0$，$U_{GE}=0$
电压、电流波形	U_{CE}，i_C，i_B	U_{DS}，i_D，U_{GS}	U_{CE}，i_C，U_{GE}
功能说明	$U_{CE}>0$ 时为开关可控状态；$i_B>0$ 时导通；$i_B \leq 0$ 时关断；$U_{CE} \leq 0$ 时关断	$U_{DS}>0$ 时为开关可控状态；$U_{GS}>U_f$ 时导通；$U_{GS} \leq U_f$ 时关断；$U_{DS} \leq 0$ 时关断	$U_{CE}>0$ 时为开关可控状态；$U_{GE}>U_{GET}$ 时导通；$U_{GE} \leq U_{GET}$ 时关断；$U_{CE} \leq 0$ 时关断
用途	中电压、中电流逆变与斩波	中低电压、中小电流高速逆变	中低电压、中小电流高速逆变

电力晶体管是一种利用基极电流 i_B 控制开关的电力电子器件。以 NPN 型电力晶体管为例，当在晶体管的集电极 C 与发射极 E 之间加入正向电压时，集电极电流 i_C 受基极电流 i_B 的控制；当 $i_B>0$ 时，晶体管导通；当 i_B 为 0 时，晶体管关断。电力晶体管具有通态压降低、阻断电压高、电流容量大的优点，其最大工作电流与最高工作电压可以达到 1000A 与 1000V 以上，但其开关频率较低（通常在 5kHz 以下）。

功率 MOSFET 是一种利用栅极电压 U_{GS} 控制开关的电力电子器件。以 N 沟道功率 MOSFET 为例，当功率 MOSFET 的源极 D 与漏极 S 之间加入正向电压时，源极电流 i_D 受栅极电压 U_{GS} 的控制；当 $U_{GS}>U_T$ 时（U_T 为开启电压），功率 MOSFET 导通；当 $U_{GS} \leq U_T$ 时，功率 MOSFET 关断。功率 MOSFET 具有开关速度快（最高开关频率可以达到 500kHz 以上）、输入阻抗高、控制简单的优点，但其电流容量小、导通压降较高。

IGBT 是一种从功率 MOSFET 基础上发展起来的、利用栅极电压 U_{GE} 控制开关的电力电子器件。以 N 沟道 IGBT 为例，当在 IGBT 的集电极在 C 与发射极 E 之间加入正向电压时，集电极电流 i_C 受栅极电压 U_{GE} 的控制：当 $U_{GE}>U_{GET}$ 时（U_{GET} 为开启电压），IGBT 导通；当 $U_{GS} \leq U_{GET}$ 时，IGBT 关断。

IGBT 兼有电力晶体管与功率 MOSFET 的优点，目前，其最大工作电流与最高工作电压可以达到 1600A 与 3330V 以上，最高开关频率可以达到 50kHz 以上，因此在变频器与交流伺服驱动器中使用最为广泛。

3. IPM

IPM 内部的功率器件一般为 IGBT，故其功率性能与 IGBT 相似。与 IGBT 相比，IPM 不但具有体积小、可靠性高、使用方便等优点，而且内部还集成了功率器件和驱动电路与过压、过流、过热等故障监测电路，监测信号可直接传送至外部，为提高 IPM 的工作可靠性创造了条件。但 IPM 目前的价格相对较高，因此多用于性能要求高、价格贵的专用型变频器，如交流伺服驱动器、交流主轴驱动器等。

图 1.3-12 所示为三菱公司最新研发的第七代全集成"交-直-交"逆变功率模块 DIPIPM+的功能图。该 IPM 内部集成有三相全波整流二极管、直流制动电路、6 组带续流二极管（Free Wheeling Diode，FWD）的 RC-IGBT、3 组限流电阻和限幅二极管（Boot Strap Diode，BSD），以及控制用的高压集成电路（High Voltage Integrated Circuit，HVIC）、低压集成电路（Low Voltage Integrated Circuit，LVIC），包含了"交-直-交"逆变主回路的全部器件。它大大简化了驱动器结构、大幅度缩小了体积，使驱动器、变频器主回路的安装连接变得十分简单。

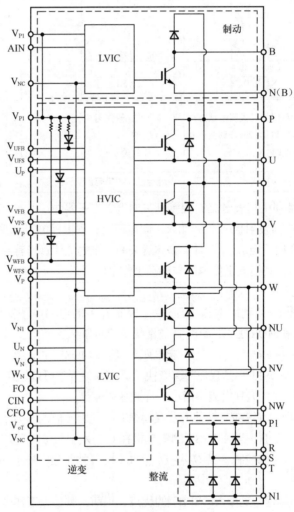

图1.3-12　DIPIPM+功能图

技能训练

通过任务学习，完成以下练习。

一、不定项选择题

1. 目前变频器、交流伺服驱动器常用的变流方式是..................................（   ）

   A. "交-交"变流　　B. "交-直-交"变流　　C. "直-交"变流　　D. "交-直"变流

2. 交流伺服驱动器整流回路常用的电力电子器件是..........................（   ）

   A. GTR　　　　　　B. IGBT　　　　　　C. 二极管　　　　　　D. 晶闸管

3. 变频器逆变回路常用的电力电子器件是..............................（   ）

   A. GTR　　　　　　B. IGBT　　　　　　C. 二极管　　　　　　D. 晶闸管

4. 以下属于全控器件的是..（   ）

   A. 二极管　　　　　B. 晶闸管　　　　　C. IGBT　　　　　　D. MOSFET

5. 三相 380V 输入的变频器直流母线电压约为..........................（   ）

   A. 230V　　　　　　B. 320V　　　　　　C. 500V　　　　　　D. 610V

6. 三相 200V 输入的交流伺服驱动器直流母线电压约为..................（   ）

   A. 230V　　　　　　B. 320V　　　　　　C. 500V　　　　　　D. 610V

7. 目前变频器常用的逆变控制方式为..................................（   ）

   A. 电压控制　　　　B. 电流控制　　　　C. PWM　　　　　　D. PAM

8. 提高变频器载波频率的优点是......................................（   ）

   A. 提高变频输出频率　　　　　　　　B. 改善输出波形

   C. 降低生产成本　　　　　　　　　　D. 降低损耗

9. 变频器采用十二相整流的主要目的是................................（   ）

   A. 提高输出频率　　B. 改善输出波形　　C. 降低高次谐波　　D. 降低逆变管耐压

10. 变频器采用三电平逆变的主要目的是...............................（   ）

    A. 提高输出频率　　B. 改善输出波形　　C. 降低高次谐波　　D. 降低逆变管耐压

11. 以下对矩阵控制变频器理解正确的是...............................（   ）

    A. 属于"交-交"逆变　　　　　　　　B. 无需中间电路

    C. 降低高次谐波　　　　　　　　　　D. 提高功率因数

二、简答题

1. "交-直-交"变流装置由哪三部分组成？各有何作用？

2. "交-直-交"逆变控制有哪几种基本方式？PWM 逆变有什么优点？

3. 什么叫"半控器件"与"全控器件"？

4. 与 IGBT 比较，IPM 具有哪些优点？

5. 什么叫十二相整流？它与三相桥式整流比较有何优点？

6. 什么叫三电平逆变？它有何作用？

7. 什么叫矩阵控制变频？它有何优缺点？

三、计算题

如采用十二相整流的变频器，其 2 组三相输入的线电压均为 AC 200V，试计算其整流输出的直流电压。

▷▷ 项目二 ◁◁
交流伺服电路设计与连接

••• 任务一　系统构成及产品选型 •••

知识目标

1. 熟悉交流伺服驱动器分类。
2. 掌握通用型伺服驱动器原理。
3. 熟悉伺服驱动系统结构。
4. 熟悉安川 Σ-7 系列伺服驱动产品。

能力目标

1. 能区分通用型和专用型伺服驱动器。
2. 能用通用型伺服驱动器组成半闭环、全闭环伺服驱动系统。

基础学习

一、交流伺服驱动器分类

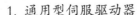

交流伺服驱动器是用于控制交流电机位置（角位移）的驱动系统。根据不同的用途,交流伺服驱动器可分为通用型伺服驱动器与专用型伺服驱动器两类。

交流伺服驱动器

1. 通用型伺服驱动器

通用型伺服驱动器如图 2.1-1 所示,这种驱动器具有闭环位置控制功能,可直接通过外部的脉冲输入信号控制电机位置。

通用型伺服驱动器的位置给定信号为 2 通道脉冲输入,信号可为"正、反转脉冲""脉冲+方向"及相位差为 90°的 A、B 两相脉冲。通用型伺服驱动器配套伺服电机后,可构成独立的位置控制系统,驱动器对上级位置控制器（指令脉冲的提供者）无要求。为了进行伺服驱动系统的参数设定、调试、状态监控

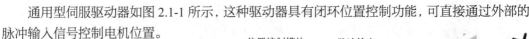
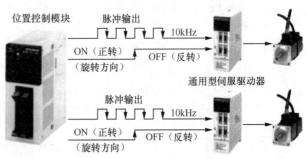

图2.1-1　通用型伺服驱动器

等操作,通用型伺服驱动器本身配套有数据输入及显示功能的操作单元。

通用型伺服驱动器的闭环位置无须上级控制器控制，系统的位置、速度检测信号一般也无须反馈到上级控制器。因此，在数控机床等机电一体化设备上，如果使用通用型伺服驱动器控制位置，对上级控制器（如 CNC）来说，其位置控制是开环的，上级控制器既不能监控系统的实际位置与速度，也不能协调不同坐标轴的同步运动（插补）。从这一意义上说，使用通用型伺服驱动器的位置系统类似于步进驱动器，只是伺服电机可在任意角度定位，也不会产生"失步"，因此其多轴同步控制的轨迹精度（插补精度）通常较低，这也是国产数控系统与进口数控系统的主要差距之一。

为了提高驱动器的通用性、灵活性，通用型伺服驱动器一般设计成位置、速度、转矩控制多用途结构，它既可用于位置控制，也可用于速度控制或转矩控制。通用型伺服驱动器用于速度、转矩控制时，其位置控制功能将被取消，速度、转矩可直接通过外部模拟量输入控制。

通用型伺服驱动器使用方便、控制容易、对上级控制装置的要求低，它可与普及型数控装置、机器人控制器、PLC 脉冲输出模块、工业控制计算机等多种控制器配套使用，因此在工业控制的各领域得到了广泛的应用。

2. 专用型伺服驱动器

专用型伺服驱动器如图 2.1-2 所示，这种驱动器本身无闭环位置控制功能，系统的闭环位置控制需要通过上级控制器实现，因此它必须与具有闭环位置控制功能的上级控制器配套使用，如数控装置（CNC）。

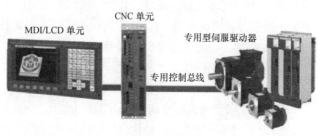

图2.1-2 专用型伺服驱动器

专用型伺服驱动器无位置给定脉冲输入接口，它与上级控制器间一般都通过专用的现场总线进行连接（如 FANUC 的 FSSB 总线等），通信协议对外不开放。专用型伺服驱动器的状态监控、参数设定、调试优化都通过上级控制器实现，驱动器通常无数据设定、显示的操作单元。

专用型伺服驱动器的位置控制也由上级控制器实现，上级控制器不但能实时监控系统的位置、速度，而且能协调不同坐标轴运动、实时调整轨迹，实现真正的闭环位置控制。因此，它可以用于数控机床等高精度加工设备，实现精准的轨迹控制。

专用型伺服驱动器的缺点是不能脱离上级控制器单独使用，因此其使用多限于数控机床等高精度加工设备，本教材将不再对其进行详细说明。后文若无特殊说明，"驱动器"均指通用型伺服驱动器。

二、通用型伺服驱动器原理

1. 驱动器原理

通用型伺服驱动器的原理框图如图 2.1-3 所示。驱动器基本上都采用"交-直-交"逆变方式，其整流电路多为三相桥式不可控整流，中间电路利用能耗电阻调压，逆变回路使用 IPM 等高性能功率集成器件。

通用型伺服驱动器的主电源（L1、L2、L3）、控制电源（L1C、L2C）一般为独立输入，电源输入回路通常安装有过电压保护装置，但短路保护断路器需要外部安装，主电源和控制电源可以共用短路保护断路器。为了提高可靠性、缩小体积，驱动器的输入电压多采用三相 200V 等级（线电压），经整流、平波、调压后的直流母线电压约为 DC 320V。如果需要，驱动器的直流母线还可附加直流平波电抗器，以降低高次谐波、提高功率因数。直流电抗器一般串联于直流母线的负端（图 2.1-3 中的 $\ominus$1、$\ominus$2 端）。

通用型伺服驱动器的中间电路由输入电压检测、直流母线电压检测、制动功率管、制动电阻构成，通过功率管（斩波管）对制动电阻的控制，可实现直流电压的闭环自动调节。对于需要频繁启制动的系统，还可根据实际需要配套外置式制动电阻（选件），以提高制动能力。驱动器的外置制动电阻一般以并联的形式接入内置制动电阻线路（图 2.1-3 中的 B1、B2 端）。

通用型伺服驱动器需要配套使用生产厂家提供的、带内置编码器的伺服电机。为了提高电机的制动能力，驱动器通常设计有专门的动态制动回路，即使在逆变管关闭或损坏时也能为电机提供制动力矩，保证电机的安全停止。

通用型伺服驱动器不但可用于位置控制，还可单独用于速度或转矩控制。驱动器内部设计有转矩（电流）、速度、位置 3 个闭环，电流检测器件安装在驱动器的电枢输出线上，速度、位置检测通过电机内置的编码器实现。驱动器用于速度、转矩控制时，速度、转矩给定信号为外部模拟量输入。

驱动器的闭环位置、速度、转矩、直流母线电压控制，以及矢量控制运算、d-q 坐标变换、PWM 控制等，均由专用 CPU 及控制软件实现。驱动器的参数设定、调试可直接通过操作单元进行，如需要，也可通过接口连接调试计算机、外部操作单元，或者安装特殊控制用的附加模块，如全闭环控制模块等。

2. 功能框图

图 2.1-3 所示的通用型伺服驱动器的功能可用图 2.1-4 所示的框图表示。驱动器的电流、速度、位置 3 闭环采用内外环结构，其中内环可以独立使用。

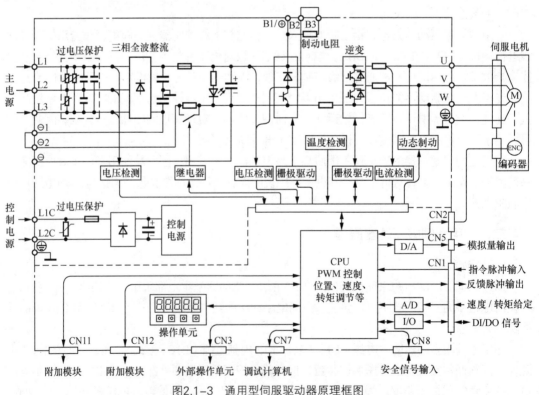

图2.1-3　通用型伺服驱动器原理框图

（1）电流环

驱动器的电流环包括电流调节器、电流检测及基本的矢量控制、PWM 逆变、功率放大等环节。如果驱动器仅用于转矩（电流）控制，电流给定信号可通过电流给定模拟量输入端直接输入，此时编码器仅起转子位置检测的作用；如果驱动器用于位置、速度控制，则电流给定信号来自速度调节器输出。

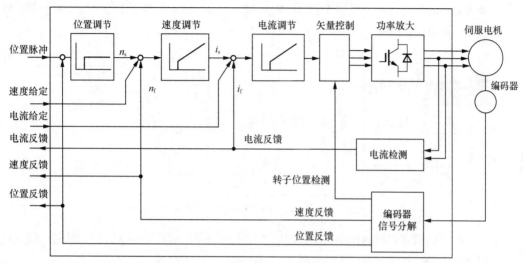

图2.1-4 通用型伺服驱动器的功能框图

（2）速度环

驱动器的速度环包括速度调节器、速度检测及电流内环等环节。如果驱动器用于速度控制，速度给定信号可通过速度给定模拟量输入端直接输入，此时编码器将起转子位置检测、速度检测的作用；如驱动器用于位置控制，速度给定信号来自位置调节器输出。

如果需要，以速度控制方式工作的驱动器也可与数控系统等具有位置控制功能的上级控制器配套使用，此时上级控制器的位置反馈信号既可来自其他位置检测器件（如光栅尺等），也可直接从驱动器的位置反馈脉冲输出端输出。

（3）位置环

驱动器的位置环包括位置调节器、位置检测及速度内环等环节。位置给定脉冲从脉冲输入端输入，此时编码器将起转子位置检测、速度检测、位置调节的作用。

驱动器的电流、速度检测信号可通过驱动器的模拟量输出端输出，以便连接显示仪表等监控设备；位置反馈信号可通过驱动器的脉冲输出端输出，作为上级控制器的位置反馈信号。

三、交流伺服驱动系统构成

采用通用型伺服驱动器的伺服系统用于位置控制时，可采用半闭环、全闭环两种结构，全闭环伺服驱动系统需要选配附加模块和安装外部检测元件。

交流伺服驱动
系统构成

1. 半闭环伺服驱动系统

半闭环伺服驱动系统是数控机床等机电一体化设备最为常用的结构。以通用型伺服驱动器驱动的半闭环伺服驱动系统标准结构如图 2.1-5 所示。

半闭环伺服驱动系统实际上只能控制电机的角位移（转角）。由于伺服电机输出轴和滚珠丝杠为直接刚性连接或通过齿轮、同步皮带的间接刚性连接，因此只要能够控制电机角位移，便可间接控制坐标轴的直线位移。

半闭环伺服驱动系统的上级控制器只需要提供位置给定脉冲，系统的位置、速度、转矩控制全部由驱动器实现，位置检测器件直接使用伺服电机内置编码器，无须增加其他检测器件，系统结构简单、使用方便、制造成本低、安装调试容易。此外，半闭环伺服驱动系统的电气控制与机械传动有明显的分界，机械传动部件的间隙、摩擦死区、弹性变形等非线性环节都在闭环控制以外，系统稳定性好。

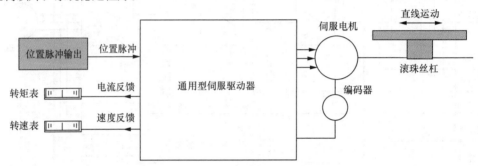

图2.1-5　半闭环伺服驱动系统标准结构

采用通用型伺服驱动器的伺服系统也可以通过上级控制器实现半闭环控制，此时系统的闭环位置控制由上级控制器实现，驱动器只进行闭环速度、转矩控制。

利用上级控制器控制位置的半闭环伺服驱动系统结构如图2.1-6所示。采用这种系统时，驱动器应选择速度控制模式，其输入为DC 0~10V的速度给定模拟电压，驱动器作为闭环速度控制器使用。

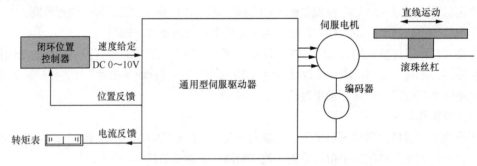

图2.1-6　上级控制器控制位置的半闭环伺服驱动系统

为了简化结构、降低成本，在利用上级控制器控制位置的半闭环伺服驱动系统上，系统的位置、速度检测仍可使用电机内置编码器实现，无须增加外部检测器件。此时，驱动器的位置反馈输出脉冲信号将作为上级位置控制器的位置反馈信号。

2. 全闭环伺服驱动系统

利用通用型伺服驱动器构成的全闭环伺服驱动系统结构如图2.1-7所示。

通用型伺服驱动器用于位置全闭环控制时，驱动器需要选配全闭环控制附加模块，并安装外部直接位置检测元件，如光栅尺等。

全闭环伺服驱动系统可直接检测控制对象的实际位置、速度，系统可对机械传动部件的间隙、磨损进行自动补偿，理论上其控制精度仅取决于检测装置。因此，系统的控制精度、精度保持性均优于半闭环伺服驱动系统。

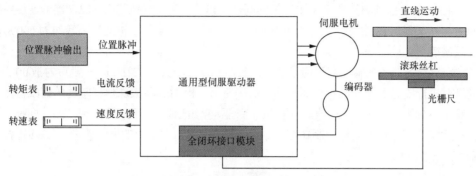

图2.1-7 全闭环伺服驱动系统结构

全闭环伺服驱动系统的机械传动部件间隙、摩擦死区、弹性变形等非线性环节均在闭环控制之内，因此它对机械传动部件的刚度、间隙及安装精度等的要求甚高，如果调试不当，较容易引起系统的不稳定。正因为如此，在先进的机电一体化设备上已开始逐步使用直线电机、内置力矩电机等直接驱动电机，以取消机械传动部件，实现所谓的"零传动"，从而获得比传统结构系统更高的定位精度、快进速度和加速度。

实践指导

一、Σ-7系列交流伺服驱动器

安川简介

1. 技术特点

日本安川（YASKAWA）公司是全球最早研发和生产交流伺服驱动器、变频器等产品的厂家之一，其产品规格齐全，性能及市场占有率均居世界领先水平。

Σ系列交流伺服驱动器（以下简称Σ系列驱动器）是安川公司1992年研发的产品，系列产品先后经历了从Σ、ΣII、ΣIII、ΣIV、ΣV到目前Σ-7系列的发展历程。

Σ-7系列交流伺服驱动器（以下简称Σ-7系列驱动器）如图2.1-8所示，驱动器有单轴控制（SGD7S）、双轴控制（SGD7W）两种结构。目前，单轴控制驱动器可控制的伺服电机功率为0.05~15kW，双轴控制驱动器目前只有MECHATROLIN网络控制型产品。

Σ-7系列驱动器的主要技术特点如下。

① 通用性好。Σ-7系列驱动器不仅可配套安川公司的标准伺服电机，而且能够与该公司生产的直线电机、内置力矩电机（转台直接驱动电机）及外置光栅尺等部件配套使用，构成半闭环或全闭环位置、速度或转矩控制系统。

Σ-7系列驱动器有脉冲（位置控制）及模拟量（速度/转矩控制）输入的通用型及网络通信控制型两大类产品。通用型伺服驱动器可用于位置、速度、转矩控制；网络控制型驱动器可与 MECHA

图2.1-8 Σ-7系列驱动器

TROLIN 总线通信的安川控制器或其他采用 DeviceNet、PROFIBUS、PROFINET、CC-Link、

CompoNet、EtherCAT 等开放式现场总线的设备链接，构成网络控制系统。

② 高速。Σ-7 系列驱动器采用了最新的高速 CPU 与现代控制理论，驱动器的速度响应高达 3100Hz，位置脉冲的输入频率可达 4MHz（线驱动输入），伺服电机的最高转速为 6000r/min，可用于高速控制。

③ 高精度。Σ-7 系列驱动器采用了 24bit（检测精度 2^{24}=16777216p/r，一般写为 1600 万 p/r）增量或绝对串行编码器作为位置检测元件，对于使用导程 10mm 滚珠丝杠驱动的直线位置控制系统，其位置分辨率可达 $6×10^{-7}$mm（0.6nm）。驱动器内部采用了前馈控制、振动抑制、转矩滤波、自适应控制等多种先进控制功能，驱动器用于速度、转矩控制时，其速度、转矩控制精度分别可达±0.01%、±1%。

2. 主要技术参数

Σ-7 系列驱动器的主要技术参数如表 2.1-1 所示。

表 2.1–1　Σ–7 系列驱动器的主要技术参数

项目		技术参数
输入	主电源	标准（全部规格）：3~AC 200~240V+10%~15%； 5.5A 以下规格：可选择单相供电 AC 200~240V+10%~15%
	控制电源	单相、AC 200~240V +10%~15%
	输入频率	50Hz/60Hz
输出	可控制电机功率	0.05~15kW（单轴）；2×0.2~1kW（双轴）
	最大负载惯量比	30
	过载能力	350%M_e
逆变控制方式		正弦波 PWM 控制
功率器件		IPM、IGBT
频率响应		3100Hz
检测器件		20bit、24bit 串行增量或绝对串行编码器
位置控制	脉冲形式	脉冲+方向或正转+反转脉冲、二相 90° 相位差脉冲
	输入倍频	1~100
	信号类型	DC 5V 线驱动输入、DC 5~12V 集电极开路输入
	最高频率	线驱动输入：4MHz；集电极开路输入：200kHz
	误差清除	DI 输入信号清除
速度控制	给定输入	DC-12~12V（max）；输入阻抗 14kΩ、输入滤波时间 30μs
	调速范围	1：5000
	控制精度	±0.01%
转矩控制	给定输入	DC-12~12V（max）；输入阻抗 14kΩ、输入滤波时间 16μs
	控制精度	±1%
位置反馈输出		3 通道 A、B、C 线驱动脉冲输出，可任意分频
电机过热信号输入		0~5V
安全控制	输入信号	2 通道输入，硬件基极封锁信号 HWBB1/HWBB2
	输出信号	1 点，安全回路监控信号 EDM1
	安全等级	ISO 1849–1 PLe

项目		技术参数
DI 输入	固定 DI	1 点，DC 5V 输入；绝对位置数据发送请求信号 SEN
	多功能 DI	7 点，DC 24V 输入；功能可通过参数设定
DO 输出	固定 DO	1 点，DC 5~30V/50mA；驱动器报警信号 ALM
	多功能 DO	6 点，DC 5~30V/50mA（3 点）、20mA（3 点）；功能可通过参数设定
AO 输出	输出规格	2 通道、DC-10~10V/10mA 模拟量输出
	分辨率	16 位 D/A 转换、±20mV
通信接口		RS422A、USB2.0
操作单元	显示	5 只 7 段 LED
	按键	4 只
其他功能	动态制动 DB	主电源 OFF、伺服 OFF、报警、超程动态制动
	保护功能	过电流、过电压、欠电压、缺相、制动、过热、编码器断线等
使用环境	工作温度	标准：−5~55℃；降额使用：55~65℃
	储存温度	−20~85℃
	最大湿度	95%RH
	最大振动、冲击	4.9m/s²、19.6m/s²
附加模块（选配）		全闭环接口模块

二、Σ-7系列电机

Σ-7 系列驱动器可用于安川 Σ-7 系列的伺服电机、转台直接驱动电机、直线电机的驱动。

1. 伺服电机

目前，安川公司可提供的 Σ-7 系列伺服电机主要有图 2.1-9 所示的 4 系列产品。伺服电机内置编码器的标准配置为 24bit（16777216p/r）增量或绝对串行编码器，用户可根据需要选择 DC 24V 内置制动器。

（a）SGM7A　　　　（b）SGM7G　　　　（c）SGM7J　　　　（d）SGM7P

图2.1-9　Σ-7系列伺服电机

（1）SGM7A 系列

SGM7A 为安川高速、小惯量标准电机，它可广泛用于机械、食品、包装、传送设备、纺织等行业的中、小负载的高速驱动，是 Σ-7 系列的常用电机之一。

SGM7A 系列电机的额定输出功率为 50W~7kW，额定输出转矩为 0.159~22.3N·m，额定电流为 0.57~38.3A，额定转速为 3000r/min，最高转速为 6000r/min。

（2）SGM7G 系列

SGM7G 为安川中速、中惯量标准电机，是数控机床、机器人、自动生产线控制常用的电机，其规格最全，在机电一体化设备上的使用最广泛。

SGM7G 系列电机的额定输出功率为 0.3~15kW，额定输出转矩为 1.96~95.4N·m，额定电流为 2.8~78A，额定转速为 1500r/min，最高转速为 3000r/min（11/15kW 电机为 2000r/min）。

（3）SGM7J 系列

SGM7J 为安川高速、中惯量电机，它可用于小型工业自动化设备的高速驱动。

SGM7J 系列电机的额定输出功率为 50~750W，额定输出转矩为 0.159~2.39N·m，额定电流为 0.55~4.4A，额定转速为 3000r/min，最高转速为 6000r/min。

（4）SGM7P 系列

SGM7P 为安川扁平电机，它多用于纺织、服装、印刷、机器人手腕等电机安装长度受到限制的设备驱动。

SGM7P 系列电机的额定输出功率为 0.1~1.5kW，额定输出转矩为 0.318~4.77N·m，额定电流为 0.86~9.2A，额定转速为 3000r/min，最高转速为 6000r/min。

2. 转台直接驱动电机

转台直接驱动电机（内置力矩电机）是用于数控机床、工业机器人及其他机电设备回转轴直接驱动的新型电机，电机采用中空结构。目前，安川公司可提供的 Σ-7 系列转台直接驱动电机主要有图 2.1-10 所示的 2 系列产品。

(a) SGMCS　　　　(b) SGMCV

图2.1-10　Σ-7系列转台直接驱动电机

（1）SGMCS 系列

小规格 SGMCS 系列转台直接驱动电机采用转子、定子一体型结构（无芯），直径为 ϕ135~290mm，额定/最大输出转矩为 2~35N·m，额定/最高转速为 150~200/ 250~500r/min。大规格电机采用转子、定子分离型结构（带芯），直径为 ϕ280~360mm，额定/最大输出转矩为 45~200N·m，额定/最高转速为 150/250~300r/min。

（2）SGMCV 系列

SGMCV 系列转台直接驱动电机是小规格转子、定子分离型结构（带芯）电机，直径为 ϕ135~175mm，额定/最大输出转矩为 4~25N·m，额定/最高转速为 300/500 ~600r/min。

3. 直线电机

直线电机是用于数控机床、工业机器人及其他机电设备直线轴直接驱动的新型电机。目前，安川公司可提供的 Σ-7 系列直线电机主要有图 2.1-11 所示的 2 类产品。

（1）SGL*系列

SGL*系列为安川直线电机产品，包括 SGLG（初级、次级一体型）、SGLFW2（初级、次级分离 F 型）、SGLTW（初级、次级分离 T 型）3 类。SGLG 直线电机的额定推力为 12.5~750N，最高速度为 4~5m/s；SGLFW2 直线电机的额定推力为 45~1520N，最高速度为 2.5~5m/s；SGLTW 直线电机的额定推力为 130~2000N，最高速度为 2.5~5m/s。

(a) SGL*　　　　　　　　　　　　　　　　　　　(b) SGT*

图2.1-11　Σ-7系列直线电机

（2）SGT*系列

SGT*系列为安川直线电机驱动单元型产品，包括 SGT（Σ-Trac）系列、SGTMM（Σ-Trac-μ）、SGTMF（Σ-Trac-MAG）3 类。SGT 直线电机驱动单元的额定推力为 47~560N，有效行程为 70~1950mm；SGTMM 直线电机驱动单元的额定推力为 3.5~7N，有效行程为 10~65mm；SGTMF 直线电机驱动单元的额定推力为 90~200N，有效行程为 85~165mm。

拓展提高

一、Σ-7系列驱动器型号与规格

1. 驱动器型号

驱动器型号反映了伺服驱动器主要的技术特征，Σ-7 系列驱动器的型号如下。

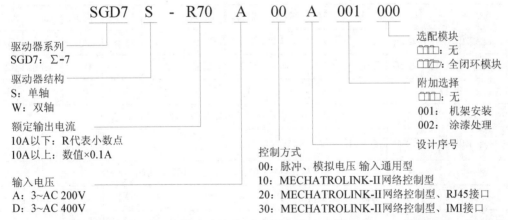

Σ-7 系列驱动器的规格以额定输出电流表示。额定输出电流小于 10A 的驱动器，以 R 代替小数点，数值的有效数字保留 1 位，超过 1 位有效数字时进行四舍五入处理。例如，SGD7S-R70* 驱动器的额定输出电流为 0.7A，实际输出电流为 0.66A；SGD7S-R90*驱动器的额定输出电流为 0.9A，实际为 0.91A 等。

驱动器额定工作条件为海拔 1000m 以下、环境温度不超过 55℃。当海拔为 1000~2000m，或者环境温度为 55~60℃时，驱动器需要"降额"使用。

对于额定电流2.8A及以下规格，驱动器的海拔降额一般按-20%/1000m线性变化，温度降额按-20%/5℃线性变化，两者叠加计算。例如，当2.8A驱动器在海拔2000m、60℃的环境工作时，其允许长时间连续工作的输出电流为2.8×0.8×0.8≈1.8(A)。

对于额定电流3.8A及以上规格，驱动器的海拔降额一般按-10%/1000m线性变化，温度降额按-10%/5℃线性变化，两者叠加计算。例如，当3.8A驱动器在海拔2000m、60℃的环境工作时，其允许长时间连续工作的输出电流为3.8×0.9×0.9≈3.1(A)。

驱动器的过载（过电流）保护按照55℃热启动的工作条件设定，驱动器的过电流保护特性如图2.1-12所示。驱动器过电流时将发出A.710、A.720报警。

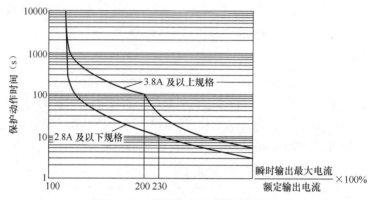

图2.1-12　驱动器的过电流保护特性

2. 驱动器规格

目前，安川公司能提供的Σ-7系列通用型伺服驱动器的规格如表2.1-2所示。

表2.1-2　Σ-7系列通用型伺服驱动器的规格

型号SGD7S-		R70A	R90A	1R6A	2R8A	3R8A	5R5A	7R6A	120A	180A	200A	330A
电机最大功率（kW）		0.05	0.1	0.2	0.4	0.5	0.75	1.0	1.5	2.0	3.0	5.0
额定输出电流（A）		0.66	0.91	1.6	2.8	3.8	5.5	7.6	11.6	18.5	19.6	32.9
最大输出电流（A）		2.1	3.2	5.9	9.3	11	16.9	17	28	42	56	84
主回路	输入电压	AC 200~240V、-15%~+10%、50Hz/60Hz										
	输入电流（A）	0.4	0.8	1.3	2.5	3.0	4.1	5.7	7.3	10	15	25
控制电压		AC 200~240V、-15%~+10%、50Hz/60Hz										
电源容量（kV·A）		0.2	0.3	0.5	1.0	1.3	1.6	2.3	3.2	4.0	5.9	7.5
制动电阻	内置电阻 阻值（Ω）	—	—	—	—	40	40	40	20	12	12	8
	内置电阻 功率（W）	—	—	—	—	40	40	40	60	60	60	180
	外置制动电阻最小值（Ω）	40	40	40	40	40	40	40	20	12	12	8

54

续表

型号 SGD7S-		470A	550A	590A	780A
电机最大功率（kW）		6.0	7.5	11	15
额定输出电流（A）		46.9	54.7	58.6	78.0
最大输出电流（A）		110	130	140	170
主回路	输入电压	AC 200~240V、−15%~+10%、50Hz/60Hz			
	输入电流（A）	29	37	54	73
控制电压		AC 200~240V、−15%~+10%、50Hz/60Hz			
电源容量（kV·A）		10.7	14.6	21.7	29.6
制动电阻	内置电阻 阻值（Ω）	6.25	3.13	3.13	3.13
	内置电阻 功率（W）	880	1760	1760	1760
	外置制动电阻最小值（Ω）	5.8	2.9	2.9	2.9

二、常用电机型号与规格

SGM7A 系列高速小惯量标准电机、SGM7G 系列中速中惯量标准电机以及 SGM7J 系列高速中惯量电机为安川伺服常用的驱动电机，其型号、主要技术参数及常用规格如下。

1. 电机型号

电机型号反映了电机主要的技术特征，Σ-7 系列伺服电机型号如下。

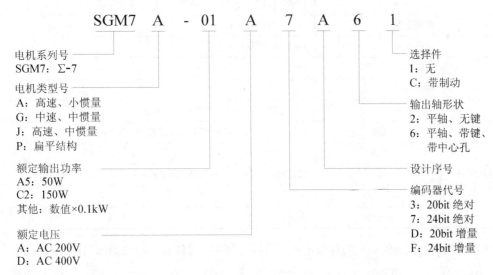

SGM7A、SGM7G、SGM7J 系列伺服电机的规格以额定输出功率表示。其中，50W 以 A5 表示、150W 以 C2 表示、11kW 以 1A 表示、15kW 以 1E 表示。对于其他规格，额定输出功率以数值表示（数值乘以 0.1kW），功率小于 1kW 的电机，有效数字保留 1 位，超过 1 位有效数字时进行四舍五入处理；功率大于等于 1kW 的电机，有效数字保留 2 位。例如，SGM7A-08A*电机的额定输出功率为 0.8kW，实际输出功率为 0.75 kW；SGM7A-15A*电机的输出功率为 1.5kW 等。

电机工作条件为海拔 1000m 以下、环境温度不超过 40℃。当海拔高度为 1000~2000m，或者环境温度为 40~60℃时，电机需要"降额"使用。不同型号、规格的伺服电机降额比例有所不同，例如，SGM7A-15/20/25*电机的温度、海拔降额比例如图 2.1-13 所示。

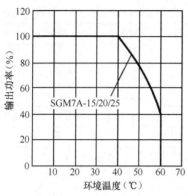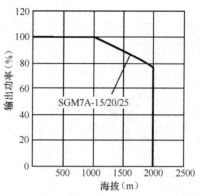

图2.1-13　伺服电机的降额比例

2. 主要技术参数

SGM7A 系列高速小惯量标准电机、SGM7G 系列中速中惯量标准电机以及 SGM7J 系列高速中惯量电机的主要技术参数如表 2.1-3 所示。

表 2.1-3　Σ-7 系列伺服电机的主要技术参数

项目		技术参数
输出特性		以输出特性曲线表示，见图2.1-14
额定工作制		S1（连续）
绝缘等级		1kW 及以下：B 级；1.5kW 及以上：F 级
绝缘电阻		≥10MΩ/DC 500V
耐压等级		1min/AC 1500V
励磁方式		永磁式
安装形式		法兰
振动等级		V15（额定转速时的振幅不超过 15μm）
使用环境	温度	工作：0~40℃（40~60℃可降额使用）；储存：-20~60℃
	湿度	20%~80%RH
	海拔	1000m 以下（1000~2000m 可降额使用）
	抗冲击	法兰面：490m/s^2，2 次
	抗振动	法兰面：49m/s^2

Σ-7 系列伺服电机的输出特性与电机型号规格有关，总体输出特性如图 2.1-14 所示。

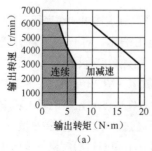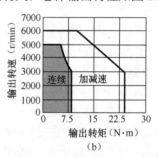

图2.1-14　Σ-7系列伺服电机输出特性

伺服电机低于额定转速工作时，总是恒转矩输出；电机高于额定转速工作时，输出转矩以近似线性的规律下降。大多数伺服电机的输出特性如图 2.1-14（a）所示，电机允许在最高转速下连续工作；但也有少数电机的输出特性如图 2.1-14（b）所示，电机连续工作时允许的最高转速可能略小于最高转速。

3. 电机规格

SGM7A 系列高速小惯量标准电机、SGM7G 系列中速中惯量标准电机以及 SGM7J 系列高速中惯量电机的主要规格参数如表 2.1-4~表 2.1-6 所示。

表 2.1-4　SGM7A 系列电机规格参数

型号 SGM7A-	A5A	01A	C2A	02A	04A	06A	08A	10A
额定输出功率（W）	50	100	150	200	400	600	750	1000
额定输出转矩（N·m）	0.159	0.318	0.477	0.637	1.27	1.91	2.39	3.18
加减速最大输出转矩（N·m）	0.557	1.11	1.67	2.23	4.46	6.69	8.36	11.1
额定电流（A）	0.57	0.89	1.5	1.5	2.4	4.5	4.4	6.4
加减速最大电流（A）	2.1	3.2	5.6	5.9	9.3	16.9	16.8	23.2
额定转速（r/min）	3000							
最高转速（r/min）	6000							
转矩常数（N·m/A）	0.304	0.384	0.332	0.458	0.576	0.456	0.584	0.541
转子惯量（带制动）（×10⁻⁴kg·m²）	0.0217（0.0297）	0.0337（0.0417）	0.0458（0.0538）	0.139（0.209）	0.216（0.286）	0.315（0.385）	0.775（0.955）	0.971（1.15）
功率变化率（带制动）（kW/s）	11.7（8.51）	30.0（24.2）	49.7（42.2）	29.2（19.4）	74.7（56.3）	115（94.7）	73.7（59.8）	104（87.9）
角加速度（带制动）（rad/s²）	73200（53500）	94300（76200）	104000（88600）	45800（30400）	58700（44400）	60600（49600）	30800（25000）	32700（27600）
结构与防护等级	全封闭自冷 IP67							

型号 SGM7A-	15A	20A	25A	30A	70A
额定输出功率（kW）	1.5	2.0	2.5	3.0	7.0
额定输出转矩（N·m）	4.90	6.36	7.96	9.80	22.3
加减速最大输出转矩（N·m）	14.7	19.1	23.9	29.4	54.0
额定电流（A）	9.3	12.1	15.6	17.9	38.3
加减速最大电流（A）	28	42	51	56	105
额定转速（r/min）	3000				
最高转速（r/min）	6000				
转矩常数（N·m/A）	0.590	0.561	0.538	0.582	0.604
转子惯量（带制动）（×10⁻⁴kg·m²）	2.00（2.25）	2.47（2.72）	3.19（3.44）	7.00（9.20）	12.3
功率变化率（带制动）（kW/s）	120（106）	164（148）	199（184）	137（104）	404
角加速度（带制动）（rad/s²）	24500（21700）	25700（23300）	24900（23100）	14000（10600）	18100
结构与防护等级	全封闭自冷 IP67				带风扇 IP22

表 2.1-5 SGM7G 系列电机规格参数

型号 SGM7G-	03A	05A	09A	13A	20A
额定输出功率（kW）	0.3	0.45	0.85	1.3	1.8
额定输出转矩（N·m）	1.96	2.86	5.39	8.34	11.5
加减速最大输出转矩（N·m）	5.88	8.92	14.2	23.3	28.7
额定电流（A）	2.8	3.8	6.9	10.7	16.7
加减速最大电流（A）	8.0	11	17	28	42
额定转速（r/min）	1500				
最高转速（r/min）	3000				
转矩常数（N·m/A）	0.776	0.854	0.859	0.891	0.748
转子惯量（带制动）（×10⁻⁴kg·m²）	2.48（2.73）	3.33（3.58）	13.9（16.0）	19.9（22.0）	26.0（28.1）
功率变化率（带制动）（kW/s）	15.5（14.1）	24.6（22.8）	20.9（18.2）	35.0（31.6）	50.9（47.1）
角加速度（带制动）（rad/s²）	7900（7180）	8590（7990）	3880（3370）	4190（3790）	4420（4090）
结构与防护等级	全封闭自冷 IP67				

型号 SGM7G-	30A	30A	44A	55A	75A	1AA	1EA
额定输出功率（kW）	2.9	2.4	4.4	5.5	7.5	11	15
额定输出转矩（N·m）	18.6	15.1	28.4	35.0	48.0	70.0	95.4
加减速最大输出转矩（N·m）	54.0	45.1	71.6	102	119	175	224
额定电流（A）	23.8	19.6	32.8	37.2	54.7	58.6	78.0
加减速最大电流（A）	70	56	84	110	130	140	170
额定转速（r/min）	1500	1500	1500	1500	1500	1500	1500
最高转速（r/min）	3000	3000	3000	3000	3000	2000	2000
转矩常数（N·m/A）	0.848	0.848	0.934	1.00	0.957	1.38	1.44
转子惯量（带制动）（×10⁻⁴kg·m²）	46.0（53.9）	46.0（53.9）	67.5（75.4）	89.0（96.9）	125（133）	242（261）	303（341）
功率变化率（带制动）（kW/s）	75.2（64.2）	49.5（42.2）	119（107）	138（126）	184（173）	202（188）	300（267）
角加速度（带制动）（rad/s²）	4040（3450）	3280（2800）	4210（3770）	3930（3610）	3840（3610）	2890（2680）	3150（2800）
结构与防护等级	全封闭自冷 IP67						

表 2.1-6 SGM7J 系列电机规格参数

型号 SGM7J-	A5A	01A	C2A	02A	04A	06A	08A
额定输出功率（W）	50	100	150	200	400	600	750
额定输出转矩（N·m）	0.159	0.318	0.477	0.637	1.27	1.91	2.39
加减速最大输出转矩（N·m）	0.557	1.11	1.67	2.23	4.46	6.69	8.36
额定电流（A）	0.55	0.85	1.6	1.6	2.5	4.2	4.4
加减速最大电流（A）	2.0	3.1	5.7	5.8	9.3	15.3	16.9

续表

型号 SGM7J–	A5A	01A	C2A	02A	04A	06A	08A
额定转速（r/min）	3000						
最高转速（r/min）	6000						
转矩常数（N·m/A）	0.316	0.413	0.321	0.444	0.544	0.493	0.584
转子惯量（带制动）（×10⁻⁴kg·m²）	0.0395（0.0475）	0.0659（0.0739）	0.0915（0.0995）	0.263（0.333）	0.486（0.556）	0.800（0.870）	1.59（1.77）
功率变化率（带制动）（kW/s）	6.40（5.32）	15.3（13.6）	24.8（22.8）	15.4（12.1）	33.1（29.0）	45.6（41.9）	35.9（32.2）
角加速度（带制动）（rad/s²）	40200（33400）	48200（43000）	52100（47900）	24200（19100）	26100（22800）	23800（21900）	15000（13500）
结构与防护等级	全封闭自冷 IP67						

技能训练

通过任务学习，完成以下练习。

一、不定项选择题

1. 以下对通用型伺服驱动器功能描述正确的是 .... （　　）
   A. 可用于半闭环位置控制　　　　　　　B. 可用于闭环速度控制
   C. 可用于闭环转矩控制　　　　　　　　D. 可用于全闭环位置控制

2. 以下对通用型伺服驱动器控制描述正确的是 .... （　　）
   A. 位置给定为脉冲输入　　　　　　　　B. 速度给定为 DC 模拟电压输入
   C. 转矩给定为 DC 模拟电压输入　　　　D. 位置反馈为串行通信数据

3. 以下对通用型伺服驱动器用途描述正确的是 .... （　　）
   A. 可用于 PLC 控制系统　　　　　　　　B. 可用于工业机器人控制系统
   C. 进口数控系统配套用　　　　　　　　D. 国产数控系统配套用

4. 当通用型伺服驱动器用于直线轴位置控制时，以下说法正确的是 ....（　　）
   A. 只能采用半闭环结构　　　　　　　　B. 可以采用全闭环结构
   C. 不能用于全功能数控系统　　　　　　D. 全闭环伺服驱动系统需要配套选件

5. 以下对专用型伺服驱动器功能、用途描述正确的是 .... （　　）
   A. 闭环位置控制由数控实现　　　　　　B. 闭环位置控制由驱动器实现
   C. 进口数控系统配套用　　　　　　　　D. 国产数控系统配套用

6. 以下属于直线轴、半闭环伺服驱动系统特点的是 .... （　　）
   A. 不能检测实际位置　　　　　　　　　B. 系统的精度保持性好
   C. 不需要外置检测器件　　　　　　　　D. 需要配套外置编码器

7. 以下属于直线轴、全闭环伺服驱动系统特点的是 .... （　　）
   A. 需要订购附加模块　　　　　　　　　B. 系统的稳定性较差
   C. 不需要内置编码器　　　　　　　　　D. 需要配套光栅尺

8. 回转轴采用全闭环伺服驱动系统控制时，必须使用的器件是 .... （　　）

    A. 全闭环接口模块   B. 电机内置编码器

    C. 外置式编码器   D. 外置式光栅尺

9. 以下对 1600 万脉冲的编码器描述正确的是..（   ）

    A. 输出脉冲数为 16000000p/r   B. 2^{24} 编码器绝对或增量编码器

    C. 只能采用串行数据输出   D. 2^{20} 编码器绝对或增量编码器

10. Σ-7 系列伺服电机用 PLC 脉冲输出模块控制位置时，可选配的驱动器型号为......（   ）

    A. SGD7W   B. SGD7S   C. SGM7G   D. SGM7A

11. 以下对 SGD7S 驱动器描述正确的是..（   ）

    A. 只能用于单轴控制   B. 位置控制只能使用脉冲输入

    C. 主电源为 3~200V 等级   D. 一般用于 15kW 以下电机控制

12. Σ-7 系列驱动器用于小惯量负载高速驱动时，应优先选配的伺服电机型号为......（   ）

    A. SGM7A   B. SGM7J   C. SGM7G   D. SGM7P

13. 以下对 SGM7A-C2A7A61 伺服电机描述正确的是..................................（   ）

    A. 高速小惯量标准电机   B. 额定输出功率 200W

    C. 额定输出转矩 0.477N·m   D. 额定电压 3~200V

14. 以下对 SGM7G-1AA7A6C 伺服电机描述正确的是.................................（   ）

    A. 高速小惯量标准电机   B. 额定输出功率 11kW

    C. 带有 2^{24} 增量编码器   D. 带有 DC24 制动器

15. 以下对 SGM7J 系列伺服电机描述正确的是......................................（   ）

    A. 中惯量电机   B. 最高转速为 6000r/min

    C. 额定转速为 1500r/min   D. 转矩一般在 2.4N·m 以下

二、简答题

1. 简述专用型伺服驱动器与通用型伺服驱动器的主要区别。

2. 在配套通用型伺服驱动器的国产数控系统上，如实际位置与指令位置间的误差较大，能否引起数控系统的报警？为什么？

3. 试从伺服系统结构的角度，说明国产数控系统轮廓加工精度不高的根本原因。

4. 简述半闭环伺服驱动系统与全闭环伺服驱动系统的主要特点与区别。

5. 简述安川 Σ-7 系列驱动器的主要特点。

••• 任务二   主回路设计与连接 •••

知识目标

1. 熟悉交流伺服驱动系统硬件及作用。

2. 掌握交流伺服驱动系统的连接要求。

3. 掌握驱动器的主回路设计技术。

4. 熟悉驱动系统的配套件。

5. 了解驱动系统主回路器件的参数计算、选择方法。

能力目标

1. 能够正确选择交流伺服驱动系统硬件。
2. 能够设计交流伺服驱动器主回路。
3. 能够连接交流伺服驱动系统。
4. 能够正确选择交流伺服驱动系统配套件。

基础学习

一、交流伺服驱动系统硬件及作用

交流伺服驱动系统的硬件组成一般如图 2.2-1 所示,部分硬件(如直流电抗器、滤波器、外接制动电阻等)可根据实际需要选用。系统的组成部件可选择驱动器生产厂家的配套产品,也可选择其他符合要求的产品。

交流伺服驱动器一般带有简易操作单元,但对于需要进行振动抑制、滤波器参数、自适应调整的驱动器,应选用功能更强的外置操作单元,或者使用安装有安川 Sigma Win+调试软件的计算机。交流伺服驱动系统其他组成部件的作用如下。

1. 基本器件

① 断路器。断路器用于驱动器短路保护,在正规产品上必须予以安装。断路器的额定电流应与驱动器的容量相匹配。

② 主接触器。主接触器用于驱动器主电源(逆变器主回路的整流电源输入)的通断控制。利用主接触器断开主电源的停止方式只能用于驱动器出现紧急情况时的紧急分断,在正常工作时不允许通过主接触器的通断来控制伺服电机的启停,电机的启停应由驱动器的 DI 信号进行控制。

安装主接触器可使驱动器主电源与控制电源独立,以防止驱动器或控制部件故障时主电源加入,避免发生重大事故。主接触器的线圈一般需要用串接驱动器的报警触点,这样一方面可在驱动器发生严重报警时迅速断开主电源,同时也可防止存在故障的驱动器在启动时主电源加入。

需要特别注意的是:在驱动器使用外接制动电阻(或制动单元)的场合,如电机频繁启制动,将引起制动电阻温度的急剧升高。为了预防电阻发热引发的火灾等事故,必须将制动电阻(或制动单元)上的温度检测传感器串接至主接触器的线圈回路,作为主接触器的互锁条件,一旦制动电阻温度超过规定值,就必须立即断开主接触器、切断主电源。

2. 可选配件

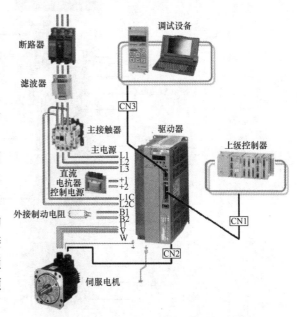

图2.2-1 交流伺服驱动系统的硬件组成

交流伺服驱动器的滤波器、电抗器、外接制动电阻为可选配件,用户可根据驱动系统的实际要求选配或不使用。

（1）滤波器

主电源进线滤波器以及安装在驱动器电机输出线上的零相电抗器可用来抑制线路的电磁干扰。此外，保持动力线与控制线之间的距离、采用屏蔽电缆、进行符合要求的接地系统设计等也是消除干扰的有效措施。

（2）直流电抗器

直流电抗器用来抑制直流母线的高次谐波与浪涌电流。安装直流电抗器可减小整流、逆变回路的冲击电流，提高驱动器的功率因数，降低主回路器件的要求。一般而言，驱动器在安装规定的直流电抗器后，输入电源的容量大致可降低 20%~30%；但是，由于驱动器的容量相对较小，而电抗器的体积大、质量重，在一般使用场合通常不安装直流电抗器。

Σ-7 系列驱动器的输入电压为 3~AC 200V，输入侧一般都有电源变压器，通常不需要使用交流电抗器。

（3）外接制动电阻

如果电机需要频繁启制动，或负载制动时产生的能量很大（例如用于受重力作用的升降负载控制时），为了提高驱动器的制动能力，需要选配制动电阻或制动单元。外接制动电阻或制动单元必须安装温度检测器件，并将检测信号作为主接触器通断控制的互锁条件。

二、驱动器连接总图

安川 Σ-7 系列驱动器的外形及接线端、连接器的形状和位置如图 2.2-2 所示，驱动器的操作单元、模拟量监控连接器安装在上方盖板之内。

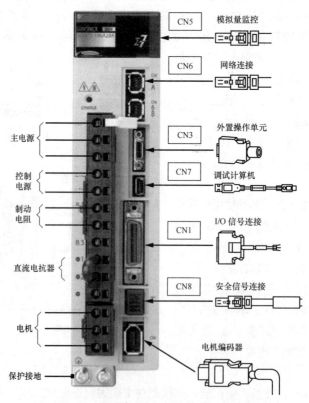

图2.2-2　Σ-7系列驱动器的连接端、连接器布置

Σ-7 系列驱动器常用信号的连接总图如图 2.2-3 所示。驱动器接线端、连接器的代号、功能及连接要求如表 2.2-1 所示。

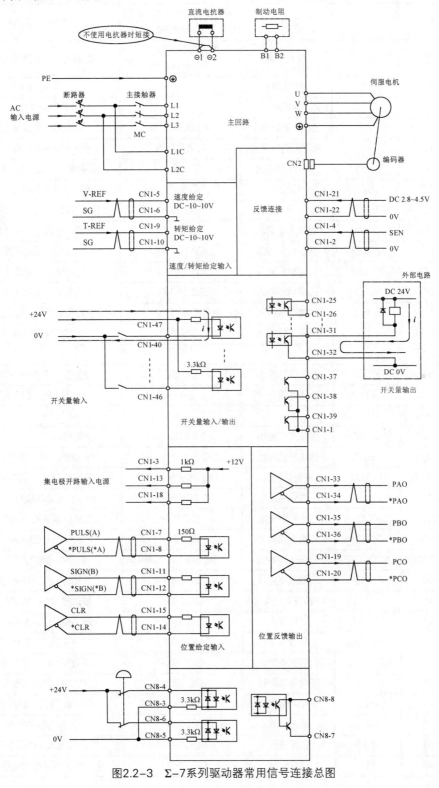

图2.2-3　Σ-7系列驱动器常用信号连接总图

表 2.2-1 Σ-7 系列驱动器连接端、连接器说明

连接端	信号代号	作用	规格	说明
L1/L2/L3	—	主电源	三相 AC 200~240V，50Hz/60Hz	逆变器整流输入电源
L1C/L2C	—	控制电源	AC 200~240V，50Hz/60Hz	驱动器控制回路输入电源
U/V/W	—	电机电枢	—	伺服电机电枢
PE	—	接地端	—	驱动器接地端
B1、B2、B3	—	制动电阻连接	外部制动电阻	外置制动电阻连接端
⊖1/⊖2	—	直流电抗器连接	直流电抗器	根据需要连接直流电抗器
⊖	—	直流母线输出	—	测量端，不能连接其他装置
CN1-1/2	SG	信号地	DC 0V	连接输入/输出信号的 0V 端
CN1-3/13/18	PL1/2/3	DC 12V 输出	DC 12V	集电极开路输入驱动电源连接端
CN1-4	SEN	数据发送请求	DC 5V	绝对编码器数据发送请求信号
CN1-5/6	V-REF	速度给定输入	DC-10~10V	速度给定模拟量输入
CN1-9/10	T-REF	转矩给定输入	DC-10~10V	转矩给定模拟量输入
CN1-7/8	PULS	位置给定输入	DC 5~12V	位置给定脉冲输入 1
CN1-11/12	SIGN	位置给定输入	DC 5~12V	位置给定脉冲输入 2
CN1-15/14	CLR	误差清除输入	DC 5~12V	位置误差清除输入
CN1-16/17	—	—	—	—
CN1-19/20	PCO	位置反馈输出	DC 5V	位置反馈 C 相脉冲输出
CN1-21/22	BAT+/-	电池输入	DC 2.8~4.5V	绝对编码器电源输入
CN1-23/24	—	—	—	—
CN1-25/26	CONI	定位完成输出	DC 30V/50mA	多功能 DO1，信号可变
CN1-27/28	TGON	速度到达输出	DC 30V/50mA	多功能 DO2，信号可变
CN1-29/30	S-RDY	准备好输出	DC 30V/50mA	多功能 DO3，信号可变
CN1-31/32	ALM	故障输出	DC 30V/50mA	驱动器故障
CN1-33/34	PAO	位置反馈输出	DC 5V	位置反馈 A 相脉冲输出
CN1-35/36	PBO	位置反馈输出	DC 5V	位置反馈 B 相脉冲输出
CN1-37/38/39	ALO1/2/3	报警代码输出	DC 30V/20mA	驱动器报警代码输出
CN1-40	S-ON	伺服使能	DC 24V	多功能 DI1，信号可变
CN1-41	P-CON	调节器切换	DC 24V	多功能 DI2，信号可变
CN1-42	*P-OT	正转禁止	DC 24V	多功能 DI3，信号可变
CN1-43	*N-OT	反转禁止	DC 24V	多功能 DI4，信号可变
CN1-44	ALM-RST	报警清除	DC 24V	多功能 DI5，信号可变
CN1-45	P-CL	正向电流限制	DC 24V	多功能 DI6，信号可变
CN1-46	N-CL	反向电流限制	DC 24V	多功能 DI7，信号可变
CN1-47	24V IN	输入电源	DC 24V	DI 信号驱动电源
CN1-48/49	PSO	转速输出	DC 5V	光栅尺转速输出信号
CN1-50	TH	温度检测	DC 0~5V	电机温度检测信号

续表

连接端	信号代号	作用	规格	说明
CN2		编码器连接器	串行数据总线	电机内置编码器
CN3注₁		外置操作单元	安川标准电缆	安川操作单元
CN5注₁		模拟量监控	DC 0~10V	速度、转矩模拟量输出信号
CN6注₁		网络连接	网络总线	网络连接
CN7注₁		调试计算机	安川标准电缆	调试计算机连接
CN8注₁		安全信号连接	安全信号	安全信号连接

注₁：安川标准电缆连接器，一般不用于外部信号连接。

三、驱动器主回路设计

主回路是向负载提供能量的电路。驱动器的主回路包括向电机提供能量的逆变器主电源输入，以及向驱动器辅助部件提供工作电能的控制电源 2 部分。

主回路在驱动器内部的连接如图 2.2-4 所示。不同厂家生产、不同规格的驱动器外形、连接端子编号可能有所区别，但内部连接基本相同。

主回路连接

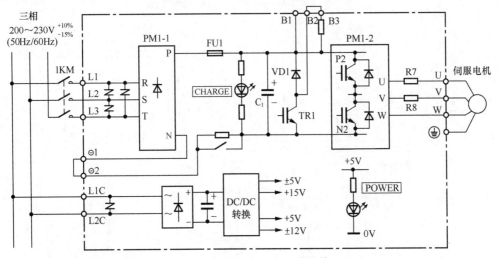

图2.2-4 驱动器的主回路连接

驱动器的主回路典型电路如下。

1. 单轴主回路

不使用外置制动电阻的单轴驱动器，主回路一般使用图 2.2-5 所示的典型电路。驱动器的主电源原则上需要使用主接触器，主接触器的通断一般通过驱动器 ON/OFF 按钮控制。驱动器的故障输出信号，一般应通过中间继电器的转换串联到主接触器线圈控制回路（通常为交流），以保证驱动器发生严重报警时能立即切断主电源；此外，也可以防止驱动器故障时主电源加入。

当驱动器选配外接制动单元或制动电阻时，必须安装主接触器，主回路一般使用图 2.2-6 所示的典型电路。为了能够在制动电阻过热时及时切断驱动器的主电源，制动电阻的过热触点应作为主接触器的互锁条件串联到主接触器的线圈控制回路中。如过热触点为常闭型输入，则触点可直接串联；如过热触点为常开型输入，则触点需要通过中间继电器转换为常闭触点后串联到主接触器的线圈控制回路中。

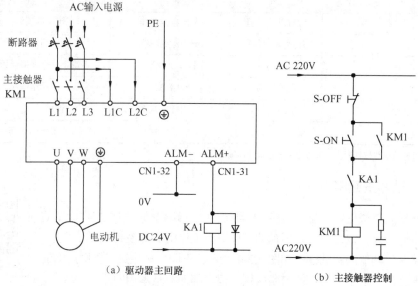

（a）驱动器主回路　　　　　　　　　　（b）主接触器控制

图2.2-5　不使用外置制动电阻的主回路

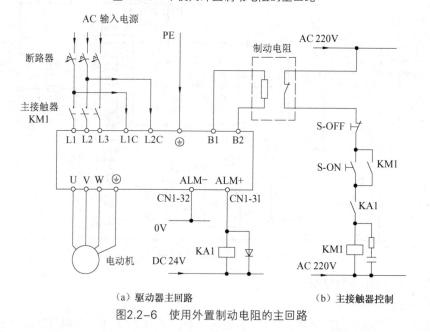

（a）驱动器主回路　　　　　　　　　　（b）主接触器控制

图2.2-6　使用外置制动电阻的主回路

2. 多轴主回路

在使用多台驱动器的机电设备上，为了简化电路、降低成本，驱动器主回路一般共用短路保护断路器和主接触器，其典型电路如图2.2-7所示。

当多台驱动器的主电源共用主接触器时，必须将各驱动器的故障输出触点串联，并通过中间继电器转换后接入主接触器线圈控制回路，以保证只有3台驱动器均无故障时才能接通主接触器。

为了保证极性正确，第1台驱动器的ALM−端应连接中间继电器控制电源的0V端，ALM+端与第2台驱动器的ALM−端连接；第2台驱动器的ALM+端应连接第3台驱动器的ALM−端；第3台驱动器的ALM+端应连接故障输出中间继电器的线圈。

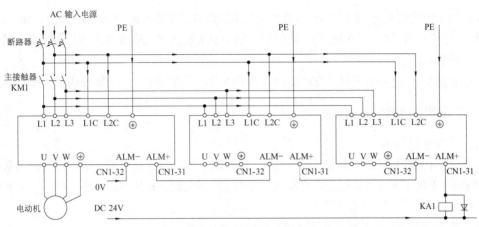

图2.2-7　多驱动器主回路设计

实践指导

一、主回路连接要求

1. 驱动器主回路

驱动器的主回路连接在遵循一般电气连接原则的基础上，还需要注意如下问题。

① 驱动器主回路原则上应选配三相电源变压器，以保证驱动器的电源输入电压为 3~AC 200V；使用电源变压器时，主回路无须安装交流电抗器。

在多台驱动器同时启停的系统上，驱动器的主电源允许共用主接触器（参见图 2.2-7）。主电源必须连接至驱动器的 L1/L2/L3 端，如果错误地连接到了电机输出连接端端 U/V/W 上，将直接导致逆变管的损坏。

② 当驱动器控制电源电压与主电源线电压一致时，控制电源可直接从主电源上引出（参见图 2.2-5~图 2.2-7）；控制电源允许与主电源共用短路保护断路器。

驱动器工作时存在高频漏电流，进线侧如需要安装漏电保护断路器，应使用感度电流大于 30mA 的驱动器专用漏电保护断路器；如采用普通工业用漏电保护断路器，其感度电流应大于 200mA。

③ 驱动器选配直流电抗器时，应断开端子⊖1 与⊖2 间的短接线（参见图 2.2-3、图 2.2-4），并将直流电抗器串联连接到端子⊖1、⊖2 上。对于不使用直流电抗器的驱动器，则必须保留端子⊖1 与⊖2 间的短接线。

④ 额定输出电流 3.8~33A 的中规格驱动器安装有内置制动电阻，外置制动电阻应接到端子 B1、B2 上；如不使用外置制动电阻，必须保留端子 B2 与 B3 间的短接线（参见图 2.2-4）。如驱动器仅用外置制动电阻制动（取消内置电阻），应断开端子 B2 与 B3 间的短接线；如驱动器需要同时使用内置、外置制动电阻（不推荐采用），则需要保留端子 B2 与 B3 的短接线，使得内置、外置制动电阻成为并联连接。

2. 电机连接

驱动器的输出与电机电枢线的连接必须遵守以下原则。

① 驱动器输出与电机电枢的相序必须一一对应，绝对不允许使用改变相序的方法改变电机转向。

② 驱动器输出与电机之间原则上不允许安装接触器，对于必须安装接触器的特殊控制需要，接触器的通断必须在驱动器主电源断开时进行。

③ 伺服电机的电枢、制动器连接要求与电机的型号、规格有关。小功率电机的电枢与制动器一般共用连接器；中、大规格的电机电枢、制动器采用独立的连接器连接；大规格电机还需要连接风机电源。

伺服电机电枢连接必须根据电机使用说明书进行，电机相序、制动器接线不允许出错。

二、电机连接电缆与选择

1. 连接电缆形式

驱动器与伺服电机连接需要有电机电枢、编码器、制动器连接电缆。交流伺服驱动系统对连接电缆的要求较高，为了保证驱动系统的性能，连接电缆最好使用驱动器生产厂家配套提供的标准产品。

Σ-7 系列伺服电机连接电缆的基本形式如图 2.2-8 所示。

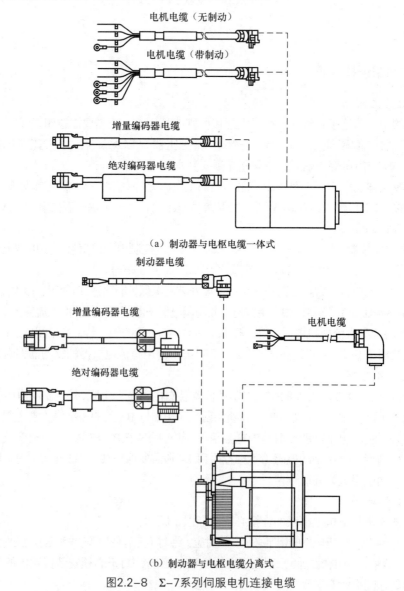

（a）制动器与电枢电缆一体式

（b）制动器与电枢电缆分离式

图2.2-8　Σ-7系列伺服电机连接电缆

（1）电机电缆

无制动器的 Σ-7 系列伺服电机，采用 4 芯电缆连接电机电枢。带内置制动器的伺服电机连接电缆有 2 种形式：所有 SGM7J、SGM7A 系列电机，以及 SGM7G-03A、SGM7G-05A 电机，采用图 2.2-8（a）所示的制动器与电枢一体式 6 芯连接电缆；SGM7G 系列的其他电机，采用图 2.2-8（b）所示的 4 芯电枢连接电缆、2 芯制动器连接电缆分离式结构，电枢和制动器需要分别连接。

（2）编码器电缆

Σ-7 系列伺服电机的内置编码器可为增量或绝对编码器。使用增量编码器的电机只需要连接串行数据线，可直接使用 6 芯双绞屏蔽电缆；使用绝对编码器的电机，通常需要选择带后备电池安装盒的 6 芯双绞屏蔽电缆。

2. 连接电缆规格

Σ-7 系列伺服电机常用的标准连接电缆如表 2.2-2 所示。表中的标准电缆型号选择的是电机后侧出线、L 型连接器结构，对于其他结构电缆可见安川技术手册。

表 2.2-2　Σ-7 系列伺服电机常用的标准连接电缆

电缆名称	电机系列	电机规格	标准电缆型号	备注
电机电缆 （无制动）	SGM7J、 SGM7A	A5~C2	JZSP-C7M10G-□□-E	□□：电缆长度（m），常用规格为03、05、10、15、20； 导线颜色：U/红、V/白、W/蓝、PE/黄-绿双色
		02~06	JZSP-C7M20G-□□-E	
		08~10	JZSP-C7M30G-□□-E	
	SGM7A	15	JZSP-UVA102-□□-E	
		20	JZSP-UVA302-□□-E	
		25	JZSP-UVA502-□□-E	
		30	JZSP-UVA602-□□-E	
		40~50	JZSP-UVA702-□□-E	
		70	JZSP-UVA902-□□-E	
	SGM7G	03~05	JZSP-CVM21-□□-E	
		09~13	JZSP-UVA102-□□-E	
		20	JZSP-UVA302-□□-E	
		30~44	JZSP-UVA702-□□-E	
		55~75	JZSP-UVAA02-□□-E	
		1A~1E	JZSP-UVAB02-□□-E	
电机电缆 （带制动）	SGM7J、 SGM7A	A5~C2	JZSP-C7M13G-□□-E	□□：电缆长度（m），常用规格为03、05、10、15、20； 导线颜色：U/红、V/白、W/蓝、PE/黄-绿双色，制动器/黑色； SGM7G-09~1E 电机标准电缆包含电枢、制动器电缆
		02~06	JZSP-C7M23G-□□-E	
		08~10	JZSP-C7M33G-□□-E	
	SGM7A	15	JZSP-UVA152-□□-E	
		20	JZSP-UVA352-□□-E	
		25	JZSP-UVA552-□□-E	
		30	JZSP-UVA652-□□-E	
		40~50	JZSP-UVA752-□□-E	
		70	JZSP-UVA952-□□-E	
	SGM7G	03~05	JZSP-CVM41-□□-E	

续表

电缆名称	电机系列	电机规格	标准电缆型号	备注
电机电缆（带制动）	SGM7G	09~13	JZSP-UVA132-□□-E	□□：电缆长度（m），常用规格为 03、05、10、15、20；导线颜色：U/红、V/白、W/蓝、PE/黄-绿双色，制动器/黑色；SGM7G-09~1E 电机标准电缆包含电枢、制动器电缆
		20	JZSP-UVA332-□□-E	
		30~44	JZSP-UVA732-□□-E	
		55~75	JZSP-UVAA32-□□-E	
		1A~1E	JZSP-UVAB32-□□-E	
增量编码器	SGM7J	所有规格	JZSP-C7P10D-□□-E	□□：电缆长度（m），规格为 03、05、10、15、20
	SGM7A	A5~10	JZSP-C7P10D-□□-E	
		15~70	JZSP-CVP02-□□-E	
	SGM7G	所有规格	JZSP-CVP02-□□-E	
绝对编码器	SGM7J	所有规格	JZSP-C7PA0D-□□-E	□□：电缆长度（m），规格为 03、05、10、15、20
	SGM7A	A5~10	JZSP-C7PA0D-□□-E	
		15~70	JZSP-CVP07-□□-E	
	SGM7G	所有规格	JZSP-CVP07-□□-E	

拓展提高

一、主回路器件参数计算与选择

1. 断路器、主接触器

驱动器主回路的短路保护断路器、主接触器可选配低压控制通用器件。断路器、主接触器的额定电流可根据驱动器的输入容量、输入电压计算确定。在实际使用时，通常可按照下式估算

$$I_e = (1.5 \sim 2)\frac{S_e}{\sqrt{3}U_e} \qquad (2.2\text{-}1)$$

式中：I_e——断路器、主接触器额定电流（A）；

S_e——电源容量（V·A），Σ-7 系列驱动器的电源容量可参见表 2.1-2；

U_e——主回路输入电压（V）。

当 2~3 台驱动器共用短路保护断路器、主接触器时，作为简单计算，电源容量可直接取各驱动器输入容量之和；如台数超过 3 台，可适当考虑驱动器的同时工作系数，将额定电流的计算值乘以 0.5~0.8 的同时工作系数（台数越多，系数越小）。

例如，对于单台 SGD7S-7R6A01A 驱动器，从表 2.1-2 可查得其输入容量为 2.3kV·A，因此，断路器、主接触器的额定电流为

$$I_e = (1.5 \sim 2)\frac{S_e}{\sqrt{3}U_e} \approx 9.96 \sim 13.28（A）$$

根据断路器额定电流系列，可选择 10A 标准规格，如 DZ47-63/3P-10A 等；主接触器可选择 12A 标准规格，如 CJX1-12/22 等。

2. 电抗器

直流电抗器应安装于驱动器直流母线的滤波电容器之前，它可起到抑制谐波、降低电容器

充电时的电流峰值、减小电流脉动、改善驱动器功率因数等作用。增加直流电抗器后，驱动器的电源容量一般可降低20%~30%。

电抗器的电感量越大、平波效果就越显著，但这将带来系统体积和制造成本的增加。试验表明，当电抗器用于谐波抑制时，如电抗器所产生的压降能达到线路电压的3%左右，就可使得电流的谐波分量降低到44%左右；因此，在工程计算时，一般按电抗器产生的压降（$I\omega L$）为线路电压2%~4%的要求来计算、选择电抗器电感量。

对于三相交流输入，电抗器的电感量计算式为

$$L = (0.02 \sim 0.04)\frac{U_1}{\sqrt{3}} \cdot \frac{1}{2\pi fI} \qquad (2.2\text{-}2)$$

如驱动器输入容量 S 的单位选择 kVA，并将三相电路的容量计算式 $S = \sqrt{3}U_1 I$ 代入上式，可得到

$$L = \frac{(0.02 \sim 0.04)}{2\pi f} \cdot \frac{U_1^2}{S} \quad (\text{mH}) \qquad (2.2\text{-}3)$$

对于常用的 3~200V/50Hz 输入的驱动器，上式可简化为

$$L \approx (2.5 \sim 5)\frac{1}{S} \quad (\text{mH}) \qquad (2.2\text{-}4)$$

在直流侧，经三相整流后的直流平均电压为输入线电压的1.35倍，因此，直流电抗器的电感量一般也按同容量交流电抗器的1.35倍估算，即

$$L \approx (3.5 \sim 7)\frac{1}{S} \quad (\text{mH}) \qquad (2.2\text{-}5)$$

例如，对于 SGD7S-7R6A01A 驱动器，从表 2.1-2 可查得其输入容量为 2.3kV·A，因此，直流电抗器的电感量为

$$L \approx (3.5 \sim 7)\frac{1}{S} = (3.5 \sim 7) \cdot \frac{1}{2.3} \approx 1.5 \sim 3 \quad (\text{mH})$$

根据直流电抗器系列，可选择 2mH 标准规格，如安川公司配套提供的 X5061 直流电抗器选购件等。

由式 2.2-4 和式 2.2-5 可见，驱动器容量越小，平波电抗器的电感量就越大。但是，由于小容量驱动器的谐波电流幅值小，故在实际使用时可降低平波电抗器的要求，甚至不使用电抗器。因此，对于额定输出电流 7.6A 以下的安川驱动器，通常也都选配电感量为 2mH 的直流电抗器。

3. 制动电阻

驱动器在制动时，电机侧的机械能将通过续流二极管返回到直流母线上，导致直流母线电压升高，为此，需要安装消耗制动能量（亦称再生能量）的制动电阻。交流伺服驱动器的制动电阻配置要求一般如下。

① 额定输出电流 2.8A 及以下规格的小功率驱动器一般不使用制动电阻，电机的制动能量直接通过直流母线电容器存储、吸收。对于频繁制动或制动能量较大的使用场合，需要增加外置制动电阻。

② 额定输出电流 3.8~33A 的中规格驱动器，一般都配置有适用大多数常规控制的标准内置制动电阻。对于频繁制动或制动能量较大的使用场合，可以用并联的方式增加外置制动电阻。

③ 额定输出电流大于 47A 的大规格驱动器，由于制动能量大，制动电阻的功率、体积均

较大，电阻发热严重，驱动器内部不安装制动电阻，因此必须使用外置制动电阻。

制动电阻需要根据系统的制动能量、负载惯量、加减速时间、电机绕组平均消耗功率等参数计算后确定。其计算较为复杂，本书不再对其进行介绍，实际使用时可直接选择驱动器生产厂家配套提供的制动电阻。

4. 滤波器

驱动器的输入滤波器用来抑制电源的高次谐波，如需要，主电源输入侧还可增加三相浪涌电压吸收器。

电源滤波器连接时只要将电源进线与对应的连接端一一连接即可。滤波器宜选用驱动器生产厂配套的产品，市售的 LC、RC 型滤波器可能会产生过热与损坏问题，不可以用于驱动器以及连接有驱动器的电源。

对于带制动器的电机，制动器的 DC 24V 输入侧一般也需要增加过电压抑制器或二极管。过电压抑制器、二极管可选择安川配套产品，也可使用通用器件。

二、主回路选配器件

驱动器的主回路选配器件主要有滤波器、浪涌电压吸收器、直流电抗器、外置制动电阻等；在带制动器的电机上，还可选配制动器用浪涌电压吸收器。安川 Σ-7 系列驱动器可配套提供的选配器件如下。

1. 滤波器

Σ-7 系列驱动器的主电源输入侧的滤波器及浪涌电压吸收器（所有规格通用，型号为LT-C32G 801WS），可根据实际需要选配。安川公司可配套提供的产品规格如表 2.2-3 所示。

表 2.2-3 Σ-7 驱动器配套滤波器规格

驱动器规格	滤波器型号	滤波器参数	滤波器漏电流
R70A~3R8A	HF3010C-SZC	3~AC 500V/10A	
5R5~180A	HF3020C-SZC	3~AC 500V/20A	4mA/ΛC 200V、60Hz
200A	HF3030C-SZC	3~AC 500V/30A	
330A~470A	HF3050C-SZC-47EDD	3~AC 500V/50A	8mA/AC 200V、60Hz
550A	HF3060C-SZC	3~AC 500V/60A	4mA/AC 200V、60Hz
590A~780A	HF3100C-SZC	3~AC 500V/100A	4mA/AC 200V、60Hz

2. 直流电抗器

直流电抗器应安装于驱动器直流母线的滤波电容器之前，它可起到抑制谐波、降低电流脉动、改善功率因数等作用。安川公司可配套提供的产品规格如表 2.2-4 所示。

表 2.2-4 Σ-7 系列驱动器配套电抗器

驱动器规格	电抗器型号	电抗器电感（mH）	额定电流（A）
R70A~7R6A	X5061	2	4.8
120A~180A	X5060	1.5	8.8
200A	X5059	1	14
330A	X5068	0.47	26.8
550A~780A	不需要	—	—

3. 制动电阻

制动电阻用于消耗电机制动的能量（再生能量）。对于频繁启制动的电机，可根据需要选配外置制动电阻，以提高制动能力。Σ-7 系列驱动器的内置制动电阻安装，以及可配套提供的外置制动电阻、制动单元产品规格如表 2.2-5 所示。

表 2.2-5 Σ-7 系列驱动器配套制动电阻

驱动器规格	内置制动电阻	外置制动电阻/制动单元	
		型号	最小阻值/功率
R70A~2R8A	无	RH120	40Ω/70W
3R8A~7R6A	40Ω/40W	RH120	40Ω/70W
120A	20Ω/60W	RH150	20Ω/90W
180A~200A	12Ω/60W	RH220	12Ω/120W
330A	8Ω/180W	RH300C	8Ω/200W
470A	无	JUSP-RA04-E	6.25Ω/880W
550A~780A	无	JUSP-RA04-E	3.13Ω/1760W

4. 制动器配件

在带有内置制动器的伺服电机上，制动器的 DC 24V 输入侧一般需要安装过电压抑制器或二极管。Σ-7 系列伺服电机的内置制动器参数，以及可配套提供的浪涌电压吸收器规格如表 2.2-6 所示。

表 2.2-6 Σ-7 系列驱动器配套制动电阻

电机系列	电机规格	DC 24V 制动器规格		浪涌电压吸收器	
		功率/电流	制动转矩（N·m）	型号	最大电流
SGM7J、SGM7A	A5A	5.5W/0.23A	0.159	TNR5V121K	1A
	01A	5.5W/0.23A	0.318		
	C2A	5.5W/0.23A	0.477		
	02A	6W/0.25A	0.637		
	04A	6W/0.25A	1.27		
	06A	6.5W/0.27A	1.91		
	08A	6.5W/0.27A	2.39		
SGM7A	10A	6.5W/0.27A	3.18	TNR7V121K	2A
	15A~20A	12W/0.5A	7.84		
	25A	12W/0.5A	10		
	30A	10W/0.41A	20		
	70A	—	—	—	—
SGM7G	03A~05A	10W/0.43A	4.5	TNR7V121K	2A
	09A	10W/0.41A	12.7		
	13A~20A	10W/0.41A	19.6		
	30~44A	18.5W/0.77A	43.1	TNR10V121K	4A
	55~75A	25W/1.05A	72.6		
	1AA	32W/1.33A	84.3	TNR14V121K	8A
	1EA	35W/1.48A	114.6		

技能训练

通过任务学习，完成以下练习。

一、不定项选择题

1. 在正规产品上，驱动器主回路必须选配的器件是...（　　）
   A. 断路器　　　　　B. 主接触器　　　　　C. 外置制动电阻　　D. 直流电抗器

2. 在一般使用场合上，驱动器主回路可不使用的器件是...（　　）
   A. 外置制动电阻　B. 主接触器　　　　　C. 滤波器　　　　　D. 直流电抗器

3. 驱动器主回路安装断路器的目的是...（　　）
   A. 控制电动机启停　　　　　　　　　B. 控制主电源通断
   C. 短路保护　　　　　　　　　　　　D. 过载保护

4. 驱动器主回路安装接触器的目的是...（　　）
   A. 控制电动机启停　　　　　　　　　B. 控制主电源通断
   C. 短路保护　　　　　　　　　　　　D. 过载保护

5. 以下对驱动器主电源、控制电源的控制要求描述正确的是.................................（　　）
   A. 控制电源先加入　　　　　　　　　B. 主电源通断应用驱动器故障触点互锁
   C. 主电源先加入　　　　　　　　　　D. 控制电源通断应用驱动器故障触点互锁

6. 以下对直流电抗器的功能、使用要求描述正确的是...（　　）
   A. 抑制高次谐波、提高功率因数　　　B. 减小整流、逆变回路冲击电流
   C. 防止整流、逆变回路过电压　　　　D. 需要串联接入驱动器直流母线

7. 以下对外置制动电阻的功能、使用要求描述正确的是...（　　）
   A. 防止伺服电机过电流　　　　　　　B. 提高电机的启动能力
   C. 提高电机的制动能力　　　　　　　D. 需要串联接入驱动器直流母线

8. 额定电压为 3~AC 200~240V 的驱动器，其输入电压允许的范围为.................（　　）
   A. 200~240V　　B. 170~264V　　　　C. 180~264V　　　D. 170~253V

9. 额定电压为 3~AC 380~480V 的驱动器，其输入电压允许的范围为 ....（　　）
   A. 380~480V　　B. 323~552V　　　　C. 323~528V　　　D. 342~528V

10. 以下对驱动器故障触点使用描述正确的是...（　　）
    A. 驱动器输出只能连接直流负载　　　B. 驱动器输出不能超过 DC 50mA
    C. 应用其互锁主接触器线圈回路　　　D. 驱动器正常工作时接通

11. 在多台驱动器同时启停的设备上，以下主回路设计正确的是.............................（　　）
    A. 共用短路保护断路器　　　　　　　B. 共用主接触器
    C. 所有故障触点并联使用　　　　　　D. 所有故障触点串联使用

12. 以下对 Σ-7 系列驱动器制动电阻描述正确的是...（　　）
    A. 所有规格都有内置制动电阻　　　　B. 所有规格都需要安装外置制动电阻
    C. 内置、外置制动电阻应并联　　　　D. 内置、外置制动电阻应串联

13. 以下对 Σ-7 伺服电机连接要求描述正确的是...（　　）
    A. 对电枢连接线的相序无要求　　　　B. 可安装正反转控制接触器
    C. 必须连接编码器电缆　　　　　　　D. 制动器和电枢线必须分离

14. 以下对 Σ-7 电机配套电缆的 U/V/W/PE 导线颜色描述正确的是 .... (　　)

    A. 红/白/蓝/黄　　B. 红/白/蓝/黄-绿　　C. 黑/黑/黑/黄-绿　　D. 红/黄/绿/黄-绿

15. 以下对 Σ-7 电机内置制动器描述正确的是

    A. 额定电压为 DC 90V　　　　　　　　B. 额定电压为 DC 24V

    C. 额定电压为 AC 100V　　　　　　　　D. 额定电压为 AC 200V

二、综合练习

假设一台国产数控车床配套选择了安川 SGM7G-09AFA61（x 轴）、SGM7G-20A FA61（z 轴）伺服电机驱动，伺服电机连接电缆长度为 10m，试完成以下练习。

1. 简要描述 x 轴、z 轴伺服电机的主要技术参数。

2. 确定 x 轴、z 轴驱动器型号。

3. 简要描述 x 轴、z 轴驱动器的主要技术参数。

4. 设计驱动器主回路电路草图。

5. 确定伺服电机连接电缆规格。

6. 计算、选择主回路断路器、主接触器。

••• 任务三　控制回路设计与连接 •••

知识目标

1. 掌握驱动器常用的 DI/DO 信号及电路设计要求。

2. 掌握驱动器位置、速度、转矩给定与反馈信号及电路设计要求。

3. 熟悉 Σ-7 系列驱动器控制信号的规格、参数。

4. 掌握驱动器工程电路图的设计方法。

5. 了解绝对编码器、位置全闭环伺服驱动系统的连接技术。

能力目标

1. 能够设计、连接驱动器的 DI/DO 电路。

2. 能够设计、连接驱动器的位置、速度、转矩给定与反馈电路。

3. 能够选择 Σ-7 系列驱动器的 DI/DO 器件。

4. 能够识读、设计驱动器的工程电路。

基础学习

一、DI信号与输入电路设计

1. 常用 DI 信号

驱动器的运行，如伺服启动、超程、急停等，均需要由外部的触点控制，这样的信号称为开关量输入信号（Data Inputs），简称 DI 信号。

控制回路连接

通常而言，驱动器的 DI 点数在 10 点以内。信号的功能由驱动器生产厂家规定，但大多数信号的输入连接端、信号极性可通过驱动器的参数设定改变，即驱动器的同一 DI 输入连接端可连接多种功能的信号，这样的 DI 连接端称为"多功能 DI"。

由于通用型伺服驱动器的内部结构、功能基本相同，因此即使是不同厂家生产的驱动器，其 DI 信号功能也基本一致。

交流伺服驱动器常用的 DI 信号如下。

① 急停。急停是在紧急情况下控制电机快速停止的 DI 信号，通常使用"常闭"型输入。急停输入触点一旦断开，驱动器将以最大可能的电流控制电机紧急制动、停止；伺服电机完全停止后，关闭逆变管、切断伺服电机电枢。急停是一种强力制动工作方式，通常不能用于电机正常工作时的停止。

② 伺服 ON。伺服 ON 是驱动器使能信号，一般以 S-ON、SRV-ON 等符号表示。信号输入 ON（输入触点接通，下同）时，驱动器主回路的逆变管开放，伺服电机绕组将加入电流，电机即输出静止转矩。此时，只要输入给定信号，电机便可正常运行。

③ 复位。复位是驱动器故障清除信号，一般以 ALM-RST、RST 等符号表示。信号输入 ON，驱动器报警将被清除；此时，如果产生驱动器报警的故障已被排除，驱动器便可恢复正常运行。

④ 正/反转禁止。正/反转禁止信号可禁止电机在指定方向上的运动，一般以*P-OT/*N-OT、*LSP/*LSN、*CWL/*CCWL 等符号表示，并采用常闭型输入。正/反转禁止通常可作为直线运动轴的超程保护输入，输入 OFF（触点断开）时，电机在指定方向的运动将被禁止，可以通过反向运动退出。

⑤ 功能切换控制。功能切换控制信号用于驱动器的位置、速度、转矩切换控制，一般以 C-SEL、LOP、C-MODE 等符号表示；在部分驱动器上，还可使用速度调节器的 P/PI（比例/比例积分）调节切换，此时信号以 P-CON、PC、GAIN 等符号表示。

⑥ 转矩限制。转矩限制信号用来限制伺服电机的最大输出转矩，一般以 P-CL/N-CL、TL 等符号表示。信号输入 ON，电机的最大输出转矩将被限制在指定的值。最大转矩可通过模拟量输入端输入，或利用驱动器参数进行设定。

⑦ 速度选择。速度选择信号用于有级变速的速度控制系统，信号一般以 SPD-A/B、SP1/2、INTSPD1/2 等符号表示。当驱动器用于速度控制时，如果电机只需要进行若干级固定转速控制，驱动器可选择有级变速控制方式，并通过速度选择信号选择电机速度，速度的具体值可在驱动器参数上设定。

2. DI 接口电路

与 PLC、CNC 等工业自动化控制装置一样，交流伺服驱动器的 DI 信号通常也采用 DC 24V 光电耦合标准接口电路。为了方便使用，日本生产的驱动器多采用"汇点输入（Sink，亦称漏形输入）"连接方式，接口电路原理如图 2.3-1 所示。

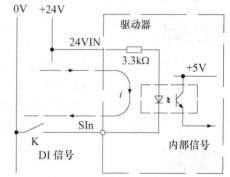

图2.3-1　DI接口电路原理

采用汇点输入连接方式时，驱动器的输入光耦驱动电流可从驱动电源 DC 24V 输出，并经限流电阻、光耦发光二极管、输入触点、驱动电源 0V 端构成回路。由于对驱动器而言，每一输入点的电流都是由驱动器向外部"泄漏"，并在输入公共线上"汇总"，故称之为"漏型输入""汇点输入"。

驱动器 DI 信号的 DC 24V 输入驱动电源，一般需要外部提供。光耦正常工作时的输入电流通常为 5~15mA，但是一般而言，只要输入电流大于 3.5mA，便可保证光敏三极管正常导通、内部信号的状态为"1";因此,DI信号的实际工作电流与限流电阻的阻值有关。

例如,对于图2.3-1所示的限流电阻为3.3kΩ的输入驱动电路,DI输入触点接通(输入ON)时的工作电流为

$$I = \frac{24 - 0.5}{3.3} \approx 7(\text{mA})$$

如果驱动器的限流电阻为4.7kΩ,则DI输入触点接通(输入ON)时的工作电流为

$$I = \frac{24 - 0.5}{4.7} = 5(\text{mA})$$

3. DI 输入连接

采用汇点输入连接的DI接口电路,不但可与按钮、行程开关、继电器或接触器触点等机械触点直接连接,而且也能够与图2.3-2所示的接近开关或电子控制器的NPN集电极开路输出信号直接连接。

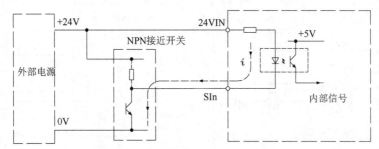

图2.3-2 集电极开路输出信号连接

采用NPN集电极开路输出的接近开关或电子控制器输出ON时,信号输出端(集电极)与0V间的电阻接近为0,输入驱动电流可从驱动电源DC 24V输出,并经限流电阻、光耦发光二极管、三极管ce极、驱动电源0V端构成回路。

二、DO信号与输出电路设计

1. 常用 DO 信号

驱动器的工作状态,如驱动器报警、准备好、定位完成等,均通过驱动器输出接口电路以信号通断的形式输出,这样的信号称为开关量输出信号(Data Outputs),简称DO信号。

通常而言,驱动器的DO点数在10点以内,信号的功能由驱动器生产厂家规定,但大多数信号的输出连接端、信号极性可通过驱动器的参数设定改变,即驱动器的同一DO输出连接端可输出多种功能的信号,这样的DO连接端称为"多功能DO"。

由于通用型伺服驱动器的内部结构、功能基本相同,因此即使是不同厂家生产的驱动器,其DO信号功能也基本一致。

交流伺服驱动器常用的DO信号如下。

① 驱动器准备好。驱动器准备好是驱动器准备就绪、可以正常工作信号,通常以S-RDY、RD等符号表示。输出ON(输出触点接通或输出三极管饱和导通,下同)时,表明驱动器的主电源、控制电源已全部正确,驱动器、电机、编码器均无故障,驱动器已经可以正常工作。

② 驱动器报警。驱动器报警是驱动器、电机、编码器发生故障的报警信号,通常以*ALM等符号表示。报警信号一旦输出,就表明驱动器存在严重故障,已无法正常工作,此时必须立

即断开主电源，并进行相关维修处理；因此，此信号一般都需要作为驱动器主接触器的互锁条件，直接控制主接触器通断。

③ 定位完成。定位完成信号用于位置控制方式，当伺服电机的实际位置和给定位置的误差（称为位置跟随误差）到达驱动器允许误差范围时，信号 ON，表示驱动器的定位运动已经完成。定位完成信号通常以 COIN、INP 等符号表示。

④ 速度一致。速度一致信号用于速度控制方式，当伺服电机实际转速与给定速度的误差（称为速度跟随误差）到达驱动器允许误差范围时，信号 ON，表示驱动器的加减速过程结束。速度一致信号通常以 V-CMP、SA、AT-SPEED 等符号表示。

2. DO 接口电路

驱动器的 DO 信号一般采用达林顿光耦、晶体管输出，其输出驱动电路原理如图 2.3-3 所示。

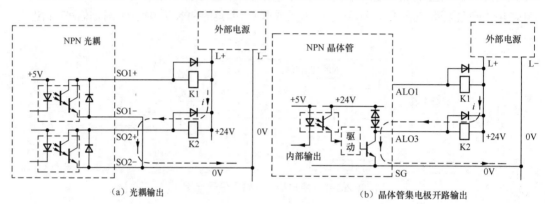

（a）光耦输出　　　　　　　　　　　　（b）晶体管集电极开路输出

图2.3-3　输出驱动电路原理

达林顿光耦、晶体管输出的性质类似，电路设计与连接时均可视为 NPN 晶体管集电极开路输出。当输出信号 ON 时，晶体管饱和导通，负载驱动电源可经负载、驱动器输出端、晶体管 ce 极、驱动器 0V 端构成回路，以驱动负载工作。

达林顿光耦输出一般为独立输出，允许的负载电压为 DC 5~30V，最大驱动电流为 50mA 左右；晶体管集电极开路输出一般带公共 0V 端，允许的负载电压为 DC 5~30V，驱动能力在 20mA 左右。

3. DO 输出连接

驱动器的 DO 输出端可以直接连接负载，由于驱动器输出为光耦、晶体管，故只能用于小功率直流负载驱动；如果需要用驱动器输出控制交流负载，则必须使用 DC 24V 中间继电器转换为触点信号。

驱动器的 DO 输出连接电路可参见图 2.3-3，负载驱动电源需要外部提供 DO 信号用来驱动感性负载时，应在负载线圈两端并联过电压抑制二极管。

驱动器的 DO 输出具有晶体管 NPN 集电极开路性质，故可以与采用汇点输入连接方式的 PLC、CNC 等控制装置输入端直接连接。

三、给定与反馈连接电路设计

驱动器的给定输入包括位置给定脉冲输入、速度/转矩给定模拟电压输入两类。模拟电压输入端的功能与驱动器的控制方式有关，并可以通过驱动器的参数设定选择。

1. 位置给定脉冲输入

位置给定信号用于驱动器的位置控制方式，给定输入为 2 通道脉冲信号。驱动器的位置脉冲输入接收电路为光耦独立驱动，它可与来自上级控制器的线驱动输出、有源集电极开路输出、无源集电极开路输出信号连接，其电路原理如图 2.3-4 所示。

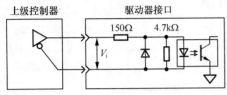

线驱动输出电路：SN75174/MC3487 等
输入信号要求（高电平与低电平的电压差）
V_{imax}: 3.7V；
V_{imin}: 2.8V

（a）线驱动输入

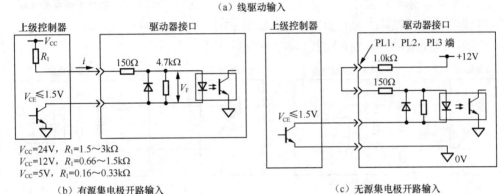

$V_{CC}=24V$, $R_1=1.5\sim3k\Omega$
$V_{CC}=12V$, $R_1=0.66\sim1.5k\Omega$
$V_{CC}=5V$, $R_1=0.16\sim0.33k\Omega$

（b）有源集电极开路输入　　　　　　（c）无源集电极开路输入

图2.3-4　位置给定脉冲接口电路

驱动器的脉冲输入接口可按图 2.3-4（a）所示，与上级控制器的线驱动输出信号直接连接。当上级控制器的脉冲信号为有源集电极开路输出时，需要按图 2.3-4（b）所示，根据驱动电源的电压 V_{CC} 合理选择输入限流电阻，保证光耦的正常工作。当上级控制器的脉冲信号为无源集电极开路输出时，可直接利用驱动器内部的 DC 12V 电源驱动，此时需要按图 2.3-4（c）所示，将脉冲输入的光耦正极与 DC 12V 电源短接。

2. 速度/转矩给定输入

当驱动器用于速度、转矩控制时，其给定输入一般应为 DC –10~10V 模拟电压，驱动器的输入阻抗一般为 10~20kΩ。

速度、转矩给定电压可为图 2.3-5（a）所示的电位器调节输入（无源输入），也可为图 2.3-5（b）所示的来自上级控制器的 D/A 转换器输入（有源输入）。

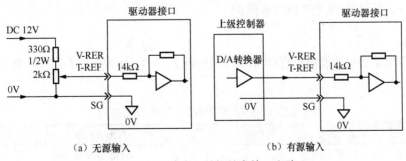

（a）无源输入　　　　　　　（b）有源输入
图2.3-5　速度、转矩给定输入电路

3. 增量编码器输入

交流伺服电机的内置编码器有增量与绝对两类，增量编码器为标准配置。编码器的位置反馈输出为串行通信数据信号，其连接要求如图 2.3-6 所示。

伺服电机的绝对编码器通常为选件，绝对编码器需要连接断电保持绝对位置数据（称 ABS 数据）的后备电池。

如果需要，Σ-7 系列驱动器还可使用光栅或外置编码器构成全闭环位置控制系统。有关安川 Σ-7 系列驱动器的绝对编码器、全闭环系统的连接要求可参见拓展提高部分。

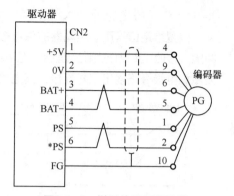

图2.3-6　增量编码器的连接

4. 位置反馈脉冲输出

驱动器的位置反馈脉冲输出接口，采用的是图 2.3-7 所示的 RS422 规范的线驱动差分输出（MC3487 同等规格）。

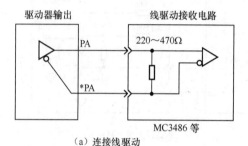
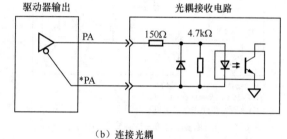

（a）连接线驱动　　　　　　　　　　　（b）连接光耦

图2.3-7　位置反馈脉冲输出电路

当通用型伺服驱动器与上级位置控制器（如数控系统、PLC 闭环位置控制模块等）配合，构成半闭环位置控制系统时，驱动器应选择速度控制模式。此时，可通过驱动器的位置反馈脉冲输出接口，将来自伺服电机内置编码器的位置反馈脉冲信号同步输出到上级控制器，作为半闭环控制系统的位置反馈信号。

上级位置控制器的脉冲接收电路通常应使用图 2.3-7（a）所示的 MC3486 等标准线驱动接收器；如脉冲输出信号需要与图 2.3-7（b）所示的上级控制器的光耦接收电路连接，则接收电路的输入限流电阻一般应为 150Ω 左右。

实践指导

一、Σ-7系列驱动器控制信号连接

1. DI/DO 信号连接

Σ-7 系列驱动器对外部输入的 DI 信号要求如表 2.3-1 所示。与驱动器连接的 DI 信号必须符合驱动器规定。

表 2.3-1　Σ-7 系列驱动器的 DI 信号规格

项目	技术要求
触点（晶体管）驱动能力	≥DC 24V/50mA
输入响应时间	约 10ms

续表

项目	技术要求
触点正常工作电流	7~15 mA
输入 ON/OFF 电流	ON 电流：≥3.5mA；OFF 电流：≤1.5mA
输入信号连接形式	直流汇点，光耦输入

Σ-7 系列驱动器输出的 DO 信号驱动能力如表 2.3-2 所示。超过驱动能力的负载，需要采用中间继电器转换电路。

表 2.3-2　Σ-7 系列驱动器的输出规格

项目	集电极开路输出	光耦输出
最大驱动电压	DC 30V	DC 30V
最大驱动电流	20mA	50mA
最小输出负载	8mA/DC 5V	2mA/DC 5V
输出响应时间	≤20ms	≤20ms

2. 位置脉冲输入

Σ-7 系列驱动器用于位置控制时，来自上级控制器的位置给定脉冲输入信号应符合表 2.3-3 所示的规定。

表 2.3-3　Σ-7 系列驱动器的位置给定输入规格

项目	技术要求
脉冲输出方式	线驱动输出，或集电极开路输出
脉冲信号电平	高电平：> 3.7V；低电平：< 2.8V
脉冲信号驱动能力	7~15mA
输入 ON/OFF 电流	ON 电流：≥3.5mA；OFF 电流：≤1.5mA
最高输入频率	差分输入：4MHz；集电极开路输入：200kHz
输入接口电路	光电耦合，内部限流电阻 150Ω

二、驱动器电路设计案例

作为国产普及型数控装置的配套交流伺服驱动器，是 Σ-7 系列驱动器在国内最大的应用方向之一，以下是此应用的工程设计案例。

1. CNC 接口

国产普及型数控装置（CNC）的驱动器连接接口通常如图 2.3-8 所示，接口信号的连接要求如下。

（1）位置脉冲输出

国产普及型数控的位置脉冲输出通常为线驱动输出的"脉冲（CP+/CP-）+方向（DIR+/DIR-）"信号（可设定），输出驱动通常为 AM26LS31 或同等规格芯片。

（2）CNC 准备好输出

CNC 准备好（无故障）信号 MRDY1/MRDY2 为触点输出，它可用于伺服 ON 控制。

（3）驱动器准备好、报警输入

DRDY、DALM 为驱动器准备好、报警输入，信号均采用汇点输入连接，CNC 可提供 DC 12V 驱动电源。

（4）零脉冲信号

PC+/PC−为电机编码器的零脉冲输入，用于坐标轴的回参考点操作。零脉冲信号的电平可通过 CNC 的设定端选择 DC 5V 输入（输入限流电阻为 150Ω）。

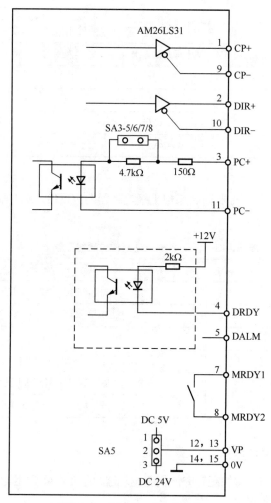

图2.3-8　国产CNC驱动器接口

（5）输入驱动电源

CNC 可通过连接端 VP/0V 向外部（驱动器）提供 DI/DO 信号的驱动电源；驱动电源的输出电压可通过设定端 SA5 的设定选择 DC 5V 或 DC 24V 输出。

由此可见，国产 CNC 驱动器接口的全部信号均可与安川 Σ-7 系列驱动器连接。

2. 工程设计图

图 2.3-9 所示为采用 Σ-7 驱动器的国产普及型数控车床的 x 轴驱动系统电路图，机床的 z 轴驱动系统电路与 x 轴的相同。

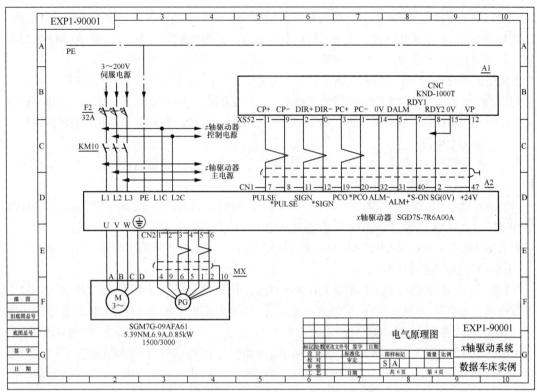

图2.3-9　数控车床的x轴驱动系统电路图

驱动器与CNC的控制信号连接如下。

（1）位置脉冲输入

Σ-7系列驱动器的位置脉冲输入信号可与CNC的位置脉冲输出信号直接连接，两者的线驱动输入/输出规格对应，无须其他处理。

国产普及型数控装置通常无位置误差清除信号输出，故驱动器的CLR信号无须连接；驱动器的位置跟随误差只能通过关机清除。

（2）驱动器报警信号

Σ-7系列驱动器的报警输出信号ALM用作CNC的驱动器报警输入信号，信号的连接如图2.3-10所示。

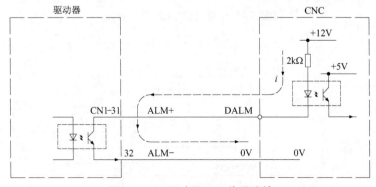

图2.3-10　驱动器ALM信号连接

驱动器的报警信号输出端ALM+与CNC驱动器接口的驱动器报警信号输入端DALM连接；DALM信号的输入光耦由CNC的DC 12V电源驱动；驱动器报警信号的输出端ALM–与CNC驱动器接口的0V端连接。这样就构成了DALM信号的输入驱动电流回路。

需要说明的是：由于连接电缆制作等方面的原因，安川驱动器与国产数控配套时，一般不直接用驱动器报警信号ALM控制主接触器通断，而是需要通过DALM输入，将驱动器报警信号ALM转换成CNC急停信号，再通过CNC的急停输出信号ESP来控制驱动器的主接触器通断。

（3）伺服ON信号

Σ-7系列驱动器的伺服ON信号由数控装置的"CNC准备好"输出信号（触点RDY1/RDY2）控制，信号的连接如图2.3-11所示。

驱动器伺服ON信号的输入端S-ON与CNC驱动器接口的CNC准备好信号输出触点的RDY1端连接；驱动器DI信号的DC24V驱动电源由CNC的VP输出端提供；CNC准备好信号输出触点的RDY2端与驱动电源VP的0V端短接。这样就构成了S-ON信号的输入驱动电流回路。

（4）编码器零脉冲输出

Σ-7系列驱动器的编码器零脉冲输出信号PCO，用作CNC的回参考零脉冲信号。国产普及型数控具有回参考点功能，坐标轴的回参考点操作需要外部提供参考点减速和编码器零脉冲信号，因此，Σ-7系列驱动器的零脉冲输出信号PCO需要与CNC驱动器接口的PC信号连接。

编码器零脉冲信号的连接如图2.3-12所示。驱动器的PCO信号为线驱动输出，它可与驱动器接口的PC+/PC–直接连接。由于PCO为DC 5V脉冲信号，故CNC的PC+/PC–输入驱动电路需要通过短接端SA3取消4.7kΩ限流电阻，以保证输入驱动电流大于3.5mA。

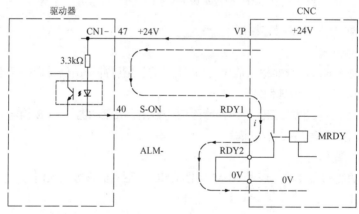

图2.3-11　驱动器S-ON信号连接

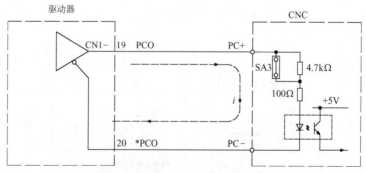

图2.3-12　驱动器零脉冲信号连接

（5）其他

数控机床的坐标轴超程可直接通过 CNC 的软件限位、硬件超极限功能进行控制，因此无须使用驱动器的正/反转禁止信号。

为了便于操作、调试，国产普及型数控通常只使用驱动器的基本功能，因此无须连接驱动器的其他 DI/DO 信号。

由于国产普及型数控的位置控制直接由驱动器实现，因此 Σ-7 系列驱动器的编码器 A、B 相脉冲输出信号也不需要（也不能）连接到 CNC。

拓展提高

一、绝对编码器的连接

目前伺服驱动系统所使用的绝对编码器，实际上只是一种可以通过后备电池保存位置数据的增量式编码器，并不是真正具备绝对位置编码刻度、不需要通过电池保存位置数据的编码器；如果不使用后备电池，它就是传统的增量编码器。因此，伺服驱动系统采用串行绝对编码器时，需要连接用于 ABS 数据断电保持的后备电池。

后备电池以带充电功能的锂电池为宜，电压应为 3.6V，容量应在 200mA·h 以上。为了便于安装，Σ-7 系列驱动器宜直接使用驱动器配套提供的标准电池。

ABS 数据保存在绝对编码器的存储器中，因此，后备电池必须连接到电机的内置编码器。Σ-7 系列驱动器的电池安装可选择如下两种方式之一，但是不可用两种安装方式同时安装电池，否则可能引起电池间的短路而引发事故。

1. 控制柜安装

在 Σ-7 系列驱动器内部，编码器连接器 CN2 上的后备电池连接端 3/4（BAT+/BAT−）实际与驱动器的 I/O 信号连接器 CN1 上的 21/22 脚短接，因此后备电池可直接从 CN1-21/22 输入。

通过 CN1-21/22 输入后备电池的连接如图 2.3-13 所示。后备电池也可以由上级控制器或安装在控制柜的电池盒供电。采用这种供电方式时，多个驱动器允许由上级控制器或后备电池盒统一供电。

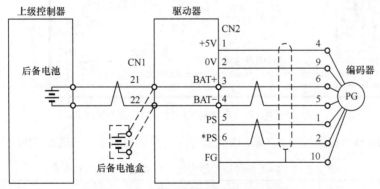

图2.3-13 上级控制器提供后备电池

2. 电缆安装

安川公司提供的绝对编码器连接电缆带有图 2.3-14 所示的电池安装盒，电池盒内带有编码器后备电池 BAT+/BAT−连接线的引出端，使用时只需要将后备电池装入电池盒、连接电源插头，便可完成后备电池安装。

利用编码器连接电缆安装后备电池时，每一根编码器连接电缆都需要独立安装后备电池。

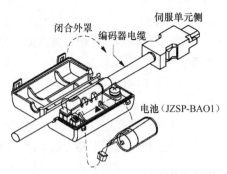

图2.3-14　连接电缆安装后备电池

二、全闭环位置控制系统的连接

1. 系统构成

Σ-7 系列驱动器可独立构成全闭环位置控制系统。常用的 Σ-7 系列驱动器的直线轴全闭环位置控制系统结构如图 2.3-15 所示。

全闭环位置控制系统必须选配安川公司的全闭环接口模块、数据转换器、连接电缆，以及直线位置测量光栅尺等配件。

全闭环接口模块（连同安装配件）可在驱动器型号上附加、连同驱动器整体采购；也可单独采购全闭环接口电路板与安装配件，用户自行在标准驱动器上添加。直线位置测量光栅尺需要用户自行采购、安装，Σ-7 系列驱动器可选配海登汉（Heidenhain）、雷尼绍（Renishaw）公司生产的 $1V_{p-p}$ 模拟电压输出型直线光栅尺。数据转换器需要根据直线位置测量光栅尺选配，同时还需要选购数据转换器与接口模块、光栅尺连接的电缆。

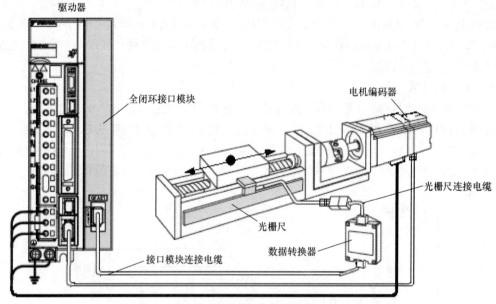

图2.3-15　Σ-7直线轴全闭环位置控制系统结构

采用 Heidenhain 光栅尺的 Σ-7 系列驱动器全闭环位置控制系统的选配件如表 2.3-4 所示。

表 2.3-4　Σ-7 系列驱动器全闭环位置控制系统的选配件

序号	名称		规格与型号	说明
1	带全闭环接口模块的驱动器		SGD7S-***A00A***001	驱动器+全闭环接口+安装配件
	全闭环接口模块（独立采购）	电路板	SGDV-OFA01A	不带安装配件
		安装配件	SGDV-OZA01A	安装接口模块用

续表

序号	名称	规格与型号	说明
2	数据转换器（Heidenhain）	JZDP-H003-000	带 256 细分功能
3	接口模块连接电缆	JZSP-CLP70-□□-E	接口模块—数据转换器
4	光栅尺连接电缆	JZSP-CLL30-□□-E	数据转换器—光栅尺
5	光栅尺（Heidenhain）	1V_{p-p}模拟量输出	用户自行采购

2. 位置检测信号要求

直线光栅尺的测量信号需要通过数据转换器转换为 Σ-7 系列驱动器的串行数据信号，数据转换器对光栅尺输入信号的位置检测信号要求如表 2.3-5、图 2.3-16 所示。

表 2.3-5　数据转换器对光栅尺输入信号的要求

名称	参数要求
电源电压	DC 5V ± 5%
最大电流	160mA
最高频率	250kHz
输入信号	cos、sin、Ref 三通道差分、1V_{p-p}模拟电压输入
信号幅值	cos、sin：0.6~1.2V_{p-p}；Ref：0.2~0.85V_{p-p}
连接器	D-sub15

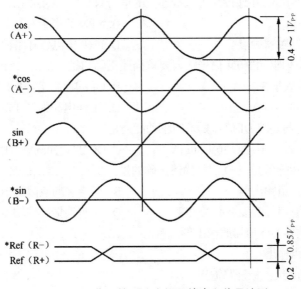

图2.3-16　位置检测（光栅尺输出）信号波形

3. 数据转换器连接

数据转换器的作用是：将光栅尺输入的 1V_{p-p} 模拟电压信号，转换为 Σ-7 系列驱动器的串行数据信号。数据转换器具有 256 细分功能，可将 1 个周期的 cos、sin 检测信号细分为 256 个脉冲信号，并以串行数据通信的形式反馈到驱动器的全闭环接口模块上，作为系统的实际位置检测输入。

数据转换器的光栅尺输入/串行数据输出连接器的连接要求分别如表 2.3-6、表 2.3-7 所示。

表 2.3-6 数据转换器输入连接器 CN2（连接光栅尺）

脚号	1	2	3	4	5	6	7	8	9	10	11	12	13	14	15	壳体
信号	cos	0V	sin	+5V	—	—	*Ref	—	*cos	0V	*sin	+5V	—	Ref		屏蔽

表 2.3-7 数据转换器输出连接器 CN1（连接接口模块）

脚号	1	2	3	4	5	6	7	8	15	壳体
信号	+5V	PS	—	—	0V	*PS	—	—	—	屏蔽

技能训练

通过任务学习，完成以下练习。

一、不定项选择题

1. 以下对Σ-7系列驱动器 DI 信号描述正确的是..（　　）
   A. 是直流开关量输入信号　　　　　　　B. 可连接的点数为 10 点
   C. 伺服 ON 信号连接端不能改变　　　　D. 所有连接端的功能都可改变

2. Σ-7系列驱动器的 DI 输入公共端电压为......................................（　　）
   A. DC 5V　　　　　B. DC 12V　　　　　C. DC 24V　　　　　D. AC 200V

3. Σ-7系列驱动器的 DI 连接端可直接连接的信号有..............................（　　）
   A. 按钮、开关　　　　　　　　　　　　B. NPN 集电极开路输出接近开关
   C. 继电器、接触器触点　　　　　　　　D. PNP 集电极开路输出接近开关

4. 以下对Σ-7系列驱动器 DI 信号输入要求描述正确的是........................（　　）
   A. ON 电流应大于 3.5mA　　　　　　　B. OFF 电流应小于 1.5mA
   C. 工作电流为 3.5mA　　　　　　　　　D. 工作电流为 7~15mA

5. Σ-7系列驱动器要求 DI 信号具备的驱动能力是..............................（　　）
   A. DC 30V/20mA　B. DC 30V/50mA　　C. DC 24V/20mA　D. DC 24V/50mA

6. 以下对Σ-7系列驱动器 DO 信号描述正确的是................................（　　）
   A. 是直流开关量输出信号　　　　　　　B. 可连接的点数为 10 点
   C. 驱动器报警信号连接端不能改变　　　D. 所有连接端的功能都可改变

7. Σ-7系列驱动器 DO 信号的输出形式有....................................（　　）
   A. 继电器触点输出
   B. 晶体管 PNP 集电极开路输出
   C. 达林顿光耦输出
   D. 晶体管 NPN 集电极开路输出

8. 以下对Σ-7系列驱动器 DO 信号的负载连接理解正确的是......................（　　）
   A. 可直接连接 AC 负载　　　　　　　　B. 可直接连接 DC 负载
   C. 交流负载两侧要并联 RC 抑制器　　　D. 直流负载两侧要并联二极管

9. Σ-7系列驱动器 DO 信号的最大驱动能力为................................（　　）
   A. DC 30V/20mA　B. DC 30V/50mA　　C. DC 24V/20mA　D. DC 24V/50mA

10. 以下可以通过 DC-10~10V 控制的信号是..................................（　　）

A. 位置给定信号　　B. 速度给定信号　　　　C. 转矩给定信号　　D. 转矩极限信号

11. 以下可以通过电位器调节控制的信号是……………………………………………（　　）

　　A. 位置给定信号　　B. 速度给定信号　　　　C. 转矩给定信号　　D. 转矩极限信号

12. 以下可以作为 Σ-7 系列驱动器位置脉冲输入的信号是……………………………（　　）

　　A. 线驱动输出　　　　　　　　　　　　B. 晶体管 NPN 集电极开路输出

　　C. 电位器调节输出　　　　　　　　　　D. 晶体管 PNP 集电极开路输出

13. 以下对可以作为 Σ-7 系列驱动器编码器检测信号理解正确的是………………（　　）

　　A. A/B/C 三相脉冲信号　　　　　　　　B. 串行通信数据信号

　　C. 只能作为位置反馈信号　　　　　　　D. 同时具备位置、速度检测功能

14. 采用 Σ-7 系列驱动器的国产普及型数控常用的 DI 信号是…………………………（　　）

　　A. 正/反转禁止　　B. 伺服 ON　　　　　C. 复位　　　　　　D. 转矩限制

15. 采用 Σ-7 系列驱动器的国产普及型数控常用的 DO 信号是…………………………（　　）

　　A. 驱动器报警　　　B. 驱动器准备好　　　C. 定位完成　　　　D. 速度一致

二、电路分析、计算题

1. 如果图 2.3-2 所示的 DI 接口电路的输入限流电流为 3.3kΩ，参照表 2.3-1 所示的 DI 信号要求，计算确定以下参数。

① 开关发信（输入 ON）时，晶体管 ce 极允许的最大电压值。

② 开关发信（输入 ON）时，晶体管 ce 极允许的最大电阻值。

③ 开关不发信（输入 OFF）时，晶体管 ce 极允许的最小电压值。

④ 开关不发信（输入 OFF）时，晶体管 ce 极允许的最小电阻值。

2. 图 2.3-17 所示是 Σ-7 系列驱动器与 PNP 集电极开路输出接近开关连接的电路图，接近开关发信时，其输出端与 DC24V 接通；接近开关不发信时，其输出端为"悬空"状态。

① 图中的"下拉电阻"有何作用？

② 增加了下拉电阻后，驱动器在什么情况下可得到"0"与"1"信号？为什么？

③ 根据驱动器的输入电路及 DI 输入要求，计算、确定下拉电阻的阻值范围。

④ 如果下拉电阻选择 2 kΩ，这时，接近开关的输出驱动电流至少应为多大？

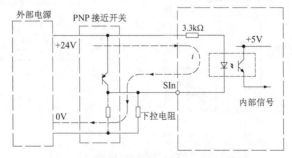

图2.3-17　PNP接近开关输入连接电路

三、电路设计练习

在专机、生产线、传送带等不需要进行轮廓控制（插补）的场合，经常采用 PLC 的定位模

块来实现直线运动系统的定位控制。

假设某机电设备需要采用三菱 FX 系列 PLC 的 FX$_{2N}$-1PG 定位模块，以及安川Σ-7 系列驱动器来控制位置。FX$_{2N}$-1PG 定位模块的输入/输出信号名称、功能及连接要求如表 2.3-8 所示；接口电路的原理如图 2.3-18 所示。试设计该位置控制系统的控制电路原理草图。

表 2.3-8 三菱 1PG 输入/输出信号要求

	代号	信号名称	规格	功能
输入	SS	输入驱动电源	DC 5~24V	需要外部提供
	STOP	外部停止	DC 24V/7mA；输入 ON 电流：≥4.5mA；输入 OFF 电流：≤1.5mA	脉冲输出停止控制
	DOG	参考点减速		参考点减速信号
	PG0+/PG0−	零脉冲输入	DC5~24V；输入 ON 电流：≥1.5mA；输入 OFF 电流：≤0.5mA	编码器零脉冲信号
输出	FP	定位脉冲输出	10Hz~100kHz；DC 5~24V/20mA	正向脉冲或定位脉冲输出
	RP	定位脉冲输出		反向脉冲或方向输出
	COM0	脉冲输出公共端	FP/RP 输出公共端	
	CLR/ COM1	误差清除脉冲输出	DC 5~24V/20mA；脉冲宽度：20ms	清除驱动器剩余定位脉冲

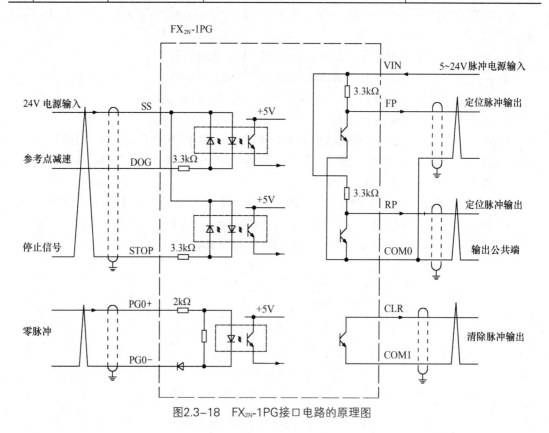

图2.3-18　FX$_{2N}$-1PG接口电路的原理图

交流伺服驱动器调试与维修

••• 任务一 掌握驱动器功能与参数 •••

知识目标

1. 熟悉驱动器功能与控制原理。
2. 掌握驱动器给定信号的输入要求。
3. 掌握位置控制、速度控制参数的设定方法。
4. 了解 DI/DO 连接端及极性定义的方法。

能力目标

1. 能够准确选择驱动器给定信号。
2. 能够准确设定位置控制系统参数。
3. 能够准确设定速度控制系统参数。

基础学习

一、驱动器功能与控制原理

从结构原理上分析，通用型伺服驱动器采用的是图 3.1-1 所示的位置、速度、转矩 3 闭环结构，3 个闭环以内外环的形式依次扩展，内环可以独立使用。因此，通用型伺服驱动器是一种可用于位置、速度、转矩控制的多用途控制器。

驱动器功能与
参数

通用型伺服驱动器的用途又称驱动器的"控制方式"，它可通过驱动器参数的设定选择。驱动器控制方式不仅可固定为位置或速度、转矩控制，而且可通过 DI 控制信号，进行位置—速度、位置—转矩、速度—转矩控制方式的切换。通用型伺服驱动器的基本功能如下。

1. 转矩控制

转矩控制是通用型伺服驱动器最基本的功能，无论控制器采用什么控制方式，都必须包含转矩控制功能。

通过学习交流伺服电机的运行原理，我们知道，交流伺服电机的输出转矩仅与绕组电流有关，因此只要控制电流，便可达到控制转矩的目的。从这一意义上说，所谓转矩控制实际上就是电流控制。

转矩控制系统多用于纺织、印刷等行业的张力控制，或者用于"主-从"控制机电设备的从动轴驱动。

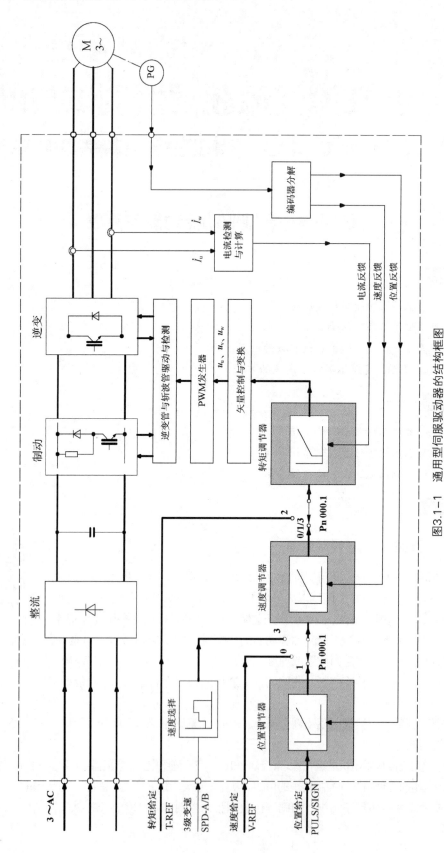

图3.1-1　通用型伺服驱动器的结构框图

驱动器用于转矩控制时，电机的输出转矩可通过驱动器的模拟量输入端 T-REF 给定；电流反馈信号通过驱动器内部的电流检测与计算环节生成；转矩调节器的比例增益、积分时间、滤波器参数、陷波器参数等均可通过驱动器参数进行设定。

转矩控制需要对电枢电压、电流、相位等参数进行复杂计算，并产生 PWM 逆变控制信号，因此转矩环内包含了电机控制所需的矢量控制与变换、PWM 脉冲生成、逆变管控制，以及直流母线调压斩波管（制动电阻）控制等基本环节。简言之，转矩控制实际上已经包括了交流伺服电机 PWM 逆变所需的全部基本控制环节。

2. 速度控制

通用型伺服驱动器的速度控制用于交流调速系统。这是一种以电机转速为控制对象的控制方式，可广泛用于机电设备的高精度速度调节，或者作为上级位置控制器（如全功能数控、PLC 闭环位置控制模块）的速度调节装置。

通用型伺服驱动器速度控制的电机转速可通过外部模拟量输入、驱动器参数设定两种方式给定。采用外部模拟量输入控制时，电机可以进行连续、无级调速，速度指令可从驱动器的模拟量输入端 V-REF 输入。利用驱动器参数设定控制时，电机可以进行固定速度的有级调速，每一级的速度值可通过驱动器参数任意设定，速度级可利用驱动器的 DI 信号选择。

驱动器的速度控制实际只是在转矩控制的基础上增加了速度闭环，速度的反馈可从编码器位置反馈中分解得到。速度调节器的输出用来取代转矩控制方式的转矩给定，如果电机实际转速低于给定转速，速度误差将增加，速度调节器输出（转矩给定）变大，电机输出转矩 M 将增加。根据转矩平衡方程

$$M = M_f + J\frac{d\omega}{dt}$$

可以知道，电机的角加速度 $\dfrac{d\omega}{dt}$ 将增加，电机加速直至达到规定的转速。反之，如果电机实际转速升高，速度误差将减少，速度调节器输出（转矩给定）变小，电机输出转矩 M 将降低，电机的角加速度 $\dfrac{d\omega}{dt}$ 将减小，电机减速直至达到规定的转速。

驱动器的速度调节器的比例增益、积分时间等参数，同样可通过驱动器参数进行设定。

3. 位置控制

闭环位置控制是驱动器最常用的功能。当驱动器用于位置控制时，电机的位置、速度均可由来自上级控制器的位置给定脉冲进行控制：输入脉冲的数量决定了伺服电机所转过的角度；输入脉冲的频率决定了伺服电机的转动速度。

驱动器的位置控制实际只是在速度控制的基础上增加了位置闭环，电机的实际位置可通过内置编码器或光栅尺（全闭环系统）等检测装置检测，位置调节器的输出用来取代速度控制方式的速度给定。

对于定位保持运动，驱动器位置控制时的误差接近于 0。如果电机实际位置落后于给定位置，将产生正的位置误差，位置调节器输出正向速度给定，电机正转，使实际位置趋近给定位置。反之，如果实际位置超过了给定位置，则产生负的位置误差，位置调节器输出负向速度给定，电机反转，使实际位置退回给定位置。

当控制系统需要以固定的速度连续运动时（如数控机床的轮廓加工等），驱动器的位置控制

是一种"有差"控制，对于特定的速度，其给定位置和实际位置间的误差（称为跟随误差）保持定值。驱动器的位置跟随误差与连续运动的速度有关，运动速度越快，跟随误差也越大。在连续运动控制时，如果电机实际位置落后于要求的跟随位置，位置误差将增加，位置调节器的输出（速度给定）变大，电机输出转速将增加，位置跟随误差将减小，直至到达规定的值。反之，如果实际位置超过要求的跟随位置，则位置误差减少，位置调节器输出（速度给定）变小，电机输出转速将降低，位置跟随误差将增加，直至到达规定的值。

驱动器的位置调节器比例增益、积分时间等参数同样可通过驱动器参数进行设定。

4. 附加控制方式

为了适应不同的控制要求，通用型伺服驱动器在以上基本控制方式的基础上，往往还附加有"伺服锁定""指令脉冲禁止"等特殊控制方式。

（1）伺服锁定

伺服锁定实质上是一种驱动器的制动方式。当驱动器用于速度控制时，因位置无法进行闭环控制，其停止位置是随机的，停止后也无保持力矩，如果负载存在外力（如重力）作用，就可能导致电机在停止时的位置偏离。采用伺服锁定控制后，驱动器可通过 DI 信号在电机停止时建立临时的位置闭环，使电机保持在固定的位置上，这一控制亦称"零速钳位"或"零钳位"功能。

（2）指令脉冲禁止

指令脉冲禁止是利用 DI 信号阻止位置给定脉冲输入、强迫电机停止在当前位置的控制方式，此时电机将保持在当前定位位置上，并具有保持力矩。

二、驱动器给定输入与要求

1. 模拟量给定

驱动器用于速度、转矩控制时，其给定信号一般需要以 DC 0~10V 模拟电压的形式输入。电机的输出速度（或转矩）与给定输入间成图 3.1-2 所示的线性比例关系。为了使电机的实际输出尽可能接近给定输入，驱动器的速度、转矩调节器均可通过驱动器的参数设定进行"增益""偏移"的调整。

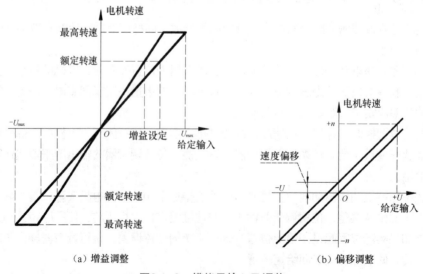

图3.1-2　模拟量输入及调整

调节器的增益参数的作用如图 3.1-2（a）所示。从数学意义上说，增益参数用来改变驱动器输出/输入特性线的斜率。提高"增益"，输出/输入特性线的斜率将增加，对于同样的输入，其输出将增加。简单来说，所谓"增益"就是调节器的放大倍数，提高增益可使任意输入的输出同比例增加。

调节器的偏移参数的作用如图 3.1-2（b）所示。从数学意义上说，偏移参数用来改变驱动器输出/输入特性线的截距，即调整输入为 0 时的输出值。"偏移"的调整可使电机在输入为 0 时停止；同时，还可使电机在同一给定值下的正反转转速、转矩趋近一致。

控制系统的偏移与温度变换、电源波动等诸多因素有关，因此偏移只能通过调整减小，但不可能完全消除。

2. 脉冲给定

通用型伺服驱动器用于位置控制时，位置给定一般需要以脉冲的形式输入。位置脉冲的类型可以通过驱动器的参数设定选择，图 3.1-3 所示为常用的位置脉冲输入形式。

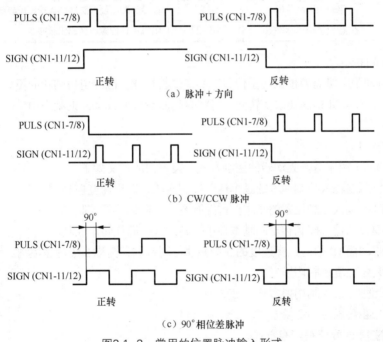

图3.1-3　常用的位置脉冲输入形式

采用"脉冲+方向"控制时，脉冲输入接口的 PULS 通道用来连接输入脉冲串，SIGN 通道用来连接方向信号。由于伺服电机的转向可通过驱动器参数的设定改变，因此方向信号的输入极性可以是任意的。

采用"CW/CCW 脉冲"或"90°相位差脉冲"控制时，脉冲输入接口的两个通道都需要连接输入脉冲串。对于"CW/CCW 脉冲"输入，两个通道的脉冲串分别用于电机正、反转控制；如电机转向固定，则只有一个通道存在输入脉冲串。对于"90°相位差脉冲"输入，无论电机正、反转，两个通道都需要输入脉冲串，电机转向需要通过两通道脉冲间的相位差进行控制。同样，由于伺服电机转向可通过驱动器参数的设定改变，因此 CW/CCW 输入脉冲串、90°相位差脉冲串的连接通道序号实际上并无要求。

实践指导

一、位置控制参数及设定

1. 常用参数及设定

闭环位置控制是驱动器最常用的功能。安川 Σ-7 系列驱动器用于位置控制时，需要设定的基本参数如表 3.1-1 所示。

表 3.1-1　Σ-7 系列驱动器位置控制基本参数

参数号	参数名称	设定范围	功能与说明
Pn 000.0	改变电机转向	0/1	通过 0/1 的转换，改变电机转向
Pn 000.1	控制方式选择	0~B	1：位置控制
Pn 200.0	位置给定脉冲类型选择	0~9	选择位置脉冲的输入形式
Pn 202	电子齿轮比分子	$0\sim2^{30}$	指令脉冲与反馈脉冲的当量匹配参数
Pn 203	电子齿轮比分母	$0\sim2^{30}$	指令脉冲与反馈脉冲的当量匹配参数
Pn 212	位置反馈输出脉冲数	$16\sim2^{30}$	电机每转位置反馈输出脉冲数

（1）Pn 000.0

由于交流伺服电机需要根据转子位置控制逆变管导通，因此电机的转向不允许通过改变电枢相序的方法改变。如果需要改变转向，可将驱动器参数 Pn 000.0 的状态由"0"改为"1"或由"1"改为"0"。

（2）Pn 000.1

参数 Pn 000.1 用来选择驱动器的控制方式，设定值的意义如下。

0：利用模拟量输入控制速度的基本速度控制方式，简称速度控制。

1：利用脉冲输入控制位置的基本位置控制方式，简称位置控制。

2：利用模拟量输入控制转矩的基本转矩控制方式，简称转矩控制。

3：通过驱动器 DI 信号选择速度的 3 级变速控制方式，简称 3 级变速控制。

4：3 级变速/速度控制切换方式。

5：3 级变速/位置控制切换方式。

6：3 级变速/转矩控制切换方式。

7：位置控制/速度控制切换方式。

8：位置控制/转矩控制切换方式。

9：转矩控制/速度控制切换方式。

A：带伺服锁定的速度控制方式。

B：带指令脉冲禁止的位置控制方式。

（3）Pn 200.0

参数 Pn 200.0 用来选择位置给定脉冲的类型，设定值的意义如下。

0：脉冲+方向，脉冲极性为正（高电平为"1"，下同）。

1：CW/CCW 脉冲，脉冲极性为正。

2：90° 相位差脉冲，脉冲极性为正。

3：带 2 倍频的正极性 90° 相位差脉冲输入，输入信号在驱动器内部进行 2 倍频。

4：带 4 倍频的正极性 90° 相位差脉冲输入，输入信号在驱动器内部进行 4 倍频。

5：脉冲+方向，脉冲极性为负（低电平为"1"，下同）。

6：CW/CCW 脉冲，脉冲极性为负。

（4）Pn 212

电机内置编码器的位置检测信号可由驱动器向外部输出，以供上级位置控制器等外部设备使用，使驱动器成为诸如全功能数控的速度控制装置等。参数 Pn 212 可用来设定驱动器位置反馈脉冲输出接口输出的电机每转脉冲数。

电子齿轮比是驱动器位置控制最重要的参数，其设定方法如下。

2. 电子齿轮比设定

闭环控制系统是利用给定值（指令值）与实际值（反馈值）之间误差进行控制的系统。给定输入与反馈信号必须具有相同的单位，只有这样，才能通过两者的比较运算（减运算）产生正确的误差值，并保证实际值与给定值相等时系统的误差为 0。

当驱动器用于位置控制时，每一指令脉冲所代表的移动量（称为指令脉冲当量）同样必须与每一反馈脉冲所代表的运动距离（称为反馈脉冲当量）一致。因此，如果不对指令脉冲进行处理，对于编码器每转脉冲数为 2^{24} 的伺服电机，为了保证指令脉冲当量与反馈脉冲当量一致，控制电机 360° 回转的指令脉冲输入数量也必须是 2^{24}。

例如，对使用导程为 10mm 滚珠丝杠驱动的直线轴，电机每转的移动量为 10mm，因此上级位置控制器的脉冲当量必须为 $\frac{10}{10^{24}}$ mm/p，即每一脉冲所代表的移动距离为 $\frac{10}{16777216}$ mm ≈ 0.6nm。显然，以目前的技术水平，还没有哪种位置控制器能达到这样的精度要求。正因为如此，驱动器必须设定"电子齿轮比"参数来调整指令脉冲数，使得指令脉冲当量与反馈脉冲当量一致。

电子齿轮比参数的物理意义如图 3.1-4 所示，它实质上就是指令脉冲的倍频率。电子齿轮比的分子 N、分母 M 可为任意正整数。

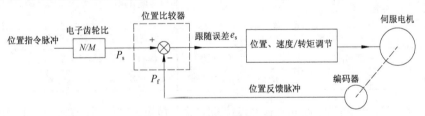

图3.1-4 电子齿轮比的含义

由图 3.1-4 可见，对位置给定指令来说，如电机每转所产生的实际移动量为 h、指令脉冲当量为 δ_s，则电机每转所对应的、经过电子齿轮比修正后的指令脉冲数 P_s 为

$$P_s = \frac{h}{\delta_s} \times \frac{N}{M}$$

由于编码器与电机为同轴安装，因此电机一转所对应的位置反馈脉冲数 P_f 就是编码器的每转脉冲数 P。令 $P_f = P_s$，可得电子齿轮比的计算式为

$$\frac{N}{M} = \frac{P \times \delta_s}{h}$$

在 Σ-7 系列驱动器上，电子齿轮比的分子 N 与分母 M 可分别用参数 Pn 20E 与 Pn 210 设定。

由于参数 Pn 20E 的出厂默认设定为编码器每转脉冲数，例如，与内置 2^{24} 编码器电机配套的驱动器，其 Pn 20E 的默认设定为 16777216，因此作为简单的设定方法，可以不改变参数 Pn 20E 的值，只要将参数 Pn 210 设定为电机每转所对应的位置指令输入脉冲数，便可完成电子齿轮比参数的设定。

例如，对于电机每转移动量为 $h = 10\text{mm}$ 的直线运动系统，如果采用内置 2^{24} 增量编码器伺服电机驱动，当上级位置控制器输出的指令脉冲当量为 0.001mm/p 时，其电子齿轮比参数应为

$$\frac{N}{M} = \frac{0.001 \times 2^{24}}{10} = \frac{16777216}{10000}$$

如参数 Pn 20E 采用出厂默认值 16777216，则 Pn 210 应设定为电机每转指令脉冲数 10000，即 Pn 210 = 10000。

二、速度控制参数及设定

1. 常用参数及设定

速度控制同样是驱动器常用的功能。安川 Σ-7 系列驱动器用于速度控制时，需要设定的基本参数如表 3.1-2 所示。

表 3.1-2　Σ-7 系列驱动器速度控制基本参数

参数号	参数名称	单位	设定范围	功能与说明
Pn 000.0	转向设定	—	0/1	通过 0/1 的转换，改变电机转向
Pn 000.1	控制方式选择	—	0~B	0：模拟量输入无级调速；3：DI 信号控制有级变速
Pn 212	位置反馈输出脉冲数	p/r	$16 \sim 2^{30}$	电机每转位置反馈输出脉冲数
Pn 300	速度给定增益	0.01V	150~3000	设定额定转速所对应的模拟量输入电压
Pn 301	内部速度设定 1	r/min	0~10000	内部速度设定 1，输入 SPD-B = 1 时有效
Pn 302	内部速度设定 2	r/min	0~10000	内部速度设定 2，输入 SPD-B/SPD-A 同时为 1 时有效
Pn 303	内部速度设定 3	r/min	0~10000	内部速度设定 3，输入 SPD-A = 1 时有效
Pn 305	加速时间	ms	0~10000	从 0 加速到最高转速的时间
Pn 306	减速时间	ms	0~10000	从最高转速减速到 0 的时间

速度控制参数 Pn 000.0、Pn 000.1、Pn 212 的含义与位置控制相同。驱动器用于速度控制时，可根据需要将控制方式参数 Pn 000.1 设定为"0"，选择模拟量输入控制的无级调速方式；或设定 Pn 000.1 为"3"，选择 DI 信号控制的有级调速方式。有级变速的各级速度、加减速时间可通过参数 Pn 301~Pn 303、Pn 305/Pn 306 设定，参数 Pn 300 用于速度增益设定。参数的设定方法见下文。

2. 有级变速参数及设定

有级变速可用于电梯、传送线等只需要进行特定速度控制的系统，它可直接利用驱动器的 DI 信号来选择速度，以取消模拟量输入装置，简化系统结构。

安川 Σ-7 系列驱动器的有级变速控制可通过 Pn 000.1=3 的设定选择，DI 信号与速度设定参数的功能及信号与速度参数的关系，分别如图 3.1-5、图 3.1-6 所示。

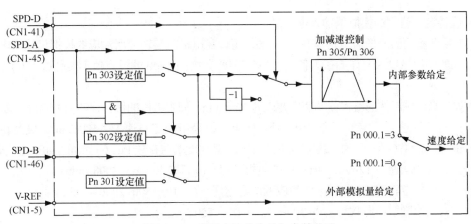

图3.1-5　有级变速的信号与参数功能

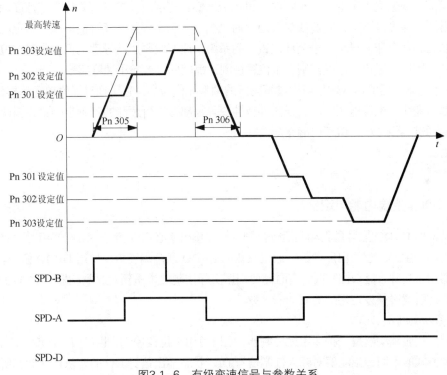

图3.1-6　有级变速信号与参数关系

　　DI 信号 SPD-A、SPD-B 兼有电机启动/停止控制功能：SPD-A、SPD-B 输入 ON 时，不仅可选择速度，而且可同时启动电机；撤销 SPD-A、SPD-B，电机便减速停止。为了便于控制，在有级变速控制时，还可以通过驱动器的 DI 信号 SPD-D 直接改变电机转向。有级变速的加减速时间可通过参数 Pn 305、Pn 306 设定，参数设定值分别是电机速度从 0 加速到最高转速、从最高转速减速到 0 的时间。参数 Pn 305、Pn 306 一般只用于有级变速控制，对于其他控制方式，应将其设定为"0"。

　　3. 速度增益及设定

　　驱动器的速度增益用来设定电机转速与速度给定模拟量输入的比值，其含义可参见前述的图 3.1-2。由于电机转速与速度给定模拟量输入是线性关系，因此设定增益参数时，实际只需要设定电机特定转速时的模拟量输入电压。

Σ-7 系列驱动器的增益设定参数 Pn 300，可设定电机额定转速所对应的模拟量输入电压。由于驱动器模拟量输入允许的最大值为±12V，因此参数 Pn 300 的设定值不能超过 1200（单位 0.01V）。

例如，当机械部件的最大移动速度要求为 12m/min，伺服电机的每转移动量为 6mm，最大移动速度所对应的速度给定电压为 10V 时，如果系统采用额定转速为 1500r/min、最高转速为 3000r/min 的 SGM7G 中速、中惯量标准电机驱动，其速度增益参数 Pn 300 可通过如下方式确定。

计算最大移动速度 12m/min 所对应的电机转速：$n_m = 12000 \div 6 = 2000$r/min。

计算电机额定转速 1500r/min 所对应的给定电压：$U = 10 \times 1500 \div 2000 = 7.5$V。

由此得到速度增益参数为：Pn 300 = 7.5÷0.01 = 750。

驱动器用于速度控制时，由于温度变化、电源电压波动、元器件特性变异等多方面因素的影响，可能出现速度给定输入为 0V 时电机仍低速旋转的现象，这一现象称为"速度偏移"或"零点漂移"。速度偏移不仅会造成输入为 0 时电机不能正常停止，还会使得同样给定电压下电机正反转的转速存在差异；对于闭环位置控制系统，速度偏移还将导致电机停止时的位置跟随误差增加。因此，无论是速度控制还是位置控制，都应尽可能减小速度偏移。

Σ-7 系列驱动器的速度偏移可通过驱动器的调整操作减小，它可通过操作单元的操作完成。但是，温度变化、电源电压波动、元器件特性变异等都是不可预测的不确定因素，因此，速度偏移只能通过调整减小，但不可能完全消除。

拓展提高

一、DI连接端功能与定义

驱动器的 DI/DO 信号是驱动器运行控制、状态输出所必需的信号。常规使用时，使用者可直接按驱动器生产厂家的出厂参数，通过默认的 DI/DO 连接端连接、使用 DI/DO 信号。但是，当驱动器用于特殊、复杂控制时，有时需要根据实际控制要求重新定义驱动器的 DI/DO 信号及连接端，此时就必须设定相应的驱动器参数。

1. 多功能 DI/DO

通用型伺服驱动器是一种多用途控制器，它既可用于位置控制，也可用于速度、转矩控制。由于控制方式的不同，驱动器对输入控制信号 DI、状态输出信号 DO 的要求也必然有所区别。如果每一 DI/DO 连接端都只能连接一个规定的信号，驱动器就需要有大量的 DI/DO 信号连接端。

然而，驱动器的不同控制方式实际上并不可能同时被使用。例如，Σ-7 系列驱动器的有级变速速度选择信号 SPD-A/SPD-B，只用于参数 Pn 000.1 = 3 有级变速控制方式。当驱动器选择位置控制（Pn 000.1 = 1）、模拟量输入无级变速控制（Pn 000.1 = 0）、转矩控制（Pn 000.1 = 2）等其他控制方式时，均不需要使用 SPD-A/SPD-B 信号。

有鉴于此，驱动器生产厂家为了简化驱动器接口电路、减少连接器、缩小体积、降低硬件成本，通常需要将驱动器的 DI/DO 连接端设计成"一端多用"的结构；用户使用时，可根据实际控制要求选定所需要的 DI/DO 信号，然后通过驱动器参数的设定定义这些 DI/DO 信号的连接端及信号极性。这样的 DI/DO 连接端称为"多功能 DI/DO 连接端"，简称"多功能 DI/DO"。

例如，Σ-7 系列驱动器的有级变速速度选择信号 SPD-A 的连接端及信号极性，可通过驱动器参数 Pn 50C.1 设定。当驱动器选择有级变速控制方式时（Pn 000.1 = 3），如设定 Pn 50C.1=1，SPD-A 信号的连接端将被定义为连接器 CN1 的引脚 41、信号极性为正（ON 有效）；如设定 Pn 50C.1=9，SPD-A 信号的连接端将被定义为连接器 CN1 的引脚 40、信号极性为负（OFF 有效）等。如果驱动器选择其他控制方式（Pn 000.1≠3），可设定 Pn 50C.1 = 8，直接取消 SPD-A 信号。

Σ-7 系列驱动器的多功能 DI 连接端的设定参数及功能定义方法如下。

2. DI 信号功能与参数

驱动器可以使用的 DI 信号（信号功能）由驱动器生产厂家规定，用户可通过驱动器参数的设定选择所需要的信号，并定义信号的连接端及信号极性。但是，不能连接任何驱动器生产厂家未定义的信号。

Σ-7 系列驱动器可以使用的 DI 信号及连接端定义参数如表 3.1-3 所示。DI 信号的连接端定义参数只有在参数 Pn 50A.0 设定为"1"时才生效；如 Pn 50A.0 设定"0"，驱动器将自动选择出厂默认的 DI 信号、连接端及极性。

表 3.1–3　DI 信号及连接端定义参数

参数号	DI 信号名称	设定值	出厂设定	默认连接端、极性
Pn 50A.0	DI 信号连接端定义方式	0/1	0	使用出厂设定
Pn 50A.1	伺服 ON 信号 S-ON	0~F	0	CN1-40 脚、正
Pn 50A.2	速度调节器 P/PI 切换信号 P-CON	0~F	1[注1]	CN1-41 脚、正
Pn 50A.3	正转禁止信号*P-OT	0~F	2[注2]	CN1-42 脚、正
Pn 50B.0	反转禁止信号*N-OT	0~F	3[注2]	CN1-43 脚、正
Pn 50B.1	报警清除信号 ALM-RST	0~F	4	CN1-44 脚、正
Pn 50B.2	正向转矩限制信号 P-CL	0~F	5[注1]	CN1-45 脚、正
Pn 50B.3	反向转矩限制信号 N-CL	0~F	6[注1]	CN1-46 脚、正
Pn 50C.0	电机转向选择信号 SPD-D	0~F	8[注1]	不使用
Pn 50C.1	多级变速速度选择信号 SPD-A	0~F	8[注1]	不使用
Pn 50C.2	多级变速速度选择信号 SPD-B	0~F	8[注1]	不使用
Pn 50C.3	驱动器控制方式切换信号 C-SEL	0~F	8	不使用
Pn 50D.0	伺服锁定信号 ZCLAMP	0~F	8	不使用
Pn 50D.1	指令脉冲禁止信号 INHIBIT	0~F	8	不使用
Pn 50D.2	增益切换信号 G-SEL	0~F	8	不使用
Pn 515.0	绝对位置数据发送请求信号 SEN	0~F	8	不使用
Pn 515.1	指令脉冲倍率切换信号 PSEL	0~F	8	不使用
Pn 516.0	强制停止信号 FSTP	0~F	8	不使用

注₁：参数的功能与驱动器控制方式（参数 Pn 000.1 设定）有关。
注₂：带"*"信号为常闭型输入。

3. DI 连接端与极性定义

Σ-7 系列驱动器 DI 信号的输入连接端及极性可通过对应的 DI 信号及连接端定义参数设定，设定值与连接端、极性的对应关系如表 3.1-4 所示。

表3.1-4　DI信号及连接端定义参数设定值含义

设定值	信号连接端及极性	设定值	信号连接端及极性
0	CN1-40脚、正	8	始终无效
1	CN1-41脚、正	9	CN1-40脚、负
2	CN1-42脚、正	A	CN1-41脚、负
3	CN1-43脚、正	B	CN1-42脚、负
4	CN1-44脚、正	C	CN1-43脚、负
5	CN1-45脚、正	D	CN1-44脚、负
6	CN1-46脚、正	E	CN1-45脚、负
7	始终有效	F	CN1-46脚、负

　　DI信号的输入有效状态与驱动器的输入要求（常开型/常闭型）、参数的极性设定有关，具体如下。

　　驱动器要求常开型输入的DI信号，如S-ON、SPD-A等，在极性定义为"正"时，如输入触点ON，DI信号的控制功能有效；在极性定义为"负"时，如输入触点OFF，DI信号的控制功能有效。

　　例如，当设定参数Pn 50A.1=0时，S-ON信号的连接端为CN1-40脚、正极性，此时如S-ON信号ON，伺服将启动、逆变管开放；如S-ON信号OFF，伺服将停止、逆变管关闭。如设定参数Pn 50A.1= 9，S-ON信号的连接端同样为CN1-40脚，但信号极性为负，此时需要通过S-ON信号的OFF状态，才能启动伺服、开放逆变管；如S-ON信号ON，伺服将停止、逆变管关闭。

　　驱动器要求常闭型输入的DI信号，如*P-OT、*N-OT等，其极性定义方法与常开型输入相反：在极性定义为"正"时，如输入触点OFF，DI信号的控制功能有效；在极性定义为"负"时，如输入触点ON，DI信号的控制功能有效。例如，当设定参数Pn 50A.3=2时，*P-OT信号的连接端为CN1-42脚、正极性，此时，如*P-OT信号OFF，电机的正转将被禁止。

　　DI信号也可以通过参数的设定取消连接端、固定功能。对于要求驱动器电源接通便生效的DI信号，可直接将其设定为"7"。例如，如设定参数Pn 50A.1= 7，驱动器的伺服ON信号S-ON将始终有效，这时，只要接通驱动器的控制电源、主电源，驱动器便可自动启动、开放逆变管。如果DI信号不需要使用，则可直接将其设定为"8"。例如，如设定参数Pn 50A.3= 8、Pn 50B.0= 8，驱动器的正、反转禁止信号*P-OT、*N-OT将被取消，电机始终可以双向旋转。

二、DO连接端功能与定义

1. DO信号功能与参数

　　驱动器的DO信号用于工作状态输出，DO连接端同样可用于不同功能、不同极性的信号连接。驱动器可以使用的DO信号（信号功能）由生产厂家规定，用户可通过驱动器参数的设定选择所需要的信号，并定义信号的连接端及信号极性。但是，不能连接任何驱动器生产厂家未定义的信号。

　　Σ-7系列驱动器可以使用的DO信号及连接端定义参数如表3.1-5所示，DO信号的连接端与极性需要通过不同的参数定义。

表 3.1-5 DO 信号及连接端定义参数

参数号	DO 信号名称	设定值	出厂设定	默认连接端
—	驱动器报警*ALM	不允许	—	CN1-31/32 脚
Pn 50E.0	定位完成信号 COIN	0~6	1^{注1}	CN1-25/26 脚
Pn 50E.1	速度到达信号 V-CMP	0~6	1^{注1}	CN1-25/26 脚
Pn 50E.2	电机旋转信号 TGON	0~6	2	CN1-27/28 脚
Pn 50E.3	驱动器准备好信号 S-RDY	0~6	3	CN1-29/30 脚
Pn 50F.0	转矩限制有效信号 CLT	0~6	0	不使用
Pn 50F.1	速度限制有效信号 VLT	0~6	0	不使用
Pn 50F.2	制动器制动信号 BK	0~6	0	不使用
Pn 50F.3	驱动器警示*WARN 信号	0~6	0	不使用
Pn 510.0	位置接近信号 NEAR	0~6	0	不使用
Pn 514.2	定期维护信号 PM	0~6	0	不使用
Pn 517.0	报警代码输出信号 ALO1	0~6	4	CN1-37 脚输出
Pn 517.1	报警代码输出信号 ALO2	0~6	5	CN1-38 脚输出
Pn 517.2	报警代码输出信号 ALO3	0~6	6	CN1-39 脚输出

注1：参数的功能与驱动器控制方式（参数 Pn 000.1 设定）有关。

  DO 信号及连接端定义参数只有在参数 Pn 50A.0 设定为"1"时才生效；如 Pn 50A.0 设定为"0"，驱动器将自动选择出厂默认的 DO 信号、连接端及极性。

  2. DO 连接端与极性定义

  Σ-7 系列驱动器的 DO 信号连接端与极性需要通过不同的参数定义。但是，驱动器报警信号 *ALM 的输出连接端固定为 CN1-31/32，不能（不允许）通过参数的设定改变。驱动器其他 DO 信号的输出连接端，可通过对应的 DO 信号及连接端定义参数设定，设定值与连接端的对应关系如表 3.1-6 所示。

表 3.1-6 DO 信号及连接端定义参数设定值含义

设定值	信号连接端	设定值	信号连接端
0	信号无效（不输出）	4	CN1-37 脚输出
1	CN1-25/26 脚输出	5	CN1-38 脚输出
2	CN1-27/28 脚输出	6	CN1-39 脚输出
3	CN1-29/30 脚输出	—	—

  Σ-7 系列驱动器的 DO 信号极性需要通过参数 Pn 512、Pn 513 设定，设定值与信号极性的对应关系如表 3.1-7 所示。

表 3.1-7 DO 信号输出端极性定义参数

参数号	参数名称	设定值	出厂设定	默认极性
Pn 512.0	CN1-25/26 脚输出信号极性	0（正）/1（负）	0	正
Pn 512.1	CN1-27/28 脚输出信号极性	0（正）/1（负）	0	正
Pn 512.2	CN1-29/30 脚输出信号极性	0（正）/1（负）	0	正

续表

参数号	参数名称	设定值	出厂设定	默认极性
Pn 512.3	CN1-37 脚输出信号极性	0（正）/1（负）	0	正
Pn 513.0	CN1-37 脚输出信号极性	0（正）/1（负）	0	正
Pn 513.1	CN1-39 脚输出信号极性	0（正）/1（负）	0	正

　　DO 信号极性定义参数同样只有在参数 Pn 50A.0 设定为"1"时才生效；如 Pn 50A.0 设定为"0"，驱动器将自动选择出厂默认的 DO 信号极性。

　　DO 信号的输出有效状态与驱动器的输出规定（常开型/常闭型）、参数的极性设定有关。驱动器规定为常开型输出的 DO 信号，如 COIN 等，在极性定义为"正"时，如状态符合（定位完成），输出触点 ON；在极性定义为"负"时，如状态符合（定位完成），输出触点 OFF。但是，驱动器报警输出 *ALM 规定为正极性、常闭型输出，驱动器报警时输出触点 OFF，不允许改变。

技能训练

通过任务学习，完成以下练习。

一、位置控制系统参数设定

　　1. 假设某机电设备的回转轴采用 Σ-7 系列驱动器控制，电机每转的回转角度为 2°，电机编码器为 2^{24} 增量编码器，如果上级位置控制器的指令脉冲当量为 0.001°/p，试确定驱动器的电子齿轮比参数。

　　2. 假设国产普及型数控车床的 x 轴伺服驱动系统电路如项目二、任务三中的图 2.3-9 所示，电机内置编码器为 2^{24} 增量编码器，伺服电机与丝杠直接连接，滚珠丝杠导程为 6mm，机床要求的快进速度为 9m/min，KND1000T 数控装置输出的位置脉冲为当量 0.001mm/p 的"脉冲+方向"信号。

　　（1）确定 x 轴伺服驱动系统结构，并完成表 3.1-8。

表 3.1-8　数控车床 x 轴驱动系统结构

项目	系统结构参数
驱动器型号	
伺服电机型号	
伺服电机最高转速	
驱动器控制方式	
位置给定脉冲类型	
*P-OT/*N-OT 信号使用与连接	
S-ON 信号使用与连接	

　　（2）设定 x 轴驱动器的主要参数，并完成表 3.1-9。

表 3.1-9　数控车床 x 轴驱动器参数设定

参数号	参数名称	设定值
Pn 000.1		
Pn 200.0		
Pn 202		

续表

参数号	参数名称	设定值
Pn 203		
Pn 50A.3		
Pn 50B.0		

二、速度控制系统参数设定

假设某传送带驱动系统的设计要求如下：

① 电机每转移动量为 20mm/r，快进速度为 100m/min，驱动电机功率为 1kW；

② 系统采用 PLC 轴控模块控制定位，轴控模块的最大移动速度给定电压输出为 10V；

③ 轴控模块的位置反馈信号来自驱动器的位置反馈输出，轴控模块要求的位置反馈信号为 20000p/r。

如果该系统采用 Σ-7 系列驱动器控制速度，试：

① 计算伺服电机的最高转速，并选择驱动电机；

② 计算、确定驱动器参数 Pn 300；

③ 确定驱动器参数 Pn 212。

••• 任务二　驱动器操作、调试与维修 •••

知识目标

1. 熟悉 Σ-7 系列驱动器操作单元。

2. 掌握驱动器参数设定、状态监视方法。

3. 掌握驱动器初始化及点动、程序、回参考点试运行方法。

4. 掌握驱动器的速度、位置控制快速调试技能。

5. 了解驱动器在线自动调整、故障维修方法。

能力目标

1. 能够进行驱动器参数的设定与状态的监视。

2. 能够进行驱动器初始化及点动、程序、回参考点试运行。

3. 能够进行驱动器的速度、位置控制快速调试。

基础学习

一、操作单元说明

1. 操作单元与显示

通用型伺服驱动器是一种可以独立使用的控制装置，驱动系统的基本操作、参数设定、调试监控等都可以通过驱动器配套的操作单元进行。

Σ-7 系列驱动器操作单元的外形如图 3.2-1 所示，单元由数码管显示器（5 只 8 段数码管）

与操作按键组成。

操作单元的 5 只 8 段数码管可显示驱动器的运行状态、参数、DI/DO 信号、驱动器报警号等基本信息。

显示器的基本显示信息及意义如下。

（1）驱动器工作状态显示

数码管显示器用来显示驱动器工作状态时，前 2 只数码管以指示灯的形式显示驱动器的基本工作状态信号，如控制电源接通、逆变管基极封锁、定位完成、速度一致等（详见图 3.2-5）；后 3 只数码管则以英文字母的形式显示驱动器工作状态，举例如下。

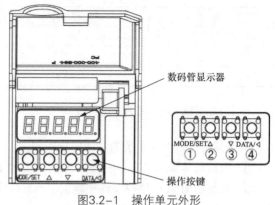

数码管显示器

操作按键

图3.2-1 操作单元外形

$\boxed{\text{ bb}}$：驱动器运行准备（bb）。

$\boxed{\text{run}}$：驱动器正常运行（run）。

$\boxed{\text{Pot}}$：电机正转禁止（Pot）。

$\boxed{\text{not}}$：电机反转禁止（not）。

（2）操作模式、参数及监控显示

显示器用来显示驱动器的操作、调试、监控等信息时，5 只数码管以字母及数字的形式显示操作、调试、监控内容，举例如下。

$\boxed{\text{Fn000}}$：驱动器调试操作信息。

$\boxed{\text{Pn000}}$：参数显示与设定操作信息。

$\boxed{\text{Un000}}$：驱动器状态监控信息。

$\boxed{\text{A020}}$：驱动器报警信息。

除以上显示外，在不同操作模式下，显示器还可显示更多的内容。

2. 操作按键及显示转换

操作单元共设置有 4 个操作按键，其作用如下。

$\blacksquare$：操作、显示模式转换键，以下用【MODE/SET】表示。

$\blacksquare$：参数显示、设定键，以下用【DATA/SHIFT】表示。

$\blacksquare$与$\blacksquare$：数值增/减调节键，以下用【D-UP】和【D-DOWN】表示；同时按下可清除驱动器报警。

操作单元有工作状态显示、辅助设定与调整、参数显示与设定、状态监视 4 种基本操作显示模式，操作显示模式可通过【MODE/SET】键的操作切换，切换方法如图 3.2-2 所示。不同操作显示模式的操作显示内容如下。

① 工作状态显示模式。工作状态显示模式是驱动器电源接通时自动选择的显示模式，可显示驱动器当前的工作状态信息。

② 辅助设定与调整模式。该模式可进行驱动器的初始化检查、参数初始化、增益偏移调整、调节器参数自适应调整等操作。

③ 参数显示与设定模式。该模式可显示、设定驱动器参数。

④ 状态监视模式。该模式可对驱动器的运行状态、内部参数、DI/DO 信号进行显示与

监控。

操作显示模式选定后，只要按住【DATA/SHIFT】键并保持 1s 左右，便可进入对应该模式的操作。

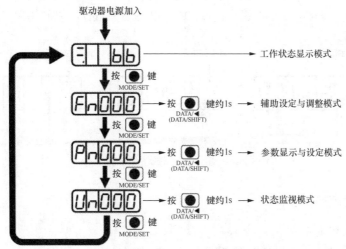

图3.2-2 显示与模式转换

3. 参数及显示

驱动器的参数可分为数值型、功能型 2 类，数值型参数以数值的形式存储，功能型参数以二进制位的形式存储。2 类参数的显示方法如图 3.2-3 所示。

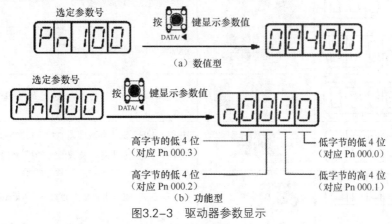

图3.2-3 驱动器参数显示

（1）数值型参数

数值型参数是用于数值数据设定的参数，如电子齿轮比、速度给定增益等。参数直接以数值的形式显示、设定。显示器一次最多可显示 5 位数值，如果参数值超过 5 位，可分次进行显示、每次显示 4 位，第 5 只数码管用来指示、选择显示的数值位。例如，数值 0123456789 的显示如图 3.2-4 所示。

（2）功能型参数

功能型参数是用于驱动器功能设定的参数，如驱动器控制方式、电机转向等。功能型参数以二进制位数据的形式显示、设定。由于驱动器存储器的基本字长为 16 位，因此数据以 4 位二进制（半字节）为一组，用一个数码管进行设定、显示；状态以十六进制数字 0~F 代表。在说明书中，这样的参数以 Pn □□□.△ 的形式表示，□□□代表参数号，△代表组号，组号 0~3 依次为由低到高的 4 位二进制数据组合。例如，参数 P 000.0 代表 000 号功能参数的最低 4 位（bit3~0）的二进制状态，P 000.0=1 代表 bit3~0 的状态为"0001"；而参数 P 000.1 代表 000 号功能参数的次低 4 位（bit7~4）的二进制状态，P 000.1=3 代表 bit7~4 的状态为"0011"。

图3.2-4 超过5位的数值型参数显示

二、参数设定操作

1. 参数写入保护的取消

设定参数时，需要先通过表 3.2-1 所示的操作，取消参数写入保护。

表 3.2-1 参数写入禁止/使能的操作步骤

步骤	操作单元显示	操作按键	操作说明
1	`Fn000`	MODE/SET ▲ ▼ DATA/◄	选择辅助设定与调整模式
2	`Fn010`	MODE/SET ▲ ▼ DATA/◄	选择辅助调整参数 Fn 010
3	`P.0000`	MODE/SET ▲ ▼ DATA/◄	按【DATA/SHIFT】键并保持 1s，显示参数 Fn 010 的值
4	`P.0001`	MODE/SET ▲ ▼ DATA/◄	按【D-UP】键，参数值置"1"，参数写入禁止；按【D-DOWN】键，参数值置"0"，参数写入允许
5	`donE`（闪烁）	MODE/SET ▲ ▼ DATA/◄	按【MODE/SET】键输入参数值，"donE"闪烁 1s
6	`P.0001`		自动返回参数值显示状态
7	`Fn010`	MODE/SET ▲ ▼ DATA/◄	按【DATA/SHIFT】键并保持 1s，返回辅助设定与调整模式
8	切断驱动器电源，并重新启动，使参数生效		

2. 数值型参数的设定

表 3.2-2 所示的操作可将数值型参数 Pn 000 从 40 修改为 100。表 3.2-3 所示的操作可将超过 5 位的数值型参数 Pn 522 从 00 000 0007 修改为 01 2345 6789。

表 3.2-2 数值型参数的设定操作步骤

步骤	操作单元显示	操作按键	操作说明
1	$Pn000$	MODE/SET▲ ▼ DATA/◀	选择参数显示与设定模式
2	$Pn100$	MODE/SET▲ ▼ DATA/◀	按【D-UP】或【D-DOWN】键，选定参数号
3	0040.0	MODE/SET▲ ▼ DATA/◀	按【DATA/SHIFT】键并保持 1s，显示参数值
4	0100.0	MODE/SET▲ ▼ DATA/◀	按【D-UP】或【D-DOWN】键，修改参数值
5	0100.0 （闪烁显示）	MODE/SET▲ ▼ DATA/◀	按【DATA/SHIFT】键（ΣⅡ系列）或【MODE/SET】键（ΣⅤ系列）并保持 1s，输入参数值，参数值显示出现闪烁
6	$Pn100$	MODE/SET▲ ▼ DATA/◀	按【DATA/SHIFT】键返回参数显示

表 3.2-3 多位数值型参数的设定操作步骤

步骤	操作单元显示	操作按键	操作说明
1	$Pn000$	MODE/SET▲ ▼ DATA/◀	选择参数显示与设定模式
2	$Pn522$	MODE/SET▲ ▼ DATA/◀	按【D-UP】或【D-DOWN】键，选定参数号
3	0007	MODE/SET▲ ▼ DATA/◀	按【DATA/SHIFT】键并保持 1s，显示参数值的低 4 位
4	变更后 6789	MODE/SET▲ ▼ DATA/◀	按【D-UP】或【D-DOWN】键，修改参数值的低 4 位
5	0000	MODE/SET▲ ▼ DATA/◀	按【DATA/SHIFT】键并保持 1s，显示参数中间 4 位数值
6	变更后 2345	MODE/SET▲ ▼ DATA/◀	按【D-UP】或【D-DOWN】键，修改参数值的中间 4 位
7	00	MODE/SET▲ ▼ DATA/◀	按【DATA/SHIFT】键并保持 1s，显示参数高 2 位数值
8	变更后 01	MODE/SET▲ ▼ DATA/◀	按【D-UP】或【D-DOWN】键，修改参数值的高 2 位数值
9	01 （闪烁显示）	MODE/SET▲ ▼ DATA/◀	按【DATA/SHIFT】键（ΣⅡ系列）或【MODE/SET】键（ΣⅤ系列）并保持 1s，输入参数值，参数显示出现闪烁
10	$Pn522$	MODE/SET▲ ▼ DATA/◀	按【DATA/SHIFT】键并保持 1s，返回参数显示与设定模式

3. 功能型参数的设定

按照表 3.2-4 所示可将功能型参数 Pn 000.1 从 0 修改为 1。Pn 000.1 与显示 n****的第 2 位对应，当被选定的位出现闪烁时，按【D-UP】或【D-DOWN】键改变该位的数值。功能参数设定完成后，必须通过驱动器电源的重新启动使参数生效。

表 3.2-4　功能型参数的设定操作步骤

步骤	操作单元显示	操作按键	操作说明
1	Pn000	MODE/SET ▲ ▼ DATA/◀	选择参数显示与设定模式
2	Pn000	MODE/SET ▲ ▼ DATA/◀	按【D-UP】或【D-DOWN】键，选定参数号
3	n.0000	MODE/SET ▲ ▼ DATA/◀	按【DATA/SHIFT】键并保持 1s，显示参数值
4	n.0000	MODE/SET ▲ ▼ DATA/◀	按【DATA/SHIFT】键移动数据位，被选定的数据位闪烁
5	n.0010	MODE/SET ▲ ▼ DATA/◀	按【D-UP】或【D-DOWN】键，修改参数值
6	n.0010 （闪烁显示）	MODE/SET ▲ ▼ DATA/◀	按【DATA/SHIFT】键（ΣⅡ系列）或【MODE/SET】键（ΣⅤ系列）并保持 1s，输入参数值，参数显示出现闪烁
7	Pn000	MODE/SET ▲ ▼ DATA/◀	按【DATA/SHIFT】键并保持 1s，返回参数显示与设定模式

三、运行状态检查

1. 开机显示

Σ-7 系列驱动器的运行状态、内部参数、输入/输出信号等均可通过操作单元显示、监控。正常情况下，驱动器在控制电源接通后的开机显示，以及伺服 ON 后的正常工作状态显示如图 3.2-5 所示。

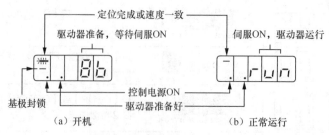

图3.2-5　操作单元正常显示

2. 工作状态监控

Σ-7 系列驱动器的工作状态可通过监视参数 Un 予以显示、监控，常用状态监视参数的意义如表 3.2-5 所示。

表 3.2-5　驱动器状态监视参数的意义

参数号	显示内容	显示值代表的意义
Un 000	实际转速	显示电机当前的转速，单位 r/min
Un 001	转速给定	显示电机当前的转速给定值，单位 r/min
Un 002	转矩给定	显示电机当前的转矩给定值，以额定转矩的百分比显示
Un 003	电机角位移	显示距离原点的脉冲数
Un 004	电机角位移	显示距离原点的电气角度，单位 deg
Un 005	DI 信号状态	显示驱动器 DI 信号的实际状态
Un 006	DO 信号状态	显示驱动器 DO 信号的实际状态
Un 007	指令脉冲速度	显示位置控制方式下，位置给定脉冲频率所对应的速度值，单位 r/min（仅在位置控制方式显示）
Un 008	位置跟随误差	显示位置跟随误差，单位脉冲（仅在位置控制方式显示）
Un 009	负载率	显示 10s 内的电机输出转矩平均值，以额定转矩的百分比显示
Un 00A	制动率	显示 10s 内的电机制动转矩平均值，以额定转矩的百分比显示
Un 00B	制动电阻负载率	显示 10s 内的制动电阻所消耗的功率平均值，以制动电阻额定功率的百分比显示
Un 00C	指令脉冲计数器	显示位置给定脉冲的输入数量（仅在位置控制方式显示）
Un 00D	反馈脉冲计数器（4 倍频值）	显示位置反馈脉冲的输入数量（仅在位置控制方式显示）
Un 00E	全闭环系统反馈脉冲计数器	显示位置全闭环系统反馈脉冲的输入数量（仅在位置控制方式显示）
Un 012	累计运行时间	显示驱动器的累计运行时间
Un 013	反馈脉冲计数器	显示位置反馈脉冲的输入数量（仅在位置控制方式显示）
Un 014	增益切换监视	在增益切换功能有效时，显示驱动器当前生效的增益参数组
Un 015	安全回路监视	显示安全回路的状态
Un 020	额定转速	显示电机的额定转速
Un 021	最高转速	显示电机最高转速

驱动器工作状态监控的操作可在操作单元上选择状态监视模式（显示 Un 组参数）后，通过改变状态监视参数号的方式选定参数，然后显示参数值。例如，对电机实际转速的监控，其操作步骤如表 3.2-6 所示。DI/DO 信号的状态监控参数 Un 005/ Un 006，以数码管的字符段来表示信号的 ON/OFF 状态，显示如图 3.2-6 所示。数码管的上、下两段代表的是同一 DI/DO 信号，上段亮表示信号 OFF、下段亮代表信号 ON。

表 3.2-6　驱动器对电机实际转速监控的操作步骤

步骤	操作单元显示	操作按键	操作说明
1	`Un 00d`	MODE/SET ▲ ▼ DATA/◀	选择驱动器状态监视模式
2	`Un 000`	MODE/SET ▲ ▼ DATA/◀	选择需要的状态监视参数
3	`1500`	MODE/SET ▲ ▼ DATA/◀	按【DATA/SHIFT】键并保持 1s，显示状态监视内容
4	`Un 000`	MODE/SET ▲ ▼ DATA/◀	按【DATA/SHIFT】键并保持 1s，返回驱动器状态监视模式

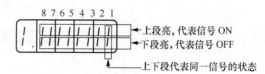

图3.2-6　参数Un 005/ Un 006显示

DI/DO 信号的显示段与信号连接端的对应关系如表 3.2-7 所示。

表 3.2-7　显示位置与信号的对应关系

显示段	1	2	3	4	5	6	7	8
连接端	CN1-40	CN1-41	CN1-42	CN1-43	CN1-44	CN1-45	CN1-46	CN1-47
默认输入	S-ON	P-CON	P-OT	N-OT	ALM-RST	P-CL	N-CL	SEN
连接端	CN1-31/32	CN1-25/26	CN1-27/28	CN1-29/30	CN1-37	CN1-38	CN1-39	—
默认输出	ALM	COIN	TGON	S-RDY	AL01	AL02	AL03	—

实践指导

一、驱动器初始化

驱动器的初始化操作可以使驱动器恢复至出厂设定状态，不仅可以恢复出厂默认的参数、解决参数设定错误引发的故障，而且还可用来清除由电源、接地或环境干扰等原因所引起的驱动器报警。因此这是一种驱动器常用操作。

Σ-7 系列驱动器常用的初始化操作有软件初始化、参数初始化、附加模块初始化 3 类。软件初始化相当于计算机的操作系统重装，它可清除因干扰引起的软件出错，恢复驱动器的正常运行；参数初始化操作可恢复驱动器出厂默认参数，解决因参数设定错误所引发的故障；附加模块初始化通常用于全闭环系统，它进行附加功能模块的自动测试、重装模块软件，并设定出厂默认的参数，清除附加模块的报警。

初始化操作必须在驱动器主电源断开、控制电源接通的情况下进行。Σ-7 系列驱动器的软件、参数、附加模块初始化操作步骤如表 3.2-8~表 3.2-10 所示。

表 3.2-8　驱动器软件初始化操作步骤

步骤	操作单元显示	操作按键	操作说明
1	Fn000	MODE/SET▲　▼ DATA/◀	选择辅助设定与调整模式
2	Fn030	MODE/SET▲　▼ DATA/◀	选择辅助调整参数 Fn 030
3	SrSt1	MODE/SET▲　▼ DATA/◀	按【DATA/SHIFT】键并保持 1s，进入初始化操作
4	SrStS ↓ －	MODE/SET▲　▼ DATA/◀	选择初始化项目

续表

步骤	操作单元显示	操作按键	操作说明
5		MODE/SET ▲ ▼ DATA/◀	按【MODE/SET】键使初始化操作生效，面板显示自动消失
6	. . bb	MODE/SET ▲ ▼ DATA/◀	按【DATA/SHIFT】键，返回开机显示

表 3.2-9　驱动器参数初始化操作步骤

步骤	操作单元显示	操作按键	操作说明
1	Fn000	MODE/SET ▲ ▼ DATA/◀	选择辅助设定与调整模式
2	Fn005	MODE/SET ▲ ▼ DATA/◀	选择辅助调整参数 Fn 005
3	P.Init	MODE/SET ▲ ▼ DATA/◀	按【DATA/SHIFT】键并保持 1s，显示"参数初始化（Initial）"状态
4	P.Init（闪烁）	MODE/SET ▲ ▼ DATA/◀	按【MODE/SET】键，使参数初始化操作生效，参数初始化时状态显示闪烁
5	donE（闪烁）		参数初始化完成后显示"donE"信息（闪烁 1s）
6	P.Init		显示恢复到"参数初始化（Initial）"页面
7	Fn005	MODE/SET ▲ ▼ DATA/◀	按【DATA/SHIFT】键并保持 1s，返回辅助调整显示页面
8	关闭控制电源，重新启动驱动器，使默认参数生效		

表 3.2-10　附加模块初始化操作步骤

步骤	操作单元显示	操作按键	操作说明
1	Fn000	MODE/SET ▲ ▼ DATA/◀	选择辅助设定与调整模式
2	Fn014	MODE/SET ▲ ▼ DATA/◀	选择辅助调整参数 Fn 014
3	o.SAFE	MODE/SET ▲ ▼ DATA/◀	按【DATA/SHIFT】键并保持 1s，进入初始化操作

续表

步骤	操作单元显示	操作按键	操作说明
4	o.FEEd MODE/SET ▲ ▼ DATA/◄		选择初始化项目
5	o.InIt MODE/SET ▲ ▼ DATA/◄		按【MODE/SET】键并保持 1s，使初始化操作生效
6	o.InIt （闪烁显示） ↓ donE MODE/SET ▲ ▼ DATA/◄		再次按【MODE/SET】键，显示闪烁，完成后显示"donE"
7	o.InIt		自动返回初始化显示
8	Fn014 MODE/SET ▲ ▼ DATA/◄		按【DATA/SHIFT】键并保持 1s，返回辅助设定与调整模式显示
9	切断电源，重新接通电源后初始化设定生效		

二、驱动器试运行

为了检查驱动器、电机、编码器、连接电缆等本身的工作情况，确认器件无故障，在驱动器实际安装、使用前，可先接通控制电源与主电源，进行驱动器的点动运行、程序运行、回参考点运行试验。

驱动器试运行必须在电机与负载完全脱离的情况下进行；带制动器的电机在试运行前必须通过外部电源松开制动器。

驱动器试运行时，不需要连接外部控制信号，无须连接驱动器的 I/O 信号连接器 CN1，因此有如下结论。

① 正/反转禁止信号*P-OT/*N-OT、伺服 ON 信号 S-ON 对驱动器试运行无效。

② 点动、回参考点试运行的启动/停止和转向需要由操作单元控制。

③ 驱动器伺服 ON 信号 S-ON 的功能设定参数 Pn 50A.1，不可以设定为 7（S-ON 信号始终有效）。

Σ-7 系列驱动器的点动运行、程序运行、回参考点试运行的操作步骤分别如下。

1. 点动运行试验

进行点动（JOG）运行试验前，需要正确连接与检查如下硬件与线路。

主电源与控制电源：应确保输入电压正确，连接无误；为了简化线路，试运行时，驱动器的主电源、控制电源可直接用独立的断路器进行手动控制。

电机与编码器：应确保电机的 U/V/W 与驱动器输出 U/V/W 一一对应，编码器连接电缆连接可靠。

DI/DO 连接：应确认驱动器连接器 CN1 已取下，参数 Pn 50A.1 的设定值不为"7"。

安装与固定：确认电机已可靠固定，电机输出轴已安装必要的防护措施。

制动器：对于带制动器的电机，在点动前必须先接通制动器电源、松开制动器，并确认电机轴已处于可完全自由旋转的状态。

点动运行试验的步骤如下。

① 接通驱动器控制电源，确认驱动器的操作单元无报警。

② 接通主电源，接通驱动器主回路。

③ 按照表 3.2-11 所示的操作进行点动运行试验。

④ 检查电机运转情况，测试电机实际转速；点动运行默认的电机转速为 500r/min。

⑤ 修改驱动器点动运行速度设定参数 Pn 304，分别进行低速、高速点动运行试验。

⑥ 确认电机低速点动运行平稳，无振动、爬行与噪声；高速正反转无明显冲击；驱动器无过载、过流报警等。

表 3.2-11　驱动器点动运行操作步骤

步骤	操作单元显示	操作按键	操作说明
1	Fn000	MODE/SET ▲ ▼ DATA/◀	选择辅助设定与调整模式
2	Fn002	MODE/SET ▲ ▼ DATA/◀	选择辅助调整参数 Fn 002
3	-. .JoG	MODE/SET ▲ ▼ DATA/◀	按【DATA/SHIFT】键并保持 1s，进入点动运行操作
4	.JoG	MODE/SET ▲ ▼ DATA/◀	按【MODE/SET】键启动驱动器
5	.JoG	MODE/SET ▲ ▼ DATA/◀	按【D-UP】键，电机正转；按【D-DOWN】键，电机反转；转速为参数 Pn 304 设定的值
6	-. .JoG	MODE/SET ▲ ▼ DATA/◀	按【MODE/SET】键可以停止电机
7	Fn002	MODE/SET ▲ ▼ DATA/◀	按【DATA/SHIFT】键并保持 1s；返回辅助设定与调整模式显示

2. 程序运行试验

程序（P-JOG）运行试验时，驱动器可按照参数设定的速度、时间控制电机自动循环工作。程序运行试验应在辅助调整模式 Fn 004 下进行，因此，表 3.2-11 的第 2 步操作应选择 Fn 004；其他的操作步骤可按照表 3.2-11 进行。

程序运行试验需要设定如下驱动器参数。

Pn 531：运行距离设定，默认为 32768 脉冲。

Pn 533：运行速度设定，默认为 500r/min。

Pn 534：加减速时间设定，默认为 100ms。

Pn 535：等待时间设定，默认为 100ms。

Pn 536：循环次数设定，默认为 1 次。

Pn 530.0：循环动作选择，设定值的意义如下。

① 0：周期性的"等待→正转"运行方式，循环次数由 Pn 536 设定。

② 1：周期性的"等待→反转"运行方式，循环次数由 Pn 536 设定。

③ 2：先进行周期性的"等待→正转"运行 Pn 536 次；然后再进行周期性的"等待→反转"运行 Pn 536 次。

④ 3：先进行周期性的"等待→反转"运行 Pn 536 次；然后再进行周期性的"等待→正转"运行 Pn 536 次。

⑤ 4：周期性的"等待→正转→等待→反转"运行方式，循环次数由 Pn 536 设定。

⑥ 5：周期性的"等待→反转→等待→正转"运行方式，循环次数由 Pn 536 设定。

程序运行试验一般应进行 30min 以上，完成后应进行电机与驱动器的温升检查，确认温升在正常范围之内。

3. 回参考点运行试验

回参考运行试验的目的是检查编码器零脉冲，并确认驱动器的自动回参考点功能正常可靠。回参考点应在辅助调整模式 Fn 004 下进行，其试验条件、要求与点动运行相同。回参考点运行试验的操作步骤如表 3.2-12 所示。

表 3.2-12　驱动器回参考点运行操作步骤

步骤	操作单元显示	操作按键	操作说明
1	Fn000	MODE/SET▲ ▼ DATA/◀	选择辅助设定与调整模式
2	Fn003	MODE/SET▲ ▼ DATA/◀	选择辅助调整参数 Fn 003
3	-. .CSr	MODE/SET▲ ▼ DATA/◀	按【DATA/SHIFT】键并保持 1s，进入回参考点运行操作
4	. .CSr	MODE/SET▲ ▼ DATA/◀	按【MODE/SET】键启动驱动器
5	. .CSr	MODE/SET▲ ▼ DATA/◀	选择回参考点方向，按【D-UP】键，电机正转；按【D-DOWN】键，电机反转
6	. .CSr（闪烁显示）		回参考点动作完成后显示闪烁
7	Fn003	MODE/SET▲ ▼ DATA/◀	按【DATA/SHIFT】键并保持 1s；返回辅助设定与调整模式显示

驱动器回参考点运行试运行默认的速度为 60r/min，回参考点完成后电机自动停止。为了验证回参考点动作的正确性，试验时可在电机轴上做一标记，以保证多次执行回参考点试验后的停止位置保持不变。

三、速度控制快速调试

1. 快速调试功能

如果 Σ-7 系列驱动器只用于速度控制，为简化调试操作，可以直接实施速度控制快速调试操作，完成以下功能。

① 调整电机的实际转向、转速，使其与要求相符。

② 保证驱动器在速度给定模拟量输入为 0V 时，电机能够基本静止。

③ 保证在同一速度给定电压下的正反转速度一致。

④ 当驱动器通过上级控制装置（如 PLC、CNC 等）进行闭环位置控制时，能正确输出位置反馈输出脉冲。

驱动器快速调试属于现场调试的范畴。快速调试前，驱动器应已进行了点动、回参考点运行试验，同时应确认驱动系统的安装、连接已完成，机械部件已全部可正常工作。

一般而言，通过驱动器的快速调试，驱动系统便能正常运行。如果系统还需要具备其他特殊功能，其调试可在此基础上进行。

为了简化系统调整操作，速度控制方式的动态特性调整，速度、转矩调节器的参数设置等，可通过驱动器的在线自动调整操作自动完成。

2. 系统连接要求

速度控制快速调试前需要确认以下连接。

① 驱动器的主电源、控制电源及电机、编码器连接正确。

② V-REF/SG 端连接的速度给定输入正确，位置脉冲输入连接端 PULS/*PULS、SIGN/*SIGN 及位置误差清除输入 CLR/*CLR 无连接。

③ 驱动器连接器 CN1 至少已连接以下 DI 信号。

S-ON：伺服 ON 信号，出于安全考虑，S-ON 信号原则上不应取消。

*P-OT：正转禁止信号，符合系统控制要求（撤销或连接开关）。

*N-OT：反转禁止信号，符合系统控制要求（撤销或连接开关）。

驱动器*P-OT/*N-OT 信号连接错误时，驱动器将显示"Pot"/"not"报警；如不使用*P-OT/*N-OT 信号，可通过如下参数的设定，撤销正/反转禁止信号。

Pn 50A.3 = 8：取消*P-OT 信号，电机正转总是允许。

Pn 50B.0 = 8：取消*N-OT 信号，电机反转总是允许。

3. 快速调试步骤

速度控制系统的快速调试步骤如图 3.2-7 所示，过程如下。

① 检查驱动器连接；接通驱动器控制电源，确认驱动器无报警后接通主电源。

② 根据需要，参照图 3.2-7 设定驱动器快速调试参数。

③ 将速度给定模拟量输入调至 0V，加入（或取消）S-ON、*P-OT/*N-OT 信号，启动伺服系统。

④ 适当调大速度给定模拟量输入，使电机慢速旋转，检查转向，并通过参数 Pn000.0 使之正确。

⑤ 将模拟量输入调整到固定的电压值，测量或利用操作单元检查电机的实际转速；如果电机转速与要求不符，修改参数 Pn 300、调整增益，保证两者一致。

⑥ 将速度给定模拟量输入调至 0V，观察电机是否停止或以极慢的速度旋转；如果电机不能停止，则按照后文的方法进行速度偏移调整操作。

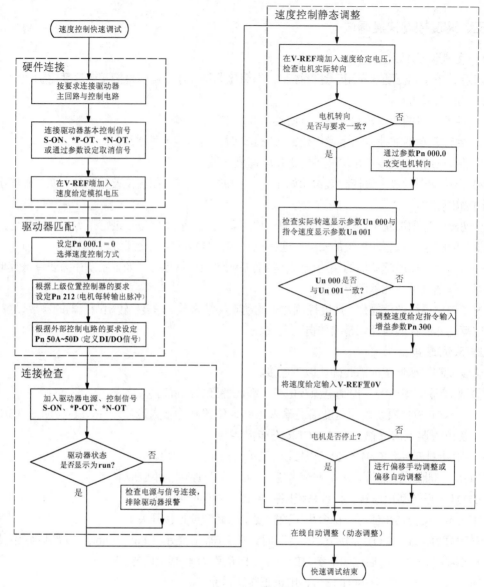

图3.2-7 速度控制快速调试

4. 偏移调整

速度偏移的自动调整可按表 3.2-13 所示的操作进行；如果自动调整效果不理想，也可按表 3.2-14 所示进行手动调整。执行速度偏移手动调整前，应先取消伺服 ON 信号，并将速度给定模拟量输入置为 0V，然后选择手动调整方式，再加入伺服 ON 信号。

表 3.2-13 速度偏移的自动调整操作步骤

步骤	操作单元显示	操作按键	操作说明
1			将速度给定模拟量输入置为 0V
2	Fn000	MODE/SET ▲ ▼ DATA/◂	选择辅助设定与调整模式

续表

步骤	操作单元显示	操作按键	操作说明
3	Fn009	MODE/SET ▲ ▼ DATA/◄	选择辅助调整参数 Fn 009
4	rEF_o	MODE/SET ▲ ▼ DATA/◄	按【DATA/SHIFT】键并保持 1s，进入偏移自动调整方式
5	donE	MODE/SET ▲ ▼ DATA/◄	按【MODE/SET】键偏移自动调整生效，调整完成显示"donE"
6	rEF_o		自动返回偏移调整显示
7	Fn009	MODE/SET ▲ ▼ DATA/◄	按【DATA/SHIFT】键并保持 1s，返回辅助设定与调整模式显示

表 3.2-14　速度偏移手动调整操作步骤

步骤	操作单元显示	操作按键	操作说明
1	Fn000	MODE/SET ▲ ▼ DATA/◄	选择辅助设定与调整模式
2	Fn00A	MODE/SET ▲ ▼ DATA/◄	选择辅助调整参数 Fn 00A
3	⁻..SPd	MODE/SET ▲ ▼ DATA/◄	按【DATA/SHIFT】键并保持 1s，进入偏移手动调整方式
4	⁻..SPd		将伺服系统启动输入控制信号 S-ON 置"ON"
5	00000	MODE/SET ▲ ▼ DATA/◄	按【DATA/SHIFT】键显示当前偏移设定值
6		MODE/SET ▲ ▼ DATA/◄	调整偏移量设定，使得电机停止转动
7	⁻..SPd	MODE/SET ▲ ▼ DATA/◄	按【MODE/SET】键短时显示左图，调整完成显示"donE"
8	Fn00A	MODE/SET ▲ ▼ DATA/◄	按【DATA/SHIFT】键并保持 1s，返回辅助设定与调整模式显示

速度偏移只能通过调整减小，但不能完全消除。虽然偏移调整不能确保电机完全停止，但通过上级控制装置的闭环位置控制，仍然能保证电机在定位点上停止。

四、位置控制快速调试

1. 快速调试功能

如果驱动器用于位置控制，为简化调试操作，可直接实施位置控制快速调试操作，完成以下功能。

① 指令脉冲类型参数的设定。

② 电子齿轮比参数设定，使实际定位位置与指令位置一致。

③ 使得电机的实际运动方向与指令方向一致。

④ 使得电机停止时的位置跟随误差尽可能小。

⑤ 使驱动器能正确输出位置反馈脉冲。

同样，为了加快调试进度、简化调试操作，位置调节器的动特性调整一般也通过驱动器的在线自动调整功能设定。

2. 系统连接要求

位置控制快速调试前需要正确连接硬件，并进行如下检查。

① 确认驱动器主电源、控制电源及电机、编码器的连接正确。

② 确认位置脉冲输入信号 PULS/*PULS、SIGN/*SIGN 的连接正确。

③ 确认驱动器连接器 CN1 至少已连接以下 DI 信号。

S-ON：伺服 ON 信号，出于安全考虑，S-ON 信号原则上不应取消。

*P-OT：正转禁止信号，符合系统控制要求（撤销或连接开关）。

*N-OT：反转禁止信号，符合系统控制要求（撤销或连接开关）。

驱动器*P-OT/*N-OT 信号连接错误时，驱动器将显示"Pot"/"not"报警；如不使用*P-OT/*N-OT 信号，可通过如下参数的设定，撤销正/反转禁止信号。

Pn 50A.3 = 8：取消*P-OT 信号，电机正转总是允许。

Pn 50B.0 = 8：取消*N-OT 信号，电机反转总是允许。

3. 快速调试步骤

Σ-7 系列驱动器的位置控制快速调试步骤如图 3.2-8 所示，过程如下。

① 核对电机内置编码器规格，确定编码器反馈脉冲数。

② 根据控制系统的机械传动系统结构，确定电机每转移动量。

③ 确认驱动器的位置输入脉冲类型及脉冲当量。

④ 通过计算，确定驱动器的电子齿轮比参数。

⑤ 检查驱动器连接，接通驱动器控制电源；在确认驱动器无报警后，接通主电源。

⑥ 根据控制系统的需要，按图 3.2-8 的要求依次完成驱动器位置控制快速调试参数的设定。

⑦ 利用上级控制器（如 CNC、PLC 轴控模块等）的手动增量进给操作，向驱动器输入定量移动指令脉冲。

⑧ 检查机械运动方向与移动距离，如果方向不正确，改变参数 Pn000.0，调整方向；如移动距离不正确，重新计算、设定电子齿轮比参数。

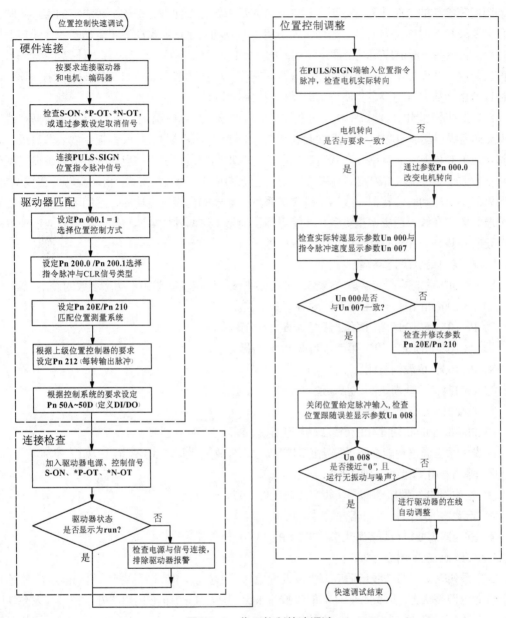

图3.2-8 位置控制快速调试

拓展提高

一、驱动器在线自动调整

1. 自动调整方式

伺服驱动系统的动态性能与机械传动系统密切相关，为保证系统有快速稳定的动态响应特性，需要根据系统的负载情况设定驱动器的位置、速度、电流调节器参数，以及滤波器、陷波器等动态特性调整参数。

驱动器的动态调整是一项理论性较强的工作，它需要进行系统的负载惯量、传动系统刚度、运动阻尼等参数的全面计算与分析，要求调试人员有较强专业理论基础、较丰富的实践经验，并且需要较长的时间。为便于一般调试人员使用，驱动器生产厂家研发了驱动器的在线自动调整功能。它可在一般的应用场合通过驱动器的在线自动调整运行，自动测试、计算负载惯量比、刚度、阻尼、共振频率等参数，并完成位置、速度、电流调节器参数以及滤波器、陷波器等动态特性调整参数的自动设定，使得系统具有较为理想的动态特性。

Σ-7 系列驱动器的自动调整功能有在线自适应调整（又称免调整功能）、自动旋转型在线调整（又称高级自动调整功能）、利用外部指令控制的旋转型在线调整（又称指令输入型高级自动调整功能）3 种方式。其中，在线自适应调整可在驱动器运行过程中自动测试负载、设定调节器基本参数，使系统获得稳定的响应特性，这是最常用的自动调整方式。自动旋转型在线调整、利用外部指令控制的旋转型在线调整是 Σ-7 系列驱动器的高级调整功能，它们可计算、设定的调节器参数比在线自适应调整更多，功能更强；但是，这两种自动调整操作都只能通过外置操作单元或安装 SigmaWin+软件的调试计算机进行。

2. 在线自适应调整功能

Σ-7 系列驱动器的在线自适应调整，可自动测试、设定驱动器如下动态参数的设定。

① Pn 100/ Pn 104：第 1/第 2 速度调节器增益。

② Pn 101/ Pn 105：第 1/第 2 速度调节器积分时间。

③ Pn 102/ Pn 106：第 1/第 2 位置调节器增益。

④ Pn 103：负载惯量比。

⑤ Pn 324：负载惯量测试开始值。

⑥ Pn 401：转矩给定滤波时间。

⑦ Pn 40C/Pn 40D/Pn 40E：第 2 转矩给定陷波器参数等。

在线自适应调整功能在驱动器出厂时默认为"有效"，但该功能不可用于如下控制场合。

① 驱动器用于转矩控制时（Pn 000.1 = 2）。

② 驱动器的 A 型振动抑制功能有效时（Pn 160.0 = 1）。

③ 驱动器的摩擦补偿功能有效时（Pn 408.3 = 1）。

④ 驱动器需要进行增益切换控制时（Pn 139.0 = 1）。

3. 在线自适应调整步骤

Σ-7 系列驱动器的在线自适应调整需要设定功能参数。功能一旦选择，驱动器运行时将工作于自适应调整状态，因此，驱动器的参数写入保护功能 Fn 010 必须始终处于在"写入允许"状态。自适应调整功能参数与设定方法如下。

Pn 14F.1：在线自适应调整软件版本选择，应直接使用出厂默认设定值。

Pn 170.0：在线自适应调整功能选择，设定"0"功能无效；设定"1"功能有效。

Pn 170.2：在线自适应调整响应特性选择，设定范围为 1~4；增加设定值，可提高系统的响应速度，但是也可能引起系统振动与噪声的增大。

Pn 170.3：在线自适应调整负载类型选择，设定范围为 0~2；"0"适用于标准响应特性的一般速度控制负载；"1"适用于需要控制位置的一般负载；"2"适用于对位置超调有限制的特殊负载。

Pn 460.2：第 2 转矩给定陷波器参数设定功能选择，设定"0"功能无效；设定"1"功能有效。

系统负载类型、响应特性的设定操作如表 3.2-15 所示。

表 3.2-15　在线自适应调整负载类型与响应特性设定操作步骤

步骤	操作单元显示	操作按键	操作说明
1	Fn000	MODE/SET▲ ▼ DATA/◄	选择辅助设定与调整模式
2	Fn200	MODE/SET▲ ▼ DATA/◄	选择辅助调整参数 Fn 200
3	d0001	MODE/SET▲ ▼ DATA/◄	按【DATA/SHIFT】键显示负载类型
4	d0002	MODE/SET▲ ▼ DATA/◄	按【D-UP】或【D-DOWN】键，选择负载类型
5	L0004	MODE/SET▲ ▼ DATA/◄	按【DATA/SHIFT】键并保持 1s，转换为自动调整响应特性选择
6	L0004	MODE/SET▲ ▼ DATA/◄	按【D-UP】或【D-DOWN】键，选择响应特性
7	donE（闪烁显示）	MODE/SET▲ ▼ DATA/◄	按【MODE/SET】键保持设定，完成后"donE"闪烁
8	Fn200	MODE/SET▲ ▼ DATA/◄	按【DATA/SHIFT】键并保持 1s，返回辅助设定与调整模式显示

Σ-7 系列驱动器的在线自适应调整步骤如图 3.2-9 所示。

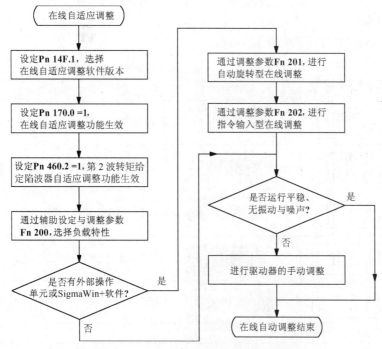

图3.2-9　Σ-7系列驱动器在线自适应调整步骤

二、无电机试运行

1. 功能说明

无电机试运行可以在输出关闭（逆变管封锁）、电机不旋转的情况下，模拟实际运行过程，该功能可用于以下检查。

① DI/DO 信号的连接检查。

② 驱动器与外部控制器、上级控制装置的动作协调与确认。

③ 驱动器参数设定检查与确认。

无电机试运行不能用于以下动作与功能的检查。

① 动态制动与外部机械制动器功能。

② 驱动器自适应调整、振动检测等需要在电机旋转状态下才能实施的调整。

无电机试运行时可连接或不连电机，当电机不连接时，与电机、编码器相关的如下辅助调整将不能进行。

① 绝对编码器初始化（Fn 008）。

② 绝对编码器回转次数初始化（Fn 013）。

③ 全闭环系统的参考点设定（Fn 020）。

④ 电流检测偏移的调整（Fn 00E、Fn 00F）。

无电机试运行功能可由参数 Pn 00C 进行设定与选择，参数的含义如下。

Pn 00C.0: 无电机试运行功能选择，设定"0"功能无效，设定"1"功能生效。

Pn 00C.1: 编码器脉冲数选择，设定"0"为 2^{13}，设定"1"为 2^{20}。

Pn 00C.2: 无电机试运行时的绝对编码器功能选择，设定"0"作增量编码器，设定"1"作绝对编码器。

2. 操作步骤

无电机试运行的操作步骤如表 3.2-16 所示。

表 3.2-16 无电机试运行的操作步骤

步骤	操作单元显示	操作按键	操作说明
1	$Pn000$	MODE/SET ▲ ▼ DATA/◀	选择参数设定模式
2	$Pn00C$	MODE/SET ▲ ▼ DATA/◀	选择辅助调整参数 Pn 00C
3	$n.0000$	MODE/SET DATA/◀	按【DATA/SHIFT】键并保持 1s，显示参数值
4	$n.0111$	MODE/SET ▲ ▼ DATA/◀	进行参数 Pn 00C 的设定
5	$n.0111$	MODE/SET ▲ ▼ DATA/◀	按【MODE/SET】键并保持 1s，写入参数
6	重新接通电源，使参数设定生效		
7	加入外部控制信号，开始无电机运行		

无电机试运行启动后，操作单元将出现如下交替显示。

bb←→tSt：电机不通电，无电机试运行进行中。

run←→tSt：电机通电，无电机试运行进行中。

P-dt←→tSt：转子位置检测，无电机试运行进行中。

Pot←→tSt：无电机试运行进行中，电机正转禁止。

not←→tSt：无电机试运行进行中，电机反转禁止。

Pot←→not←→tSt：无电机试运行进行中，电机正转、反转禁止。

Hbb←→tSt：无电机试运行进行中，硬件基极封锁（安全回路动作）。

三、驱动器故障与处理

1. 故障报警的分析与处理

Σ-7 系列驱动器常见的故障报警显示与处理如表 3.2-17 所示。

表 3.2-17　Σ-7 系列驱动器常见的故障报警显示与处理

报警显示	报警名称	报警原因	报警处理
A.--	—	正常运行	不需要
A.020~ A.023	参数和校验错误	参数设定错误	进行参数初始化操作
		参数储存器不良	更换驱动器控制板
		外部干扰	进行参数初始化操作
A.030	检测电路故障	驱动器控制板不良	更换驱动器或控制板
A.040~A.042	位置控制参数错误	电子齿轮比等参数设定错误	更改参数
A.044	附加模块设定错误	附加模块安装不正确	检查参数、安装正确的附加模块
A.050、A.051	驱动器配置错误	电机、驱动器、编码器不匹配	检查、更换
		控制板、接口模块、光栅不良	检查、更换
A.0b0	S-ON 信号不正确	S-ON 输入不正确	重启驱动器，输入正确的信号
A.100	驱动器过电流或过热	电机连接错误	检查连接
		绕组短路、IGBT、制动电阻不良	检查、更换
		负载冲击、环境温度过高	改善工作条件
		负载过重、制动过于频繁	减轻负载
		散热、风机不良	检查、更换
A.300、 A.320、A.330	制动电路、直流母线 故障	IGBT、制动电阻不良	检查、更换
		驱动器连接错误	检查连接
		电源电压过高、负载过重	改善工作条件
		参数设定错误	检查参数
A.400、 A.410、	直流母线电压不正确	输入电压不正确	检查主电源电压
		制动过于频繁、负载惯量过大	改善工作条件
		IGBT、制动电阻、续流二极管不良	检查、更换
		驱动器控制板不良	检查、更换

续表

报警显示	报警名称	报警原因	报警处理
A.710~A.7A0	驱动器过载、过热	电机连接错误	检查连接
		绕组短路、IGBT、制动电阻不良	检查、更换
		负载冲击、环境温度过高	改善工作条件
		负载过重、制动过于频繁	减轻负载
		散热、风机不良	检查、更换
A.810~A.860	编码器报警	电池电压过低、连接错误	检查、更换
		编码器不良或未初始化	检查、更换
		驱动器控制板不良	检查、更换
A.8A0~A.8A6	全闭环系统故障	光栅或外置编码器不良	检查、更换
		串行接口转换单元不良	检查、更换
		全闭环选件模块不良	检查、更换
A.b10~A.b20	速度、转矩模拟量输入错误	A/D 转换电路不良	检查、更换
		模拟量输入接口电路不良	检查、更换
		驱动器控制板不良	检查、更换
A.b31~A.b33	电流检测不正确	外部干扰、控制板不良	检查、更换
A.bF0~A.bF4	系统报警	软件出错	进行驱动器的初始化
		外部干扰	检查屏蔽与接地
		控制板不良	更换驱动器或控制板
A.C10	电机失控	电机相序连接错误	检查相序
		反馈连接错误或编码器不良	检查编码器连接或更换编码器
		驱动器控制板不良	更换驱动器或控制板
A.C80~A.CC0	绝对编码器出错	电池电压过低、连接错误	检查、更换
		编码器不良或未初始化	检查、更换
		驱动器控制板不良	检查、更换
A.CF1 A.CF2	全闭环系统出错	串行接口单元不良或连接错误	检查、更换
		串行接口转换单元不良	检查、更换
		全闭环附加模块不良	检查、更换
A.d00~ A.d10	位置跟随超差	指令脉冲频率过高	降低频率
		参数设定不正确	更改参数
		电机、编码器连接错误	检查连接
		机械系统不良或负载过重	检查传动系统、减轻负载
		驱动器控制板不良	检查、更换
A.Eb1	安全电路输入错误	安全输入不同步	检查安全电路输入与连接
A.F10	输入缺相	主电源连接不良	检查连接
		驱动器控制板不良	检查、更换
CPF00 CPF01	操作单元连接不良	操作单元安装、连接不良	检查安装
		操作单元、控制板不良	检查、更换

2. 警示信息显示

Σ-7 系列驱动器"警示"时,可根据参数的设定输出报警代码,但驱动器报警触点 ALM 不动作。驱动器与警示信息输出相关的参数如下。

Pn 001.3 = 1:驱动器输出警示代码。

Pn 008.2 = 1:驱动器警示功能无效。

驱动器警示号与原因如表 3.2-18 所示。

表 3.2–18 Σ–7 系列驱动器警示号与原因

警示号	名称	原因
A.900	开机时位置跟随误差过大	位置跟随误差超过了 Pn 526×Pn 528/100 的范围
A.910	过载预警	驱动器即将发生 A.710、A.720 过载报警
A.911	振动预警	振动超过了允许范围
A.920	制动过载预警	驱动器即将发生 A.320 制动过载报警
A.921	动态制动过载预警	驱动器即将发生 A.731 动态制动过载报警
A.930	绝对编码器电池电压预警	绝对编码器电压已经过低,应尽快更换电池
A.941	参数修改需要重新启动电源	修改了需要重新启动生效的参数
A.971	主电压过低	主电源电压过低,即将发生 A.410 报警

技能训练

根据实验条件,进行驱动器操作、调试、故障维修实践。

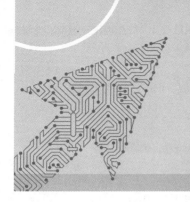

▷ 项目四 ◁
变频器电路设计与连接

••• 任务一　系统构成及产品选型 •••

知识目标

1. 熟悉通用型变频器与交流主轴驱动器。
2. 熟悉开环、闭环变频调速系统的结构。
3. 掌握安川 CIMR-1000 系列变频器产品。
4. 了解安川新一代变频器产品。

能力目标

1. 能够准确区分通用型变频器与交流主轴驱动器。
2. 能够区分开环、闭环变频调速系统。
3. 能够根据用途，合理选择 CIMR-1000 系列变频器产品。

基础学习

一、变频器与交流主轴驱动器

变频器是 20 世纪 70 年代随电力电子、PWM 控制技术的发展而出现的一种用于感应电机调速的通用调速装置。随着科学技术的进步，当代变频器的功能日臻完善。安川公司是国际上最早研发、生产变频器的厂家之一，其产品规格齐全、性能领先、市场占有率高、产品代表性强。

变频器

变频器是一种通过改变供电频率来改变同步转速、实现感应电机调速的装置。由于感应电机是一种多变量、强耦合、非线性的控制对象，要进行精确控制就必须建立精确的数学模型，数学模型越准确，调速性能也就越好。然而，依靠目前的理论与技术，还不能设计出一种可用于不同生产厂家生产、不同参数电机精确控制的通用型变频器。因此，实际产品有通用型变频器（变频器）与专用型变频器（交流主轴驱动器）两大类。

1. 变频器

人们平时常说的变频器，通常是指可用于普通感应电机控制的通用型变频器。通用型变频器的主要功能是通过改变交流电频率、电压，改变交流电机的同步转速，因此它对电机的结构形式无要求。通用型变频器既可用于不同生产厂家生产的普通感应电机（IM）控制，也可用于同步电机（PM）以及在此基础上发展起来的内置式永磁同步电机（IPM）、同步磁阻电机（SRM）的控制。

中小功率变频器一般为图 4.1-1 所示的独立控制装置，它可用于任何公司生产的、相同或相近规格的感应电机控制。大功率变频器则采用模块化结构，变频器的整流、逆变部分为独立的模块，整流电源模块可用于多个逆变模块，这样的变频器一般用于冶金、矿山、交通运输等大型机械的传动控制。

图4.1-1　通用型变频器与电机

通用型变频器设计时，由于设计者无法预知最终控制对象及控制参数，因此必须对电机的数学模型进行大量的简化、近似处理。由此得到的产品，其调速范围一般较小、调速精度也较低。在较为先进的矢量控制变频器上，为了提高数学模型的准确性，变频器一般可通过"自动调整（亦称自学习）"功能对电机的部分参数进行简单测试，以适当改善控制性能。即便如此，采用通用型变频器的系统，其调速性能仍然无法与下述的交流主轴驱动系统相比，更远逊于交流伺服驱动系统。

2. 交流主轴驱动器

交流主轴驱动器同样是一种用于感应电机变频调速的控制装置，但是，它必须配套专门生产的专用感应电机，系统的调速性能大大优于采用通用型变频器、普通感应电机变频调速的系统。这样的调速系统技术先进、生产成本高，因此通常用于数控机床等高精度加工设备的主轴调速。

交流主轴驱动器与电机如图 4.1-2 所示。交流主轴驱动器所配套的感应电机是由驱动器生产厂家专门设计、生产的特殊感应电机，称为交流主轴电机。交流主轴电机采用特殊的结构设计，并经过精密的测试、严格的质量控制，电机性能大大优于普通的感应电机。

图4.1-2　交流主轴驱动器与电机

交流主轴驱动器采用的是闭环矢量控制技术。由于电机由驱动器生产厂家配套提供，其数学模型十分精确，控制性能优异，系统的调速范围大、调速精度高、响应速度快，整体性能大大优于通用型变频器。

交流主轴驱动系统在额定转速以下区域，可像交流伺服驱动系统一样，保持输出转矩恒定、实现恒转矩调速；而在额定转速以上区域，则可保持输出功率恒定、实现大范围恒功率调速。这是它优于交流伺服驱动系统的性能特征，也正是它被用于数控机床主轴等恒功率负载调速的原因。

交流主轴驱动系统不仅可用于速度控制，且还具有位置、转矩控制功能。如果配套闭环位置控制的数控装置（CNC），它也能够像采用伺服驱动的坐标轴一样参与 CNC 的插补运算，实现所谓的 Cs 轴控制功能。交流主轴驱动系统的性能已接近交流伺服驱动系统，故有人将其称为"伺服主轴"或"感应电机伺服"。

交流主轴驱动器多为数控系统生产厂家配套提供，如 FANUC 公司的 α 系列、SIEMENS 公司的 611 系列等均为典型的交流主轴驱动器产品。早期的交流主轴驱动器多采用独立型结构，其外观与变频器类似，但是目前已更多采用交流主轴驱动器、交流伺服驱动器共用电源模块的一体化模块式结构。由于交流主轴驱动器通常需要与数控系统配套使用，本教材将不再对其进行详细介绍。

二、变频器的特点与分类

1. 基本技术特点

变频器（即通用型变频器，下同）作为一种面向普通感应电机的通用控制装置，其用途极为广泛。总体而言，变频器与交流主轴驱动器、交流伺服驱动器等专用型控制器比较，主要具有如下技术特点。

（1）多种控制方式兼容

变频器可采用 V/f 控制、矢量控制、直接转矩控制等多种变频控制方式。各种控制方式都有各自的特点与应用范围，截至目前，还没有哪一种控制方式可完全代替其他控制方式。为此，当代变频器一般能兼容多种变频控制方式，使用者可根据实际需要，通过变频器的参数设定选择所需要的控制方式。

（2）开环/闭环通用

通用感应电机一般用于调速范围、调速精度要求不高的简单系统，因此变频器多采用开环控制的系统结构。闭环速度控制系统可检测实际速度，并利用指令速度与实际速度的误差进行控制，它可大幅度提高系统的调速精度，但系统结构复杂、制造成本较高。为了满足不同的控制要求，当代变频器一般都具备开环、闭环控制功能。变频器通过增加闭环接口附加模块，配套编码器等速度检测装置，便可实现闭环控制。变频器的闭环控制与变频控制方式无关，采用 V/f 控制、矢量控制、直接转矩控制的变频器均可构成闭环速度控制系统。

（3）适应性强、调速性能差

变频器是通过改变交流电频率、电压，改变交流电机同步转速的调速装置，故可广泛用于普通感应电机、同步电机、内置式永磁同步电机、同步磁阻电机的控制；同时，由于其输出特性无规律，故对负载类型也无明确的要求。此外，只要容量允许，变频器也可作为交流电压、频率调节器使用，同时连接多台电机、进行同步调速，这样的功能称为 $1:n$ 控制功能。

但是，正是由于变频器的用途广泛，使得其控制对象不能确定、控制模型无法准确，因而，系统的调速性能明显低于交流主轴驱动系统、交流伺服驱动系统。

2. 变频器分类

变频器用途广泛、种类较多、性能参差不齐、价格差距较大。从变频控制方式上说，采用闭环矢量控制的变频器调速性能最好，采用开环 V/f 控制的变频器性能最差。

日本安川、三菱公司生产的变频器技术先进、规格齐全，是国内市场使用广泛的产品。按传统的习惯，安川、三菱公司根据产品的用途将标准变频器分为普通型、紧凑型、节能型及高性能型 4 类。但也有其他分类法，如安川公司有时将重载型变频器 CIMR-H1000 列为标准产品，代替传统的节能型 CIMR-E1000 系列等。

（1）普通型变频器

普通型变频器（Standard Inverters）是用于民用、木工机械、纺织机械等简单设备控制的低价位变频器。普通变频器的控制简单、价格便宜，但其输出功率、调速范围小，调速性能较差。

普通型变频器可控制的电机功率一般在 7.5kW 以下，2.2kW 以下的小功率可采用单相电源供电。普通型变频器多采用 V/f 控制，调速范围在 1：20 左右，速度响应通常在 3Hz 以下。安川 CIMR-J1000、三菱 FR-D800 系列变频器均属于普通型变频器。

（2）紧凑型变频器

紧凑型变频器（Compact Inverters）是用于机床、纺织机械等设备控制的小功率、高性价比常用产品。紧凑型变频器的体积小、功能实用，常用性能接近高性能型变频器，但其价格较后者低得多。

紧凑型变频器可控制的电机功率一般在 15kW 以下，2.2kW 以下的部分小功率变频器可采用单相电源供电。紧凑型变频器可采用 V/f 控制、开环矢量控制，采用矢量控制时的调速范围可达 1：100 左右，速度响应可达 5Hz 以上。安川 CIMR-V1000、三菱 FR-E800 系列变频器均属于紧凑型变频器。

（3）节能型变频器

节能型变频器（Power Saving Inverters）是用于风机、水泵类负载控制的大功率变频器。节能型变频器的功率大，性能与普通型变频器类似，但也有接近紧凑型变频器的情况。节能型变频器的过载能力都较差，产品适合于轻载启动、无过载要求的风机、水泵类负载控制。

节能型变频器可控制的电机最大功率可达 1000kW 左右，产品统一采用三相电源输入。变频器以 V/f 控制为主，但部分变频器（如安川 CIMR-F7、三菱 FR-F800 等）采用矢量控制，调速范围通常在 1：100 以下，速度响应通常在 3Hz 以上。安川 CIMR-E1000、三菱 FR-F800 系列变频器均属于节能型变频器。

（4）高性能型变频器

高性能型变频器（High-end Inverters）是可用于普通数控机床主轴或起重设备、电梯等较高精度较大范围调速或重载设备控制的中大功率变频器。高性能型变频器的性能在所有通用型变频器中为最高。

高性能型变频器可控制的最大电机功率可达 500kW，产品统一采用三相电源输入。变频器可采用闭环 V/f 控制、闭环矢量控制；矢量控制时的有效调速范围通常可达 1：200 以上，速度响应可达 20Hz 以上。变频器还可选配简单位置控制、转矩控制功能，因此可作为普通数控机床的主轴驱动器使用。安川 CIMR-A1000、三菱公司的 FR-A800 系列变频器均属于高性能型变频器产品。

三、变频调速系统结构

1. 开环变频调速系统

无速度反馈的变频调速系统称为开环变频调速系统，它是目前最常用的变频调速方式，被广泛用于通用感应电机的调速。由于开环系统不需要实际速度检测用的脉冲编码器（Pulse Generator），故又称"无 PG V/f 控制（开环 V/f 变频控制）""无 PG 矢量控制（开环矢量变频控制）"等。

开环变频调速系统的结构原理如图 4.1-3 所示。"交-直-交"变流的变频器，其整流、调压、逆变主回路与交流伺服驱动器并无太大区别。

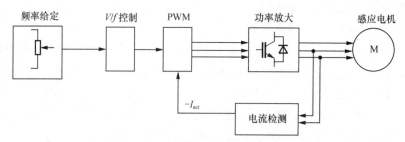

图4.1-3　开环变频调速系统的结构原理

在开环变频调速系统中，速度（频率）给定可通过电位器、DC 模拟电压等形式输入；变频器通过 V/f 控制或矢量控制运算、PWM 变频，输出频率、幅值、相位可变的电机定子电压、电流，以控制电机的同步转速，实现感应电机的调速。开环系统的电机同步转速与速度给定总是成正比。

开环变频调速系统的结构简单，使用方便，维修容易，并可以用于 1∶n 多电机控制（V/f 控制方式），也不存在闭环系统的稳定性问题。但是，由于系统不能检测电机的实际转速、无速度误差自动调节功能，因而在同样的速度给定下，感应电机的同步转速将保持不变；电机转子的实际输出转速同样会随负载的变化而变化，因此系统的调速精度较差，它只能用于调速性能要求不高的场合。

2. 闭环变频调速系统

带有速度测量反馈装置的变频调速系统称为闭环变频调速系统，系统的结构原理如图 4.1-4 所示。

闭环变频调速系统在开环系统的基础上，增加了速度检测器件及速度比较、调节器，它可通过给定转速与实际转速的误差进行控制，实现速度闭环自动调整功能。由于闭环系统需要安装实际速度检测用的脉冲编码器，故又称"带 PG V/f 控制（闭环 V/f 变频控制）""带 PG 矢量控制（闭环矢量变频控制）"等。

虽然闭环系统的变频器实际控制的仍然是感应电机同步转速，但是与速度给定输入对应的是电机转子的实际输出转速，系统的调速精度远高于开环系统。因为，当负载增加、引起电机实际输出转速下降时，系统的实际转速反馈值将减小，速度给定与反馈间的误差将增加，这一误差经速度调节器放大后，将使变频器的输出频率提高、同步转速增加，从而使得电机的实际输出转速增加，直至到达速度给定规定的值。

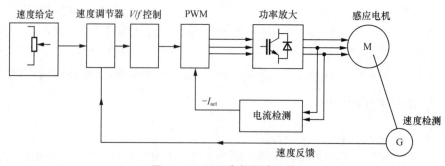

图4.1-4　闭环变频调速系统

通常而言，对于同样的控制方式，闭环变频调速系统的调速精度可比开环系统提高 10 倍左右；但是，它一般不能改变变频器的频率响应和实际调速范围。

实践指导

一、CIMR-1000系列变频器

安川变频器

1. 安川变频器概况

安川公司从 20 世纪 70 年代开始进行变频器产品的研发与生产，它是日本研发、生产变频器最早的企业之一。其变频器规格齐全、技术先进、可靠性好。

安川公司当前生产、销售的通用型变频器主要有图 4.1-5 所示的 CIMR-1000 及最新的 CIPR-700 两大产品系列。

（a）CIMR-1000 系列　　　　　　　　　　（b）CIPR-700 系列

图4.1-5　安川变频器产品

CIMR-1000 系列变频器是安川公司当前生产、销售的主流产品，系列产品不仅有采用传统"交-直-交"变流的普通型（CIMR-J1000）、紧凑型（CIMR-V1000）、节能型（CIMR-E1000）、高性能型（CIMR-A1000）等产品，近年还陆续推出了专门用于起重设备控制的重载系列 CIMR-H1000，以及电梯控制系列 CIMR-L1000、纺织控制系列 CIMR-T1000、水泵控制系列 CIMR-W1000 等产品；此外，还有矩阵控制的"交-交"变流变频器（CIMR-U1000）等新型产品。

CIPR-700 系列变频器是安川"交-直-交"变流变频器的最新产品，目前已有高性能型 GA700、起重设备控制型 CH700 系列的部分产品陆续问世，预计在不久的将来将替代 CIMR-1000 系列变频器，成为安川公司的新一代变频器产品。

2. 技术特点

与前期的 CIMR-7 系列变频器相比，CIMR-1000 的主要技术特点如下。

（1）性能更好

CIMR-1000 在 CIMR-7 系列变频器的基础上大幅度提高了性能。例如，与 CIMR-7 系列相比，CIMR-1000 系列的 V/f 控制有效调速范围、启动转矩分别从 1：10、150%/5Hz，提高到了 1：40、150%/3Hz；高性能矢量控制的有效调速范围、启动转矩分别从 1：100、150%/0.5Hz，提高到了 1：200、200%/0.3Hz；如配套安川变频电机，采用闭环矢量控制时，CIMR-1000 系列的有效调速范围、启动转矩可达到 1：1500、200%/0Hz，产品可直接作为交流主轴驱动器使用。

（2）功能更强

CIMR-1000 系列变频器采用了当前流行的重载（Heavy Duty，HD）和轻载（Normal Duty，ND）双重额定设计技术，它可根据负载要求选择最经济的控制方案。变频器增加了可监视安全功能（External Device Monitor，EDM），达到了 IEC/EN61508 安全标准的要求。变频器还可根

据需要，选择十二或十八相整流、三电平逆变等先进的拓扑结构，以降低能耗、提高性能。CIMR-1000系列变频器配备了RS485、USB等通信接口，只要安装通信接口模块，便可直接连接PROFIBUS-DP、Device Net、CC-Link、CAN open等开放型现场总线，构成网络控制系统。

（3）使用更灵活

CIMR-1000系列变频器采用了独特的带参数备份功能的可拆卸接线端，更换变频器无须进行拆、接线和参数设置。此外，变频器可控制的电机最大功率也从CIMR-7系列的300kW提高到了750kW；小功率、普通型的变频器还增加了单相AC100V供电产品，其适用范围更广、使用灵活。

（4）体积更小

CIMR-1000系列变频器采用了先进的控制器件，它大幅度减小了变频器体积和对安装空间的要求。例如，75kW的CIMR-A1000与CIMR-G7相比，其体积只有后者的45%左右；CIMR-1000变频器的左右散热距离只需要2mm，比CIMR-7系列的30mm大幅度缩小。

3．主要技术参数

安川公司常用的CIMR-1000系列标准变频器产品及主要技术参数如表4.1-1所示。考虑到安川公司有时将重载型变频器CIMR-H1000列为标准产品，以代替传统的节能型CIMR-E1000系列，因此表中将两系列产品一并列出。

由于变频技术的发展迅速、产品更新换代的速度较快，虽然教材编写时已参照了安川公司最新的技术资料，但是随着技术的发展，必定还有更多的新产品推出，有关内容请关注安川公司最新产品说明。

表4.1-1　CIMR-1000系列标准变频器产品及主要技术参数

项目		J1000	V1000	E1000	A1000	H1000
可控制的电机功率（kW）		0.1~5.5	0.1~18.5	0.7~630	0.4~750	0.4~560
单相供电型		●注1	●	×	×	×
60s最大过载能力		150%	150%	120%	150%	150%
载波频率		2~15kHz	2~15kHz	1~15/10/5kHz注2		
最高输出频率		400Hz	400Hz	200Hz	400Hz注3	400Hz
频率控制精度		±0.1%	±0.1%	±0.1%	±0.1%	±0.1%
频率给定输入类型	DC0~10V	●	●	●	●	●
	0~20/4~20mA	●	●	●	●	●
	脉冲给定	×	●（最大值：32kHz）			
有效调速范围	V/f控制	1：40	1：40	1：40	1：40	1：40
	开环矢量控制	×	1：100	×	1：200	1：200
	闭环矢量控制	×	×	×	1：1500	1：1500
速度控制精度	开环V/f控制	±3%	±3%	±3%	±2%~3%	±2%~3%
	闭环V/f控制	×	×	×	±0.3%	±0.3%
	开环矢量控制	×	±0.2%	×	±0.2%	±0.2%
	闭环矢量控制	×	×	×	±0.02%	±0.02%
速度响应	V/f控制	2Hz	2Hz	3Hz	3Hz	3Hz
	开环矢量控制	×	5Hz	×	10Hz	10Hz
	闭环矢量控制	×	×	×	50Hz	50Hz
启动转矩	V/f控制	150%/3Hz	150%/3Hz	150%/3Hz	150%/3Hz	150%/3Hz

续表

项目		J1000	V1000	E1000	A1000	H1000
启动转矩	开环矢量控制	×	200%/0.5Hz	×	200%/0.5Hz	200%/0.3Hz
	闭环矢量控制	×	×	×	200%/0Hz	200%/0Hz
多功能 DI		5	7	8	8	12
多功能 DO		1	3	4	4	6
监控 AO		1	2	2	2	2
脉冲输出监控		×	●（最大值：32kHz）			

注 $_1$：" ● "为可使用的功能；" × "为不能使用的功能。

注 $_2$：可通过参数设定，55kW 及以下最大 15kHz；75~185kW 最大 10kHz；220kW 及以上最大 5kHz；750kW 及以上最大 2kHz。

注 $_3$：750kW 及以上最大 150Hz。

二、产品型号与规格

1. 产品型号

安川 CIMR-1000 系列标准变频器的型号及代表的意义如下。

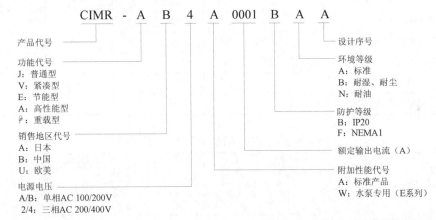

CIMR - A B 4 A 0001 B A A

产品代号
功能代号
J：普通型
V：紧凑型
E：节能型
A：高性能型
P：重载型
销售地区代号
A：日本
B：中国
U：欧美
电源电压
A/B：单相AC 100/200V
2/4：三相AC 200/400V

设计序号
环境等级
A：标准
B：耐湿、耐尘
N：耐油
防护等级
B：IP20
F：NEMA1
额定输出电流（A）
附加性能代号
A：标准产品
W：水泵专用（E系列）

变频器型号中的额定输出电流为轻载（ND）工作时的额定输出电流近似值。如果变频器用于重载（HD）工作，电机功率将降低一个规格（降额使用），其额定输出电流将同时降低。安川标准变频器 ND、HD 负载的定义如下。

① 轻载（ND）：120%额定输出转矩过载 60s。

② 重载（HD）：150%额定输出转矩过载 60s。

例如，型号为 CIMR-AB4A0005 的变频器属于安川 CIMR-1000 系列、3~400V 输入、高性能型标准变频器，轻载（ND 负载）工作时的额定输出电流约为 5A（实际为 5.4A），可控制的电机最大功率为 2.2kW；重载（HD 负载）工作时，可控制的电机最大功率为 1.5kW，变频器的额定输出电流也将降低（实际为 4.8A）等。

此外，安川 CIMR-E1000 节能型变频器有专门用于水泵控制的产品，其型号需要使用附加功能代号 W。

例如，CIMR-EB4A0009 属于安川 CIMR-1000 系列、3~400V 输入、节能型变频器标准产品，轻载(ND 负载)工作时的额定输出电流约为 9A(实际为 8.8A)，可控制的电机最大功率为 3.7kW；产品一般不能用于重载工作时。而 CIMR-EB4W0009 属于安川 CIMR-1000 系列、3~400V 输入、水泵专用节能型变频器产品，变频器的基本性能与 CIMR-EB4A0009 相同，但在软件上增加了多级水泵循环切换、第二 PI 调节、静音控制等适用于恒压供水系统的特殊功能。

　　2. 产品规格

　　机电设备控制系统使用的变频器以 CIMR-V1000 紧凑型、CIMR-A1000 高性能型等标准变频器为主，两类产品的常用规格如表 4.1-2 和表 4.1-3 所示。

表 4.1-2　CIMR-V1000 变频器产品规格

变频器型号	额定输入					额定输出			
	电压/频率	容量（kV·A）		电机功率（kW）		电压	电流（A）		
		ND	HD	ND	HD		ND	HD	
CIMR-VA4A0001	3~AC 400V；50/60（±5%）Hz	1.1	1.1	0.4	0.2	3~AC 380~480V	1.2	1.2	
CIMR-VA4A0002		1.9	1.6	0.75	0.4		2.1	1.8	
CIMR-VA4A0004		3.9	2.9	1.5	0.75		4.1	3.4	
CIMR-VA4A0005		5.4	4.0	2.2	1.5		5.4	4.8	
CIMR-VA4A0007		7.4	5.5	3	2.2		6.9	5.5	
CIMR-VA4A0009		8.6	7.5	3.7	3		8.8	7.2	
CIMR-VA4A0011		13	9.5	5.5	3.7		11.1	9.2	
CIMR-VA4A0018		18	14	7.5	5.5		17.5	14.8	
CIMR-VA4A0023		22	18	11	7.5		23	18	
CIMR-VA4A0031		35	27	15	11		31	24	
CIMR-VA4A0038		40	36	18.5	15		38	31	

表 4.1-3　CIMR-A1000 变频器产品规格

变频器型号	额定输入					额定输出			
	电压/频率	容量（kV·A）		电机功率（kW）		电压	电流（A）		
		ND	HD	ND	HD		ND	HD	
CIMR-AB4A0002	3~AC 400V；50/60（±5%）Hz	2.3	1.4	0.75	0.4	3~AC 380~480V	2.1	1.8	
CIMR-AB4A0004		4.3	2.3	1.5	0.75		4.1	3.4	
CIMR-AB4A0005		6.1	4.3	2.2	1.5		5.4	4.8	
CIMR-AB4A0007		8.1	6.1	3	2.2		6.9	5.5	
CIMR-AB4A0009		10	8.1	3.7	3		8.8	7.2	
CIMR-AB4A0011		14.5	10	5.5	3.7		11.1	9.2	
CIMR-AB4A0018		19.4	14.6	7.5	5.5		17.5	14.8	
CIMR-AB4A0023		28.4	19.2	11	7.5		23	18	
CIMR-AB4A0031		37.5	28.4	15	11		31	24	
CIMR-AB4A0038		46.6	37.5	18.5	15		38	31	
CIMR-AB4A0044		54.9	46.6	22	18.5		44	39	
CIMR-AB4A0058		53[注1]	39.3[注1]	30	22		58	45	
CIMR-AB4A0072		64.9	53	37	30		72	60	
CIMR-AB4A0088		78.6	64.9	45	37		88	75	

续表

变频器型号	额定输入						额定输出			
	电压/频率	容量（kV·A）		电机功率（kW）			电压	电流（A）		
		ND	HD	ND	HD			ND	HD	
CIMR-AB4A0103	3~AC 400V；50/60（±5%）Hz	96	78.6	55	45		3~AC 380~480V	103	91	
CIMR-AB4A0139		130	96	75	55			139	112	
CIMR-AB4A0165		156	130	90	75			165	150	
CIMR-AB4A0208		189	155	110	90			208	180	
CIMR-AB4A0250		227	189	132	110			250	216	
CIMR-AB4A0296		274	227	160	132			296	260	
CIMR-AB4A0362		316	274	185	160			362	304	
CIMR-AB4A0414		375	316	220	185			414	370	
CIMR-AB4A0515		425	375	250	220			515	450	
CIMR-AB4A0675		601	534	355	315			675	605	
CIMR-AB4A0930注2		843	759	600	525			930	810	
CIMR-AB4A1200注2		1060	950	750	675			1200	1090	

注1：额定输出电流大于 58A 的变频器内置有 DC 电抗器，可降低输入容量。
注2：欧美销售特殊产品。

三、变频器选配件

变频器在设计时已考虑了产品的常规使用，原则上只需要连接电源、电机，并加入必要的 DI 信号、频率输入信号，就可进行正常工作。如果变频器需要用于某些特殊控制场合，可选择部分选配件。

变频器的选配件分"外置选件"与"内置选件"两类。外置选件是用来保护变频器或改善变频器性能的器件，这些器件可由安川配套提供，也可由用户自行采购。内置选件用来增强变频器功能的控制模块，模块需要直接安装在变频器上，故必须使用安川公司配套提供的产品。

CIMR-1000 系列变频器常用的选配件如下。

1. 外置选件

安川 CIMR-1000 系列变频器的外置选件如表 4.1-4 所示。

表 4.1-4　安川 CIMR-1000 系列变频器的外置选件

名称	型号	说明
操作单元（无电位器）	JVOP-182/180	J/V 系列需要选配
USB 接口转换器	JOVP-181	RJ-45 转换为 USB 接口
频率调整电位器单元	AI-V3/J	频率给定与调整
外置制动电阻	ERF-150WJ**	无过热检测、制动率 3%
外置制动电阻	CF-120**	带过热检测、制动率 3%
外置制动电阻单元	LKEB-**	带过热检测触点、制动率 10%

续表

名称	型号	说明
外置制动单元	CDBR–**	带电平检测、过热检测标准制动单元
瞬时断电补偿单元	P00**	用于 7.5kW 以下变频器、电压保持时间 2s
交流电抗器	UZBA–**	改善功率因数
直流电抗器	UZDA–**	18.5kW 及以下变频器选用
电机侧滤波器	LF–**	消除电磁干扰
输入侧滤波器模块	LNFD–**或 FN359P	三相滤波器
	LNFB–**	单相滤波器
零相电抗器	F6045/11080GB、200160PB	输入/电机侧通用

2. 内置选件

安川 CIMR-1000 系列变频器的内置选件如表 4.1-5 所示。不同类型的内置模块可同时选择，但同类选件原则上只能安装一块。

表 4.1–5　安川 CIMR–1000 系列变频器的内置选件

类别	名称	性能与参数
I/O 扩展模块	4 通道模拟量输入	4 通道、14 位（13 位+符号）A/D 转换； 通道 1：DC –10~10V，输入阻抗 20kΩ； 通道 2~4：DC 4~20mA，输入阻抗 500Ω
	16 位数字量输入	输入：4 位 BCD 码+SING+SET 信号； 输入信号规格：DC 24V/8mA
	2 通道模拟量输出	2 通道、12 位带符号数据 D/A 转换； 通道 1/2 输出：DC –10~10V（非隔离）
	8 点开关量输出	6 点 DC 50V/50mA 集电极开路输出； 2 点 DC 30V/AC 250V，1A 继电器接点输出
	闭环控制编码器接口模块	最高频率：300kHz；输入规格：RS-422
网络接口模块	Device Net 接口	连接 Device Net 网络总线
	PROFIBUS-DP 接口	连接 PROFIBUS-DP 网络总线
	CC-Link 接口	连接 CC-Link 网络总线
	CAN open 接口	连接 CAN open 网络总线
	USB 接口转换器	接口变换，RJ-45 转换为 USB

CIMR-1000 系列变频器的输入扩展模块用于频率给定输入的扩展，模块包括模拟量输入扩展与数字量输入扩展两类。模拟量输入模块带 A/D 转换功能，它可将 –10~10V 的模拟电压或 4~20mA 的模拟电流转换为变频器内部的 14 位二进制数字量。数字输入扩展模块可接收 4 位 BCD（二进制 16 位）编码的数字量输入。

变频器的输出扩展模块用于变频器 DO、AO 扩展。开关量输出扩展模块用于 DO 信号扩展，它可增加变频器的 DO 点数；模拟量输出 AO 模块为 DC –10~10V 模拟电压。闭环控制编码器接口模块用于闭环变频调速系统的速度检测编码器连接。

网络接口扩展模块用于变频器与各种现场总线网络的连接；CIMR-1000 系列变频器还可选配图 4.1-6 所示的 USB 接口转换器，将变频器 RJ-45 通信接口转换为 USB 接口，以便与个人计算机的 USB 接口连接。

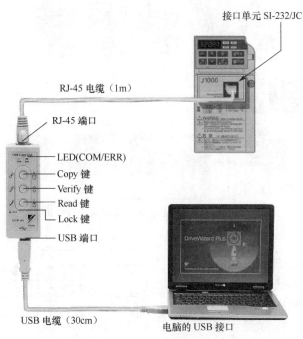

接口单元 SI-232/JC

RJ-45 电缆（1m）

RJ-45 端口

LED(COM/ERR)

Copy 键

Verify 键

Read 键

Lock 键

USB 端口

USB 电缆（30cm）

电脑的 USB 接口

图4.1-6　USB接口转换器

拓展提高

一、安川CIPR-700系列变频器

1. 产品特点

CIPR-700 系列变频器是 CIMR-A1000 系列高性能型变频器的换代产品，与变频器应用相关的技术性能主要有如下提高。

（1）最大输出频率

CIPR-700 系列变频器用于开环控制（V/f、矢量）时，变频器的最大输出频率可达 590Hz，比 CIMR-A1000 系列变频器提高了近 50%。但是，截至目前，用于闭环控制（V/f、矢量）时，CIPR-700 系列变频器的最大输出频率仍为 400Hz。

（2）速度响应

CIPR-700 系列变频器用于开环矢量控制时，变频器的速度响应可达 20Hz，比 CIMR-A1000 系列变频器提高了 1 倍；用于闭环矢量控制时，变频器的速度响应可达 250Hz，比 CIMR-A1000 系列变频器提高了 4 倍。但是，截至目前，用于 V/f 控制时，CIPR-700 系列变频器的速度响应仍为 3Hz 左右。

（3）网络性能

CIPR-700 系列变频器的网络通信功能更强，1 个网络通信模块可以同时连接 5 台变频器，如图 4.1-7 所示。

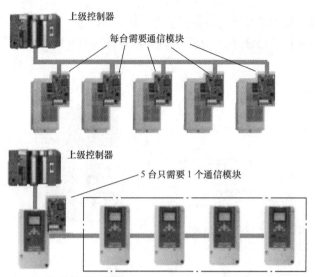

图4.1-7　CIPR-700系列变频器的网络连接

（4）效率

CIPR-700 系列变频器提高了常用的 20%~70%额定频率（转速）输出区域的效率，区域的平均效率比 CIMR-1000 系列变频器提高了 6%左右，如图 4.1-8 所示，变频器更加节能。

2. 主要技术参数

安川公司目前已推出的高性能型 CIPR-GA700、起重设备控制型 CIPR-CH700 系列变频器的主要技术参数如表 4.1-6 所示。

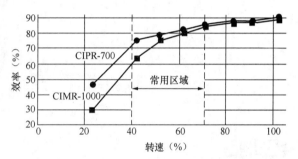

图4.1-8　CIPR-700系列变频器效率

表 4.1-6　CIPR-700 系列变频器的主要技术参数

项目		GA700	CH700
可控制的电机功率		0.75~630kW	0.4~560kW
单相供电型		×	×
60s 最大过载能力		150%	150%
载波频率		2~15kHz	2~15kHz
最高输出频率		590Hz	590Hz
频率控制精度		±0.1%	±0.1%
频率给定输入类型	DC 0~10V	●	●
频率给定输入类型	0~20/4~20mA	●	●
	脉冲给定	●（最大值：32kHz）	×
有效调速范围	V/f控制	1:40	1:40
	开环矢量控制	1:200	1:200
	闭环矢量控制	1:1500	1:1500
速度控制精度	开环 V/f控制	±2%~3%	±3%

续表

项目		GA700	CH700
速度控制精度	闭环 V/f 控制	±0.3%	±0.3%
	开环矢量控制	±0.2%	±0.2%
	闭环矢量控制	±0.02%	±0.02%
速度响应	V/f 控制	3Hz	3Hz
	开环矢量控制	20 Hz	20 Hz
	闭环矢量控制	250 Hz	250 Hz
启动转矩	V/f 控制	150%/3Hz	150%/3Hz
	开环矢量控制	200%/0.3Hz	200%/0.3Hz
	闭环矢量控制	200%/0Hz	200%/0Hz
多功能 DI		8	10
多功能 DO		4	6
监控 AO		2	2
脉冲输出监控		●（最大值：32kHz）	×

注："×"为不可使用的功能；"●"为可使用的功能。

二、安川矩阵控制"交-交"变频器

1. 产品特点

安川矩阵控制的 CIMR-U1000 系列变频器，是直接采用"交-交"变流技术的全新一代变频器产品，目前已有实用化的产品问世。

与传统的"交-直-交"变流的变频器相比，安川新一代矩阵控制"交-交"变流的 CIMR-U1000 系列变频器的突出优点是可以大幅度提高用电质量。图 4.1-9 所示是 CIMR-U1000 系列变频器与传统的"交-直-交"变流变频器的输入电流波形、谐波比较图。

由图 4.1-9 可见，传统的"交-直-交"变流变频器在未安装直流电抗器时，其 5 次、7 次谐波非常严重，电流畸变率高达 88%，功率因数仅为 0.75；增加直流电抗器后，电流畸变率可降低至33%，功率因数提高到 0.9；而 CIMR-U1000 系列变频器的谐波电流基本为 0，电流畸变率只有5%，功率因数可达 0.98。因此，CIMR-U1000 系列变频器大幅度降低了对电源容量、连接导线线径、主回路器件额定电流等的要求，并取消了滤波器、电抗器等辅助器件，控制系统体积更小。

此外，由于"交-交"变流的变频器的电机与进线电源直接连接，无传统"交-直-交"逆变变频器的整流、直流母线电压调节等中间电路与控制器件，变

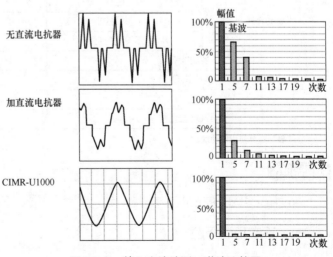

图4.1-9 输入电流波形、谐波比较图

频器不仅可直接实现回馈制动，而且其响应速度更快。CIMR-U1000 系列变频器采用闭环矢量控制时，其速度响应可达与安川新一代高性能型 CIPR-GA700 变频器同样的值（250Hz）；但开环矢量控制的速度响应仍然与 CIMR-A1000、CIMR-H1000 等高性能型变频器相同（10Hz）。

CIMR-U1000 系列变频器的其他技术参数，基本都与 CIMR-A1000 系列高性能型变频器一致。

2. 主要技术参数

安川公司目前已推出的矩阵控制、"交-交"变流的 CIMR-GA700 系列变频器的主要技术参数如表 4.1-7 所示。

表 4.1-7　CIMR-GA700 系列变频器的主要技术参数

项目		GA700
可控制的电机功率		2.2~220kW（研发中：260~500kW）
60s 最大过载能力		150%
载波频率		4~10kHz
最高输出频率		400Hz
频率控制精度		±0.1%
频率给定输入类型	DC 0~10V	●
	0~20/4~20mA	●
	脉冲给定	●（最大值：32kHz）
有效调速范围	V/f控制	1：40
	开环矢量控制	1：200
	闭环矢量控制	1：1500
速度控制精度	开环 V/f控制	±2%~3%
	闭环 V/f控制	±0.3%
	开环矢量控制	±0.2%
	闭环矢量控制	±0.02%
速度响应	V/f控制	3Hz
	开环矢量控制	10 Hz
	闭环矢量控制	250 Hz
启动转矩	V/f控制	150%/3Hz
	开环矢量控制	200%/0.3Hz
	闭环矢量控制	200%/0Hz
多功能 DI		8
多功能 DO		4
监控 AO		2
脉冲输出监控		●（最大值：32kHz）

注："●"为可使用的功能。

技能训练

通过任务学习，完成以下练习。

一、不定项选择题

1. 用于民用设备控制的变频器一般应选择..（　　）

A. 普通型　　　　　B. 紧凑型　　　　　C. 节能型　　　　　D. 高性能型

2. 用于普通数控机床主轴控制的变频器一般应选择……………………………（　　　）

A. 普通型　　　　　B. 紧凑型　　　　　C. 节能型　　　　　D. 高性能型

3. 用于工业水泵、风机控制的变频器一般应选择…………………………………（　　　）

A. 普通型　　　　　B. 紧凑型　　　　　C. 节能型　　　　　D. 高性能型

4. 用于电梯、起重机控制的变频器一般应选择……………………………………（　　　）

A. 普通型　　　　　B. 紧凑型　　　　　C. 节能型　　　　　D. 高性能型

5. 以下 CIMR-1000 系列变频器中，多用于民用设备控制的是…………………（　　　）

A. CIMR-J1000　　B. CIMR-V1000　　C. CIMR-E1000　　D. CIMR-A1000

6. 10kW 以下的普通数控机床主轴控制，可选配的变频器是………………………（　　　）

A. CIMR-J1000　　B. CIMR-V1000　　C. CIMR-E1000　　D. CIMR-A1000

7. 用于水泵控制时，可选配的变频器是……………………………………………（　　　）

A. CIMR-J1000　　B. CIMR-V1000　　C. CIMR-E1000　　D. CIMR-W1000

8. 用于电梯、起重机控制时，可选配的变频器是…………………………………（　　　）

A. CIMR-V1000　　B. CIMR-A1000　　C. CIMR-H1000　　D. CIMR-L1000

9. 安川 CIMR-AB4A0005 变频器用于 ND 负载控制时，以下理解正确的是…………（　　　）

A. 额定输出电流为 5.4A　　　　　　　B. 可控制 2.2kW 电机

C. 额定输入电压 3~AC 400V　　　　　D. 输入电源容量 6.1kV・A

10. 当控制系统要求的速度误差为 ±0.2% 时，可选配的变频器是………………（　　　）

A. CIMR-J1000　　B. CIMR-V1000　　C. CIMR-E1000　　D. CIMR-A1000

11. 当控制系统要求的调速范围为 1：150 时，可选配的变频器是………………（　　　）

A. CIMR-J1000　　B. CIMR-V1000　　C. CIMR-E1000　　D. CIMR-A1000

12. 当控制系统要求的频率响应大于 15Hz 时，可选配的变频器是………………（　　　）

A. CIMR-J1000　　B. CIMR-V1000　　C. CIMR-E1000　　D. CIMR-A1000

13. 产品设计、维修时，可直接替代早期 3~380V、11kW 变频器的是………………（　　　）

A. CIMR-AB4A0011　　　　　　　　　B. CIMR-AB2A0012

C. CIMR-AB4A0031　　　　　　　　　D. CIMR-AB2A0030

14. 在今后的产品设计中，可直接替代现行 CIMR-H1000 系列变频器的是…………（　　　）

A. CIPR-GA700 系列　　　　　　　　　B. CIPR-CH700 系列

C. CIMR-U1000 系列　　　　　　　　　D. CIPR-GA500 系列

15. 以下可以降低输入电流谐波、提高用电质量的措施是…………………………（　　　）

A. 安装进线滤波器　　　　　　　　　B. 选用 CIMR-U1000 系列产品

C. 安装直流电抗器　　　　　　　　　D. 选用十二相整流变频器

16. 以下可以提高变频器功率因数的措施是…………………………………………（　　　）

A. 安装进线滤波器　　　　　　　　　B. 选用 CIMR-U1000 系列产品

C. 安装直流电抗器　　　　　　　　　D. 选用十二相整流变频器

17. 如果系统要求的最高频率为 590Hz，以下说法正确的是………………………（　　　）

A. 必须选用 CIMR-U1000 系列　　　　B. 必须选用 CIPR-700 系列

C. 只能采用开环 V/f 变频控制　　　　D. 必须采用高性能矢量控制

二、简答题

1. 从产品结构、控制方式、驱动电机等方面，分析、说明通用型变频器与交流主轴驱动器的主要区别。

2. 简述通用型变频器的基本技术特点。

3. 简述开环、闭环变频调速系统的基本特点，说明闭环系统可以提高调速精度的原因。

4. 简述普通型、紧凑型、节能型与高性能型变频器的主要区别。

5. 简述 CIMR-1000 系列变频器的主要技术特点。

••• 任务二 电路设计与连接 •••

知识目标

1. 熟悉变频调速系统的组成与器件。

2. 掌握 CIMR-A1000 变频器主回路设计与连接方法。

3. 掌握 CIMR-A1000 变频器控制回路设计、连接、设定方法。

4. 熟悉 CIMR-A1000 变频器主回路配套件。

5. 掌握常用 DI/DO 信号及功能。

6. 了解脉冲输入/输出、全闭环系统、安全电路的连接方法。

能力目标

1. 能够设计与连接变频器主回路。

2. 能够设计与连接变频器控制回路。

3. 能够选择变频器主回路配套件。

4. 能够按照要求完成变频器设定。

基础学习

一、系统构成与连接总图

1. 系统构成

变频器是一种用途极为广泛的控制装置，产品设计时需要考虑各种用户、各种需要，其使用必须方便、安装必须容易、连接必须简单。因此，在一般用途的变频器产品上，生产厂家已考虑了变频器必需的器件与保护措施，对于简单应用，只要连接电源、电机，系统便可正常工作。如果用户对控制系统有其他要求，可根据系统的实际情况选配所需要的配件。

变频调速系统的硬件组成如图 4.2-1 所示。控制器件的主要功能与交流伺服驱动系统相同，有关内容可参见项目二的任务二。进线断路器是用于整流、直流母线、逆变回路短路保护的必需件。

主接触器、制动电阻或制动单元是变频调速系统的基本选件。主接触器用于变频器电源通断控制。安川变频器的控制电源允许与主电源同时加入，两者通常已在内部连接，但是同样不允许利用主接触器的通断来控制正常工作时的电机启停。因此，主接触器只能用于设备开关机、紧急分断等情况的变频器电源通断控制。制动电阻或制动单元用来提高变频器的制动能力、加速电机停止。在大功率变频器或变频器用于电机频繁启制动、重载控制的场合，需要选配制动电阻或制动单元。

　　交流电抗器、直流电抗器、滤波器是变频调速系统的特殊选件。交流电抗器、直流电抗器主要用来抑制高次谐波和浪涌电流，提高功率因数。在供电线路存在带有回馈制动功能的控制器或安装有功率因数补偿电容等场合，应选配交流电抗器；直流电抗器用来抑制直流母线的高次谐波与冲击电流、提高变频器功率因数。安川 18.5kW 以上的变频器已将电抗器作为基本部件安装，无须选用；小功率变频器可根据需要选配。滤波器用来抑制电磁干扰和浪涌电压，可根据需要安装。

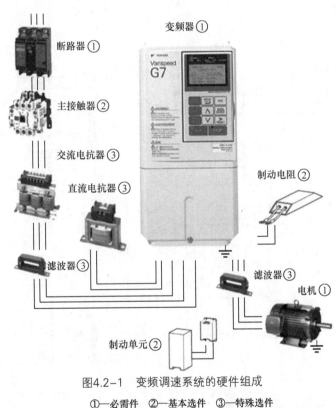

图4.2-1　变频调速系统的硬件组成

①—必需件　②—基本选件　③—特殊选件

　　为了降低价格，普通型、紧凑型变频器可能不带操作单元。因此，作为设备生产厂家或调试、维修人员，需要购买操作单元，以便进行变频器参数设定、调试与监控。节能型、高性能型变频器一般配有操作单元，无须另行选配。

2. 连接总图

　　安川 CIMR-A1000 系列变频器是 CIMR-1000 系列产品中功能最强、可使用的 I/O 信号最多的变频器，其他系列产品都是在此基础上的简化。

　　CIMR-A1000 变频器连接总图如图 4.2-2 所示。主回路、DI/DO 回路、AI/AO 回路是变频器控制必需的电路，脉冲输入/输出、安全回路、网络可根据实际需要设计。

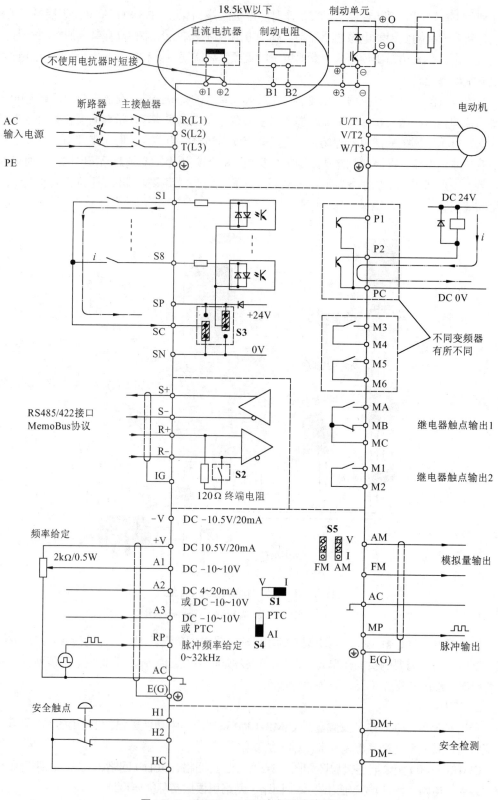

图4.2-2 CIMR-A1000变频器连接总图

变频器连接端的功能与作用说明如表 4.2-1 所示。

表 4.2-1 变频器连接端功能表

端子号	作用	功能说明
L1/L2/L3	主电源（三相）	3~AC 200V/400V，50Hz/60Hz 电源输入
U/V/W	电机连接	连接电机电枢
PE	接地端	接地端，起保护作用
B1/B2	制动电阻连接	连接外部制动电阻，不使用时短接
+1/+2	DC 电抗器连接	连接 DC 电抗器，不使用时短接
+3/−	制动单元连接	连接外置制动单元，不使用时断开
S1~S8	多功能 DI	连接 DI 信号，功能可通过参数设定
SC	DI 公共端	DI 信号的输入公共端
SP/SN	DC 24V/0V	变频器 DC 24V 输出，可作为 DI 输入驱动电源，最大 150mA
H1/H2/HC	安全触点	变频器安全电路输入
V+/V−	频率给定电压输出	DC −10.5V/10.5V 电位器给定电源，最大 20mA
A1、A2	频率给定输入 1、2	DC −10~10V 电压或 4~20mA 电流输入
A3	频率给定输入 3	DC −10~10V 电压或 PTC 输入
RP	脉冲给定输入	允许最高频率 32kHz、最大电压 13.2V
AC	参考 0V	模拟量输入/输出、脉冲输入/输出参考 0V
S+/S−/R+/R−	通信接口	符合 RS422/RS485 规范的通信接口
P1/P2/PC	多功能 DO	光耦输出，驱动能力 DC 48V/50mA，功能可设定
M1/M2/M3/M4	多功能 DO	继电器触点输出，驱动能力 AC 250V/DC 30V、1A，功能可设定
MA/MB/MC	变频器报警输出	继电器触点输出，驱动能力 AC 250V/DC 30V、1A
DM+/DM−	安全检测输出	安全电路状态输出
AM/FM	AO 输出	变频器监控信号模拟量输出
MP	脉冲输出	变频器监控信号脉冲输出，最高频率 32kHz

二、主回路设计与连接

1. 主回路设计

安川变频器的控制电源与主电源在变频器内部已连接，因此，单台变频器的主电源可与断路器直接或通过主接触器连接。

变频器主回路
设计与连接

如果若干台变频器共用短路保护断路器，原则上每台变频器都需要安装主接触器，使得各变频器的主电源能独立通断。图 4.2-3 所示是 2 台变频器共用短路保护断路器的主回路电路图，主接触器的线圈控制线路一般应串联变频器故障输出触点。

当变频器选配外置制动电阻时，为防止制动电阻发热引发事故，必须使用主接触器通断变频器主电源。制动电阻的热保护常闭输出触点应串联接入主接触器的线圈控制线路；如热保护信号为常开触点输出，那么需要通过中间继电器将其转换为常闭触点。选配外置制动电阻、热保护信号为常开触点的变频器主回路可参照图 4.2-4 所示设计。

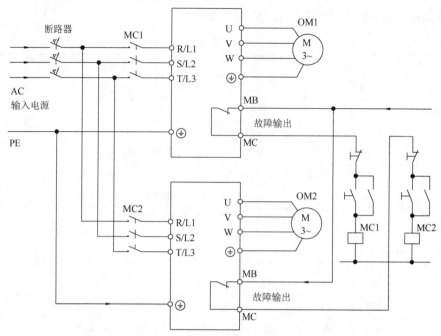

图4.2-3　共用断路器的变频器主回路

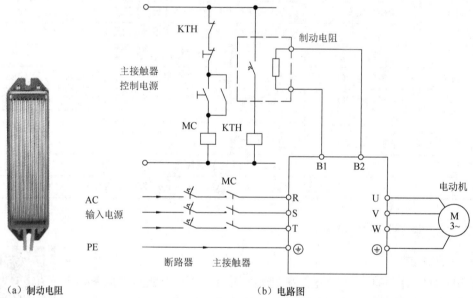

（a）制动电阻　　　　　　　　（b）电路图

图4.2-4　使用外置制动电阻的主回路

安川变频器也可直接选配标准制动单元，变频器与制动单元的连接如图 4.2-5 所示。标准制动单元内部带有直流母线电压检测电路，应将制动单元的"+"与"−"端并联到变频器的"+3"与"−"端上；同时，将制动电阻连接到制动单元的"+O"与"−O"端。安川制动单元还带有过电流检测功能，其输出端为 3/4，触点应作为变频器的故障输入信号连接到变频器的 DI 连接端；制动电阻的过热触点（常开触点）需要进行图 4.2-5 所示的转换后串联到主接触器控制电路中。

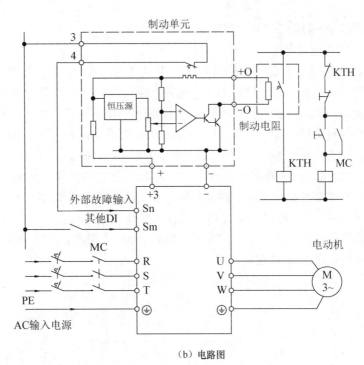

（a）外形　　　　　　　　　　　　　　　　（b）电路图

图4.2-5　制动单元的外形与电路图

选配交流电抗器、滤波器的变频器，可按图 4.2-1 的次序将交流电抗器、滤波器依次串联接入主回路。交流电抗器可直接选配安川标准产品，有关内容可参见实践指导；如果用户自行选配，电抗器电感量应根据变频器的输入容量计算后选择，有关内容可参见项目二的任务二。

2. 主回路连接

安川变频器有 AC 200V、AC 400V 两种电压等级。AC 200V 等级变频器的输入电压允许范围为 AC 170~264V，AC 400V 等级变频器的输入电压允许范围为 AC 325~528V。

主电源必须连接到变频器的电压连接端 R/L1、S/L2、T/L3 上，切不可将其错误地连接到电机输出连接端 U/T1、V/T2、W/T3。变频器对电源和电机相序无要求，电机的转向允许通过改变 U/V/W 的相序调整。

大功率变频器使用十二相整流，2 组输入的连接端分别为 R/L1、S/L2、T/L3 和 R1/L11、S1/L21、T1/L31；如不使用十二相整流功能，必须保留出厂时安装的短接片，使两组整流桥成为并联结构。

安川 30kW 以上变频器输入端并联有内部风机电源输入线 r/l1、s/l2，变频器在出厂时已安装短接片，使用时必须予以保留。

变频器的短路保护断路器、主接触器应按规定安装。变频器存在高频漏电流，进线侧如需要安装漏电保护断路器，应选择感度电流在 30mA 以上的变频器专用漏电保护断路器，或者直接选用感度电流在 200mA 以上的普通工业用漏电保护断路器。断路器、主接触器可选配普通工业用产品，其额定电流应根据变频器的输入容量计算后选择，有关内容可参见项目二的任务二。

三、控制回路设计与连接

变频器的控制回路通常包括 **DI/DO 回路、AI/AO 回路**两部分，脉冲输入/输出、安全回路、网络连接一般用于复杂控制系统。

DI 连接电路

1. DI 连接电路

DI 信号用于变频器的运行控制，其功能可通过变频器参数定义。变频器的 DI 输入端同样采用 DC 24V 光电耦合标准接口电路，电路原理与交流伺服驱动器相同。为了便于用户使用，变频器的 DI 信号连接形式不但可采用交流伺服驱动器一样的汇点输入（Sink，亦称漏形输入）连接，而且还可采用源输入（Source）连接方式，两种连接方式可通过变频器的设定端选择。

采用汇点输入连接方式的 DI 信号连接电路可参见项目二的任务三；采用源输入连接方式的电路原理如图 4.2-6 所示。源输入是由 DI 信号提供光耦驱动电源的输入连接形式，当输入触点 K 闭合时，外部电源（DC 24V）可输入触点、限流电阻、光耦、公共端 SC 与 0V 构成回路，变频器内部为 "1" 信号。在安川 CIMR-A1000 变频器上，DI 信号的 DC 24V 输入驱动电源也可由变频器的 SP 端提供。

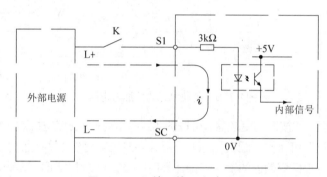

图4.2-6　源输入接口电路原理

CIMR-A1000 系列变频器对 DI 信号的输入要求及接口电路的参数如表 4.2-2 所示。

表 4.2-2　DI 信号输入要求及接口电路的参数

项目		规格
输入要求	连续工作额定	电压：DC 24V，-15%~+10%；电流：8mA
	ON/OFF 电流	ON 电流≥3.5mA/24V；OFF 电流≤1.5mA
变频器接口电路参数	响应时间	≈10ms
	连接形式	直流源输入或汇点输入
	隔离电路	双向光电耦合
	限流电阻	3kΩ

2. DO 连接电路

DO 信号用于变频器工作状态输出，其功能可通过变频器参数定义。输出形式通常有继电器触点、达林顿光耦（NPN 集电极开路型）2 种。

DO 连接电路

采用达林顿光耦输出的接口电路原理与交流伺服驱动器相同，有关内容可参见项目二的任务三。继电器触点输出的负载连接电路如图 4.2-7 所示。当继电器触点驱动感性负载时，为了抑制过电压、延长触点使用寿命，驱动直流负载时，应在负载两端并联二极管；驱动交流负载时，应在负载两端并联 RC 抑制器。

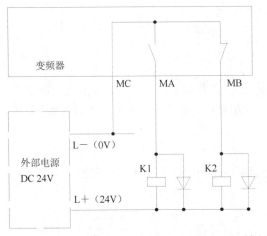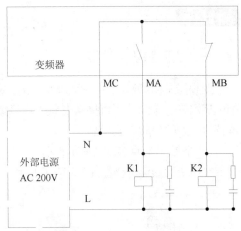

图4.2-7 触点输出负载连接电路

触点输出 DO 信号不仅可连接直流负载，而且也能连接交流负载，其驱动能力通常可达 AC 250V/DC 30V、1A。继电器触点在高频工作或需要承受冲击电流时，其寿命将显著降低，因此一般不直接用于电磁阀、制动器等大电流负载驱动；此外，由于存在接触电阻，触点输出也不宜用于 DC 12V/10mA 以下的低压小电流负载驱动。

CIMR-A1000 系列变频器的 DO 信号输出规格如表 4.2-3 所示。

表 4.2-3 CIMR-A1000 系列变频器的 DO 信号输出规格

项目	继电器输出	光耦集电极开路输出
最大输出电压	AC 250V 或 DC 30V	DC 48V
最大输出电流	1A	50mA
最小输出负载	10mA/DC 5V	2mA/DC 5V
输出响应时间	≈10ms	≤0.2ms
输出隔离电路	触点机械式隔离	光电耦合隔离

3. AI/AO 连接

（1）AI 连接

变频器的模拟量输入（AI）信号可用于变频器参数的连续调节，它既可用作频率给定输入，也可用作频率调整输入、PID 调节或反馈输入、转矩给定或转矩极限输入、失速防止电流输入等。当 AI 信号用作频率给定输入时，称为"主速"输入。

变频器一般有 1~3 个 AI 输入连接端，连接端功能可通过变频器参数定义。AI 信号可为 DC –10~10V 电压，也可为 4~20mA（或 0~20mA）电流。为了方便使用，采用 DC –10~10V 电压输入的 AI 信号也可用电位器调节的形式输入，电位器电源可由变频器提供。安川变频器的 AI 信号连接电路与要求可以参见连接总图。

（2）AO 连接

变频器的模拟量输出（AO）信号通常用于频率（转速）、电流（转矩）等参数的监控，其功能可通过变频器参数设定。变频器一般有 1~2 个 AO 输出连接端，输出信号为 DC 0~10V 模拟电压。AO 信号连接电路与要求可参见连接总图。

实践指导

一、主回路器件选择

变频器主回路选配件包括制动电阻（或制动单元）、交流电抗器、直流电抗器、滤波器、零相电抗器等。选配件可直接从变频生产厂家购买，也可使用其他厂家生产的、参数与生产厂家推荐值一致的优质工业用品。

1. 外置制动电阻与制动单元

安川变频器可选择图 4.2-8 所示的生产厂家配套提供的制动电阻或制动单元之一。

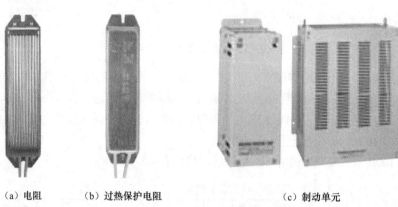

（a）电阻　　　（b）过热保护电阻　　　　　（c）制动单元

图4.2-8　制动电阻与制动单元

安川公司配套的外置制动电阻可选择普通电阻（ERF-150W 系列）或带过热保护电阻（CF120-B579 系列），制动单元可选配 LKEB 系列。电机功率大于 7.5kW 的变频器原则上应选配制动单元。

安川 CIMR-A1000 系列、400V 等级不同容量的变频器可选配的制动电阻、制动单元规格如表 4.2-4 所示。

表 4.2-4　CIMR-A1000 系列变频器外置制动电阻、制动单元规格

变频器型号	电机功率（ND 负载，kW）	制动电阻规格		安川配套制动单元	
		阻值（Ω）	功率（W）	型号（规格）	数量
CIMR-AB4A0002	0.75	750	70	LKEB-40P7（750Ω/70W）	1
CIMR-AB4A0004	1.5	400	260	LKEB-41P5（400Ω/260W）	1
CIMR-AB4A0005	2.2	300	260	LKEB-42P2（300Ω/260W）	1
CIMR-AB4A0007	3	250	260	LKEB-42P2（250Ω/260W）	1
CIMR-AB4A0009	3.7	150	390	LKEB-43P7（150Ω/390W）	1
CIMR-AB4A0011	5.5	100	520	LKEB-45P5（100Ω/520W）	1
CIMR-AB4A0018	7.5	—	—	LKEB-47P5（75Ω/780W）	1
CIMR-AB4A0023	11	—	—	LKEB-4011（50Ω/1040W）	1
CIMR-AB4A0031	15	—	—	LKEB-4015（40Ω/1560W）	1
CIMR-AB4A0038	18.5	—	—	LKEB-4018（32Ω/4800W）	1
CIMR-AB4A0044	22	—	—	LKEB-4022（27.2Ω/4800W）	1

续表

变频器型号	电机功率（ND负载，kW）	制动电阻规格		安川配套制动单元	
		阻值（Ω）	功率（W）	型号（规格）	数量
CIMR-AB4A0058	30	—	—	LKEB-4030（20Ω/6000W）	1
CIMR-AB4A0072	37	—	—	LKEB-4037（16Ω/9600W）	1
CIMR-AB4A0088	45	—	—	LKEB-4045（13.6Ω/9600W）	1
CIMR-AB4A0103	55	—	—	LKEB-4045（13.6Ω/9600W）	1
CIMR-AB4A0139	75	—	—	LKEB-4030（20Ω/6000W）	2
CIMR-AB4A0165	90	—	—	LKEB-4045（13.6Ω/9600W）	2
CIMR-AB4A0208	110	—	—	LKEB-4030（20Ω/6000W）	3
CIMR-AB4A0250	132	—	—	LKEB-4045（13.6Ω/9600W）	4
CIMR-AB4A0296	160	—	—	LKEB-4045（13.6Ω/9600W）	4
CIMR-AB4A0362	185	—	—	LKEB-4045（13.6Ω/9600W）	4
CIMR-AB4A0414	220	—	—	LKEB-4045（13.6Ω/9600W）	5
CIMR-AB4A0515	250	—	—	LKEB-4037（16Ω/9600W）	5
CIMR-AB4A0675	355	—	—	LKEB-4045（13.6Ω/9600W）	8

2. 交、直流电抗器

交、直流电抗器主要用来抑制高次谐波和浪涌电流，提高功率因数。安川 AC200V/3.7kW、AC 400V/7.5kW 及以上规格的变频器可安装交流电抗器；18.5kW 及以下的变频器可安装直流电抗器，超过 18.5kW 的变频器已将直流电抗器作为基本部件安装，无须另行选用。

交、直流电抗器的外形及连接如图 4.2-9 所示。交流电抗器应串接在变频器的主电源输入端；直流电抗器应串接在直流母线连接端+1/+2 上，连接时应拆除连接端+1/+2 的短接片。

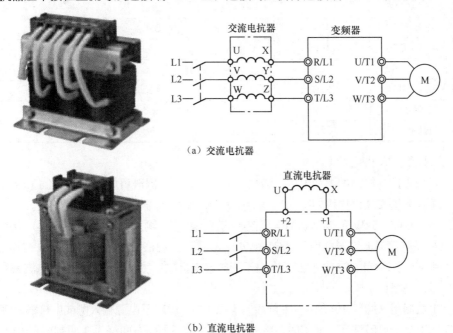

（a）交流电抗器

（b）直流电抗器

图4.2-9 交、直流电抗器的外形及连接

安川 CIMR-A1000 系列、400V 等级不同容量的变频器可选配的交、直流电抗器规格如表 4.2-5 所示。

表 4.2-5　CIMR-A1000 系列变频器交、直流电抗器规格

变频器型号	电机功率（ND 负载，kW）	交流电抗器规格		直流电抗器规格	
		电感（mH）	电流（A）	电感（mH）	电流（A）
CIMR-AB4A0002	0.75	—	—	28	3.2
CIMR-AB4A0004	1.5	—	—	11	5.7
CIMR-AB4A0005	2.2	—	—	11	5.7
CIMR-AB4A0007	3	—	—	6.3	12
CIMR-AB4A0009	3.7	—	—	6.3	12
CIMR-AB4A0011	5.5	—	—	3.8	23
CIMR-AB4A0018	7.5	1.06	20	3.8	23
CIMR-AB4A0023	11	0.7	30	1.9	33
CIMR-AB4A0031	15	0.53	40	1.9	33
CIMR-AB4A0038	18.5	0.42	50	1.3	47
CIMR-AB4A0044	22	0.36	60	—	—
CIMR-AB4A0058	30	0.26	80	—	—
CIMR-AB4A0072	37	0.24	90	—	—
CIMR-AB4A0088	45	0.18	120	—	—
CIMR-AB4A0103	55	0.15	150	—	—
CIMR-AB4A0139	75	0.11	200	—	—
CIMR-AB4A0165	90	0.09	250	—	—
CIMR-AB4A0208	110	0.09	250	—	—
CIMR-AB4A0250	132	0.06	330	—	—
CIMR-AB4A0296	160	0.06	330	—	—
CIMR-AB4A0362	185	0.04	490	—	—
CIMR-AB4A0414	220	0.04	490	—	—
CIMR-AB4A0515	250	0.03	660	—	—
CIMR-AB4A0675	355	0.03	660	—	—

3. 滤波器、零相电抗器

滤波器用来抑制线路的浪涌电压、减小电磁干扰。滤波器既可如图 4.2-10（a）所示，在变频器的电源输入侧安装；也可如图 4.2-10（b）所示，在变频器的电机输出侧安装。

用于 AC400V/7.5kW 及以下规格电机控制的变频器，其输入滤波器可采用图 4.2-10（a）所示的 LNFD 系列简易滤波器；用于 AC400V/11kW 及以上规格电机控制的变频器，输入滤波器一般应采用 FN 系列标准 EMC 滤波器。由于变频器电机输出侧与电源输入侧的电流频率不同，故产品型号、规格也不同。

零相电抗器用来抑制 10MHz 以下频段的电磁干扰，可用于电源输入侧或电机输出侧。零相电抗器实质上是一只磁性环，使用时，将三相导线在磁环上同方向绕 3~4 匝制成小电感，就可起到抑制 10MHz 以下频段共模干扰的作用，如图 4.2-11 所示。

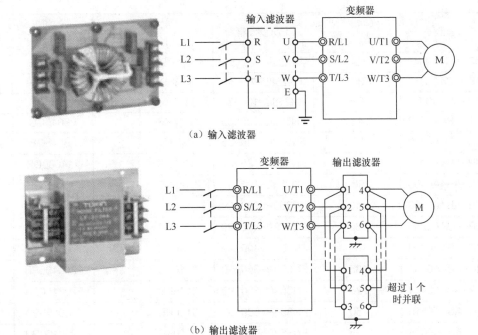

（a）输入滤波器

（b）输出滤波器

图4.2-10　滤波器外形及连接

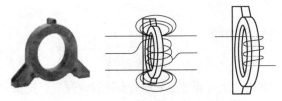

图4.2-11　零相电抗器的外形及连接

安川 CIMR-A1000 系列、400V 等级不同容量的变频器可选配的滤波器、零相电抗器规格如表 4.2-6 所示。

表 4.2-6　CIMR-A1000 系列变频器滤波器、零相电抗器规格

变频器型号	电机功率（ND 负载，kW）	输入滤波器	输出滤波器		零相电抗器	
			型号 LF-	数量	型号	数量
CIMR-AB4A0002	0.75	LNFD-4053DY	310KB	1	F6045GB	1
CIMR-AB4A0004	1.5	LNFD-4103DY	310KB	1	F6045GB	1
CIMR-AB4A0005	2.2	LNFD-4103DY	310KB	1	F6045GB	1
CIMR-AB4A0007	3	LNFD-4153DY	310KB	1	F6045GB	1
CIMR-AB4A0009	3.7	LNFD-4153DY	310KB	1	F6045GB	1
CIMR-AB4A0011	5.5	LNFD-4203DY	320KB	1	F6045GB	1
CIMR-AB4A0018	7.5	LNFD-4303DY	320KB	1	F6045GB	1
CIMR-AB4A0023	11	FN258L-42-07	335KB	1	F6045GB	1
CIMR-AB4A0031	15	FN258L-55-07	335KB	1	F6045GB	4
CIMR-AB4A0038	18.5	FN258L-55-07	345KB	1	F6045GB	4

续表

变频器型号	电机功率（ND 负载，kW）	输入滤波器	输出滤波器		零相电抗器	
			型号 LF-	数量	型号	数量
CIMR-AB4A0044	22	FN258L-75-34	375KB	1	F6045GB	4
CIMR-AB4A0058	30	FN258L-75-34	375KB	1	F6045GB	4
CIMR-AB4A0072	37	FN258L-100-35	3110KB	1	F6045GB	4
CIMR-AB4A0088	45	FN258L-100-35	3110KB	1	F6045GB	4
CIMR-AB4A0103	55	FN258L-130-35	375KB	2[注1]	F6045GB	4
CIMR-AB4A0139	75	FN258L-180-07	3110KB	2[注1]	F11080GB	4
CIMR-AB4A0165	90	FN258L-180-07	3110KB	2[注1]	F11080GB	4
CIMR-AB4A0208	110	FN359P-330-99	3110KB	3[注1]	F11080GB	4
CIMR-AB4A0250	132	FN359P-400-99	3110KB	3[注1]	F11080GB	4
CIMR-AB4A0296	160	FN359P-400-99	3110KB	4[注1]	F11080GB	4
CIMR-AB4A0362	185	FN359P-500-99	3110KB	4[注1]	F200160PB	4
CIMR-AB4A0414	220	FN359P-600-99	3110KB	5[注1]	F200160PB	4
CIMR-AB4A0515	250	FN359P-600-99	3110KB	6[注1]	F200160PB	4
CIMR-AB4A0675	355	FN359P-900-99	3110KB	8[注1]	F200160PB	4

注 1：并联安装。

二、常用DI/DO信号及功能

1. 常用 DI 信号

变频器 DI 信号连接端的功能可通过变频器的参数设定改变。安川 CIMR-A1000 系列变频器出厂默认的 DI 连接端功能如表 4.2-7 所示。

表 4.2-7　CIMR-A1000 系列变频器默认的 DI 连接端功能

输入端	2 线制默认设定		3 线制默认设定	
	信号名称	功能代号	信号名称	功能代号
S1	正转控制	40	启动输入	40
S2	反转控制	41	停止输入	41
S3	外部故障输入	24	外部故障输入	24
S4	故障复位	14	故障复位	14
S5	多级变速选择 1	3	转向（3 线制选择）	0
S6	多级变速选择 2	4	多级变速速度选择 1	3
S7	JOG 方式选择	6	多级变速速度选择 2	4
S8	输出停止	8	JOG 方式选择	6

CIMR-A1000 系列变频器常用的 DI 信号说明如下。

（1）正反转

电机正、反转及启动、停止是变频器最基本的控制信号，必须分配相应的 DI 点。安川变频器的正反转信号连接端不能通过参数改变，但是，可通过变频器的初始化操作选择"2 线制"与"3 线制"两种控制方式。

"2 线制"控制是利用正转、反转 2 个 DI 信号来指定转向、控制启停的控制方式，DI 信号的状态必须能保持。CIMR-A1000 系列变频器采用"2 线制"控制时，DI 信号的连接和作用如图 4.2-12 所示。

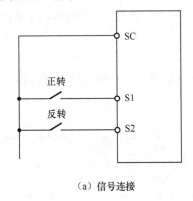

（a）信号连接

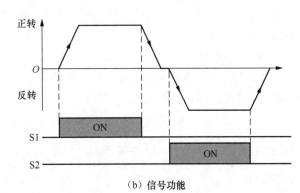

（b）信号功能

图4.2-12 "2线制"控制

"3 线制"是通过转向信号及启动、停止信号控制变频器正反转、启停的控制方式，转向信号的状态必须能保持。CIMR-A1000 系列变频器采用"3 线制"控制时，DI 信号的连接和作用如图 4.2-13 所示。

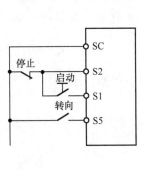

（a）信号连接

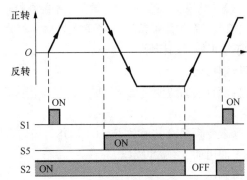

（b）信号功能

图4.2-13 "3线制"控制

（2）外部故障输入

信号用于外部控制装置互锁。当控制系统出现故障，需要变频器停止运行时，可通过故障输入信号强制变频器停止运行。

（3）故障复位

信号用于变频器复位与报警清除，DI 信号与关闭变频器电源、操作单元的【RESET】键具有同样的功能。如变频器运行过程中发生报警，排除故障后，可通过此信号清除故障，使变频器恢复正常运行。

（4）输出关闭

信号用于逆变功率管的基极封锁，信号 ON 时变频器的逆变功率管强制关闭，被控制的电机将进入自由状态。输出关闭与正常运行停止的区别在于：电机正常运行停止时，变频器的输出频率按照规定的要求下降，电机转速跟随频率变化、减速停止，在整个停止过程中电机始终具有动力（输出转矩）；而逆变管关闭则相当于断开了电机电枢，电机将在负载的作用下自由停车。

（5）急停

信号用于电机的紧急停止，变频器急停时将以允许的最大输出电流、以最短的时间控制电机快速停止。急停信号输入时，变频器的所有操作都将被中止；急停取消后，变频器需要重新启动才能恢复运行。

2. 常用 DO 信号

变频器 DO 信号连接端的功能可通过变频器的参数设定改变。安川 CIMR-A1000 变频器出厂默认的 DO 连接端功能如表 4.2-8 所示。

表 4.2-8　CIMR-A1000 变频器默认的 DO 连接端功能

DO 连接端	默认 DI 信号名称	默认功能说明
MA/MB/MC	变频器报警	MC 为公共端，MA、MB 为常开、常闭触点输出
M1/M2	变频器运行	ON：变频器运行；OFF：输出关闭

CIMR-A1000 变频器常用的 DO 信号说明如下。

（1）变频器报警

变频器报警信号表示变频器发生故障，不能继续运行。变频器报警为带公共端（MC）的一对常开/常闭触点，变频器报警时，常开触点 MA 与公共端 MC 接通、常闭触点 MB 与公共端 MC 断开；正常工作时则相反。

（2）变频器运行

一般只要变频器的逆变管正常开放，即使输出频率为 0，变频器运行信号总是为 ON 状态。

（3）零速

零速信号在变频器输出频率接近 0 时 ON，该信号常用作电机停止检查信号。输出频率为 0 的检测范围一般可通过参数设定。

（4）频率到达

频率到达信号在变频器输出频率到达给定频率的允差范围时输出 ON，该信号常用作电机加减速过程结束检测信号。

三、CIMR-A1000变频器设定

1. 设定端及功能

工业控制装置的控制板的硬件线路更改，一般都通过设定端安装设定片、安装微型转换开关等方式实现。设定端实际上就是印制板特定线路的引出端，设定片是一个插接式的短接片。设定端安装设定片后，相当于连接了印制板的线路；取下设定片，就相当于断开线路。微型转换开关则可通过改变开关位置，实现印制板线路的连接转换。

CIMR-A1000 系列变频器的设定端与转换开关，可用于 DI 连接端源输入/汇点输入连接方式转换和 AI/AO 连接端的模拟电压/电流、模拟电压/PTC（热敏电阻）转换。设定端与转换开关的功能如表 4.2-9 所示，安装位置如图 4.2-14 所示。

表 4.2-9 CIMR-A1000 变频器设定端与转换开关功能

代号	类别	作用与功能
S1	转换开关	AI 输入端 A2 电压/电流输入转换，V：DC −10~10V 电压；I：4~20mA 电流
S2	转换开关	RS485 接口终端电阻设定，ON：RS485 总线终端、电阻接入；OFF：无效
S3	设定端	DI 连接端源输入/汇点输入连接方式转换，见下文
S4	转换开关	AI 输入端 A3 电压/PTC 输入转换，AI：DC −10~10V 电压；PTC：热敏电阻
S5	设定端	FM、AM 连接端电压/电流输出转换，V：DC −10~10V 电压；I：4~20mA 电流

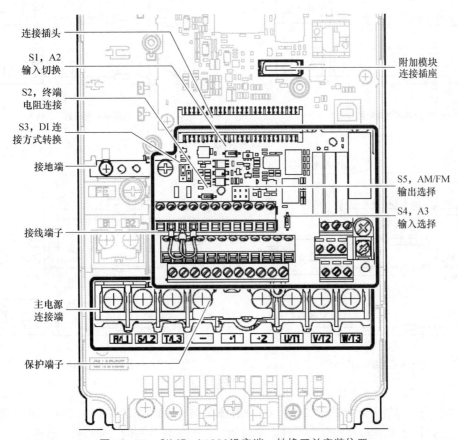

图4.2-14 CIMR-A1000设定端、转换开关安装位置

2. DI 连接端设定

CIMR-A1000 系列变频器的设定端 S3 用于 DI 连接端汇点输入（SINK）和源输入（SOURCE）连接方式的转换，设定端共用 6 个引出脚，可进行多种形式的短接片安装。

设定端 S3 常用的设定有图 4.2-15 所示的 4 种。当短接片按图 4.2-15（a）、图 4.2-15（b）所示安装时，DI 连接端的电流都是从变频器流向外部的，故为汇点输入的 DI 信号连接；当短接片按图 4.2-15（c）、图 4.2-15（d）安装时，DI 连接端的电流都是从外部流入变频器，故为源输入的 DI 信号连接。

例如，当 S3 的短接片按图 4.2-15（a）所示安装时，变频器内部的 DC 24V 电源可通过右下方的短接片与输入光耦公共线连接，变频器内部的 DC 0V 则可通过左上方的短接片与 DI 信号公共线连接端 SC 连接。这样，只要 DI 触点闭合，变频器内部的 DC 24V 便可通过光耦、限流电阻、DI 触点、公共线连接端 SC、变频器 DC 0V 构成回路。因此，这是一种利用变频器内部电源驱动的标准汇点输入连接方式。

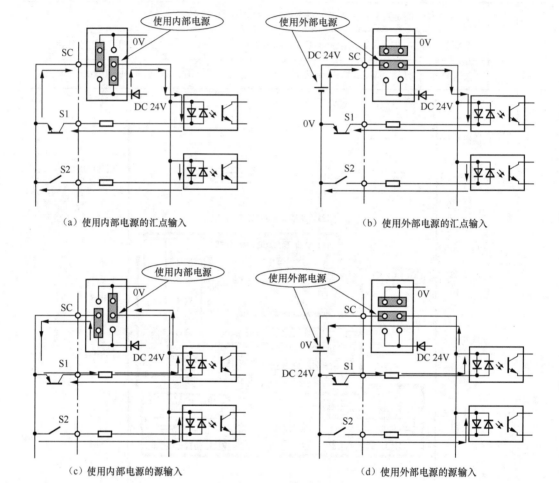

（a）使用内部电源的汇点输入　　　　　　　　　　　（b）使用外部电源的汇点输入

（c）使用内部电源的源输入　　　　　　　　　　　（d）使用外部电源的源输入

图4.2-15　DI连接与设定

再如，当 S3 的短接片按图 4.2-15（b）所示安装时，变频器内部的 DC 24V、0V 均断开，外部电源的 DC 24V 需要连接到公共线连接端 SC，利用短接片与输入光耦公共线连接；外部电源的 0V 需要连接到 DI 公共线。这样，只要 DI 触点闭合，外部 DC 24V 便可通过光耦、限流电阻、DI 触点、DI 公共线、外部电源 DC 0V 构成回路。因此，这是一种利用外部电源驱动的汇点输入连接方式。

拓展提高

一、脉冲输入/输出连接

安川 CIMR-A1000 变频器带有脉冲信号输入/输出（PI/PO）接口，可接收外部脉冲输入信号，或将变频器的频率、电流等参数以脉冲的形式输出。脉冲输入/输出回路的设计和连接要求简介如下。

1. PI/PO 规格

（1）PI 规格

安川 CIMR-A1000 系列变频器的脉冲输入端为 RP，该输入端可用于频率给定、PID 给定、速度反馈等信号的脉冲形式输入，脉冲输入信号的功能可通过变频器参数定义。

采用 RP 脉冲输入时，可通过改变脉冲频率来改变输入量，其输入分辨率高于模拟量输入。变频器的脉冲输入要求如下。

① 输入连接端：RP/AC，RP 连接脉冲输入，AC 为 0V。

② 接口电路输入阻抗：3kΩ。

③ 输入频率范围：0~32kHz。

④ 脉冲占空比：30%~70%。

⑤ 高电平输入：DC 3.5~13.2V。

⑥ 低电平输入：DC 0~0.8V。

（2）PO 规格

安川 CIMR-A1000 变频器的脉冲输出端为 MP，该输出端可用于变频器频率、电流等参数的脉冲形式输出，脉冲输出信号的功能可通过变频器参数定义。

采用 MP 脉冲输出时，以输出脉冲频率来表示参数值，其输出分辨率同样高于模拟量输出。变频器的脉冲输出规格如下。

① 输出形式：NPN 集电极开路。

② 输出电压：DC 12V。

③ 最大输出电流：16mA。

④ 输出阻抗：2.2 kΩ。

2. PI/PO 连接电路设计

变频器的脉冲输入/输出（RP/MP）的接口电路，可参照图 4.2-16 所示设计，图 4.2-16 为变频器 MP 输出脉冲的连接电路图。对于变频器的 RP 端脉冲输入，图中的接收方（外部控制器）应为变频器，光耦的输入限流电阻为 3kΩ；而图中的发送方（变频器输出）应为外部控制器。

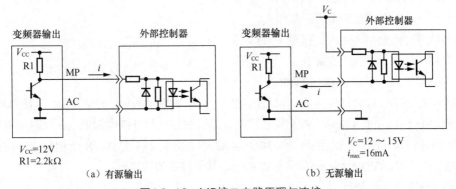

图4.2-16 MP接口电路原理与连接

发送方（外部控制器或变频器）的脉冲输出可为有源或无源脉冲。发送方为有源脉冲输出时，接收方（外部控制器或变频器）的连接电路如图 4.2-16（a）所示，光耦输入的驱动电源由发送方提供，电源电压 V_C 一般为 DC 12V。发送方为无源脉冲输出时，接收方（外部控制器或变频器）的连接电路如图 4.2-16（b）所示，光耦输入的驱动电源由接收方提供，电源电压 V_C 一般为 DC 12~24V。

二、闭环控制系统连接

安川 CIMR-A1000 变频器可通过编码器接口模块（内置选件）连接外部速度检测编码器，构成闭环速度控制系统。

编码器的连接模块可直接安装在变频器上。根据编码器类型，变频器可选用不同的接口模块，其连接线路有所不同。安川变频器通常选择两相集电极开路输入接口模块 PG-B2 或两/三相通用线驱动差分输出接口模块 PG-X2、PG-X3 编码器连接模块。

1. PG-B2 模块连接

PG-B2 模块可连接两相集电极开路输出的脉冲编码器，连接电路如图 4.2-17 所示。

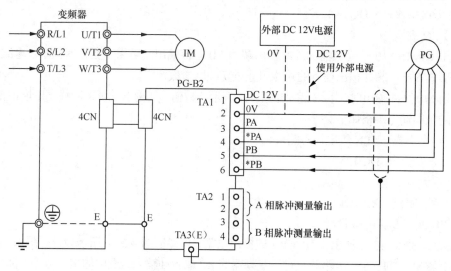

图4.2-17　PG-B2模块连接

PG-B2 接口模块对编码器输入信号的要求如下。

信号形式：A/B 两相集电极开路输入。

信号电平：高电平 8~12V；低电平 ≤1V。

最高输入频率：不大于 32kHz。

信号驱动能力：不小于 DC 12V/30mA。

对于电源为 DC 12V 的编码器，可直接使用接口模块提供的 DC 12V 电源，但是编码器的最大负载电流不能超过 200mA。对于其他情况，编码器应使用外部电源供电，此时应将外部电源的 0V 与接口模块的 0V 端连接。接口模块 TA2 的连接端 1~4 为 A、B 两相脉冲的输出端，其驱动能力为 DC 24V/30mA，该信号可供系统的其他控制器使用。

2. PG-X2/X3 模块连接

PG-X2/X3 模块可以连接两相或三相线驱动差分输出的脉冲编码器，其连接电路如图 4.2-18 所示。当不使用零位脉冲时，不需要连接 TA1 的连接端 8/9。

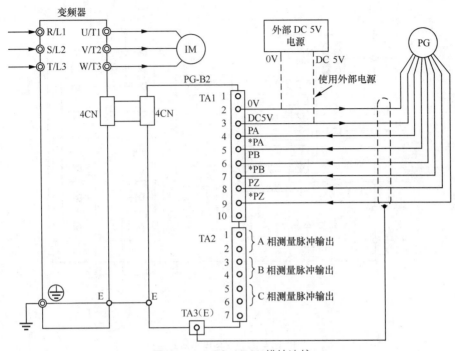

图4.2-18 PG-X2/X3模块连接

PG-X2/X3 接口模块对编码器的输入信号要求如下。

输入信号：A/B 两相或 A/B/Z 三相线驱动差分输入。

信号电平：空载高电平绝对值不大于 6V；带负载时的低电平绝对值不小于 2V。

最高输入频率：不大于 300kHz。

信号驱动能力：不小于 DC 5V/30mA。

三、安全电路设计与连接

1. 电路原理

根据 EN60204-1 等标准的规定，用于机械设备紧急分断的电路，必须使用"冗余"控制的安全电路，以便在某一器件故障时，仍能够快速、可靠地控制设备停止。

CIMR-A1000 变频器的安全电路是按 IEC/EN 61508 标准要求、利用安全触点输入、直接实现变频器逆变管硬件基极封锁（Hardware Base Blocking，HWBB）的控制电路，其原理如图 4.2-19 所示。

变频器安全电路采用了"冗余"控制技术。连接端 H1、H2 用来连接外部并联、双常闭安全输入触点，内部的基极封锁采用串联"冗余"电路控制。只要任意一个安全输入触点断开，变频器逆变管都将被快速封锁，电机立即停止运行。

安全电路的输出信号 DM 为安全电路的工作状态输出。如 H1、H2 触点同时断开、硬件基极封锁电路同时动作，DM 输出为 OFF，表明安全回路已工作正常；只要硬件基极封锁电路有一个未动作，DM 输出 ON 状态，表明安全回路未动作或存在故障。

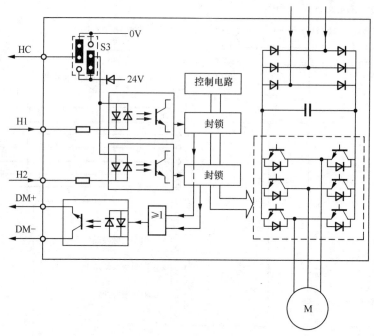

图4.2-19 安全电路原理

2. 电路设计与连接

CIMR-A1000 变频器对安全输入触点的要求与其他 DI 信号相同，DI 输入连接方式同样可通过设定端 S3 选择。安全检测信号 DM 为达林顿光耦输出，驱动能力为 DC 30V/50mA。如变频器不使用安全保护功能，可保留 H1、H2 和 HC 上的短接端。

简单机械可直接使用图 4.2-20 所示的安全电路，输入连接端 H1、H2 可连接并联双常闭急停按钮输入。

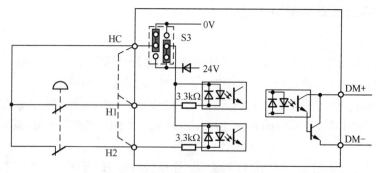

图4.2-20 简单机械安全电路

复杂机械的安全电路可使用标准的安全接触器组合装置，如 OMRON 公司的 G9SX-BC 系列、PILZ 公司的 P2HZX 系列、SIEMENS 公司的 3TK2834 系列、ELAN 公司的 SRB-NAS5 系列等标准产品。例如，利用 OMRON 的 G9SX-BC202 安全接触器组合装置和行程开关，实现超程紧急分断的安全电路，如图 4.2-21 所示。其他公司产品的电路类似。

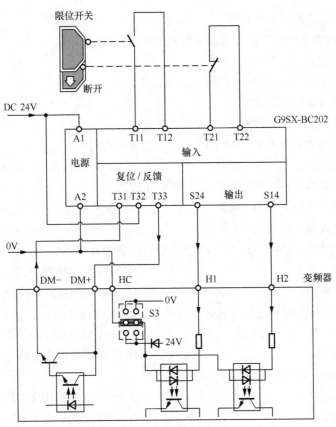

图4.2-21 安全电路连接图

技能训练

通过任务学习，完成以下练习。

一、不定项选择题

1. 变频器主回路安装接触器的目的是......（　　）

    A. 控制电机启停　　B. 通断主电源　　　　C. 短路保护　　　　D. 通断控制电源

2. 变频器主回路安装交流电抗器的目的是......（　　）

    A. 抑制浪涌电压　　B. 抑制浪涌电流　　　C. 抑制高次谐波　　D. 抑制电磁干扰

3. 变频器主回路安装滤波器的目的是......（　　）

    A. 抑制浪涌电压　　B. 抑制浪涌电流　　　C. 抑制高次谐波　　D. 抑制电磁干扰

4. 变频器主回路安装零相电抗器的目的是......（　　）

    A. 抑制浪涌电压　　B. 抑制浪涌电流　　　C. 抑制高次谐波　　D. 抑制电磁干扰

5. 对需要安装直流电抗器的 CIMR-A1000，以下理解正确的是......（　　）

    A. 所有规格都需要用户安装　　　　　　　B. 超过 18.5kW（含）需要用户安装

    C. 所有规格都不需要用户安装　　　　　　D. 小于 18.5kW 需要用户安装

6. 以下必须主回路安装主接触器的是......（　　）

    A. 安装外置制动电阻时　　　　　　　　　B. 任何系统都必须安装

C. 多台变频器共用断路器时   D. 大功率变频器

7. 以下对 CIMR-A1000 变频器滤波器安装理解正确的是……………………………………（　　）

    A. 多个滤波器应并联连接

    B. 大于 11kW（含）时输入宜配 EMC 滤波器

    C. 多个滤波器应串联连接

    D. 小于 7.5kW（含）时输入应配 EMC 滤波器

8. CIMR-A1000 变频器的 DI 连接端可使用的连接方式为……………………………………（　　）

    A. DC 汇点输入   B. DC 源输入   C. AC 汇点输入   D. AC 源输入

9. 以下对 CIMR-A1000 变频器 DI 连接理解正确的是………………………………………（　　）

    A. 汇点输入必须使用内部电源   B. 源输入必须使用外部电源

    C. 汇点输入可以使用外部电源   D. 源输入可以使用内部电源

10. DI 连接端选择汇点输入连接方式时可直接连接的 DI 信号是………………………………（　　）

    A. 按钮或开关   B. NPN 集电极开路输出接近开关

    C. 继电器触点   D. PNP 集电极开路输出接近开关

11. DI 连接端选择源输入连接方式时可直接连接的 DI 信号是………………………………（　　）

    A. 按钮或开关   B. NPN 集电极开路输出接近开关

    C. 继电器触点   D. PNP 集电极开路输出接近开关

12. CIMR-A1000 变频器的 DO 信号输出形式有…………………………………………………（　　）

    A. 继电器接点触点   B. PNP 光耦集电极开路

    C. 直流电压输出   D. NPN 光耦集电极开路

13. 以下可用 CIMR-A1000 变频器的继电器输出驱动的负载是………………………………（　　）

    A. DC 30V/1°   B. AC 220V/1°   C. DC 5V/5mA   D. AC 5V/8mA

14. 以下可用 CIMR-A1000 变频器的光耦输出驱动的负载是………………………………（　　）

    A. DC 48V/50mA   B. AC 24V/50mA   C. DC 5V/1.5mA   D. AC 24V/1mA

15. 以下可用作 CIMR-A1000 变频器频率给定输入的是………………………………………（　　）

    A. DC 0~10V   B. DC –10~10V   C. DC 0~20mA   D. DC 4~20mA

16. CIMR-A1000 变频器监控输出可采用的形式是………………………………………………（　　）

    A. DC 0~10V   B. DC –10~10V   C. DC 0~20mA   D. 32kHz 以下脉冲

17. 以下对 CIMR-A1000 变频器默认的正反转信号理解正确的是……………………………（　　）

    A. 默认为 2 线制控制   B. DI 连接端可通过参数改变

    C. 正反转信号状态需要保持   D. 正反转同时 ON 时电机停止

18. 以下对 CIMR-A1000 变频器 3 线制控制理解正确的是………………………………………（　　）

    A. 需要通过初始化操作设定   B. DI 连接端可通过参数改变

    C. 正反转信号状态需要保持   D. 启/停同时 ON 时电机停止

19. 采用 2 线制控制的变频器，以下 DI 连接端中必须连接的是………………………………（　　）

    A. S1   B. S2   C. S5   D. AI 输入

20. 采用 3 线制控制的变频器，以下 DI 连接端中必须连接的是………………………………（　　）

    A. S1   B. S2   C. S5   D. AI 输入

二、简答题

1. 简述变频器主回路配套件及作用。

2. 根据接口电路原理，分析比较汇点输入、源输入连接方式的主要优缺点。

3. 根据器件特性，分析比较继电器触点输出、光耦输出的优缺点。

三、综合题

假设某机电设备需要采用 CIMR-AB4A0018 变频器控制调速，变频器的频率给定为 DC 0~10V 电压，正反转控制信号为继电器触点，要求变频器配套断路器、主接触器、交/直流电抗器、输入/输出滤波器、外置制动电阻、零相电抗器，试完成下列要求。

1. 说出该变频器的输入电压、额定输出电压、额定输出电流、可控制电机功率、最高输出频率。

2. 画出包含主回路、频率给定、正反转控制的变频器电路草图。

3. 通过计算选择断路器、主接触器额定电流。

4. 确定安川配套的交/直流电抗器、输入/输出滤波器、外置制动电阻、零相电抗器型号与规格。

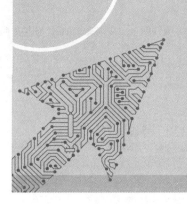

▷ 项目五 ◁
变频器调试与维修

••• **任务一 掌握变频器功能与参数** •••

知识目标

1. 熟悉变频控制、变频器运行控制的基本方式及要求。
2. 掌握变频器基本参数的设定方法。
3. 掌握输出频率、给定输入、加减速与停止、DI/DO 功能定义参数的设定方法。
4. 了解点动运行、远程调速、转差补偿、频率偏差控制的基本方法。
5. 了解 PID 变频调速系统的一般概念。

能力目标

1. 能够根据控制要求，准确选择变频控制方式。
2. 能够设定变频器基本参数。
3. 能够设定输出频率、给定输入、加减速与停止参数。
4. 能够进行 DI/DO 信号功能定义。

基础学习

一、变频控制与运行控制

1. 变频控制

变频器通常是兼容几种变频控制方式的调速装置，先进的变频器常用的变频控制方式总体分为 *V/f* 控制、矢量控制 2 种。采用不同的变频控制方式可得到不同的调速特性，因此，使用变频器时，应根据调速系统的负载特性、调速范围与精度等要求，确定变频器使用的变频控制方式。

变频控制与运行控制

（1）*V/f* 控制

V/f 控制为所有变频器都具备的常用控制方式。这是一种忽略定子电阻等因素影响，根据电机稳态运行特性所得出的控制方案，其控制原理可参见项目一。

V/f 控制的优点是通用性强，它可用于各种电机的控制，负载波动对速度的影响较小，且能用于 1：*n* 控制。但是，*V/f* 控制的调速范围较小、速度响应性能较差，因此多用于风机、水泵等一般负载或对低速稳定性有较高要求的系统控制。

V/f 控制时，变频器的输出电压与频率之比保持不变，对于纯电感电路，其感抗 ωL 与频率成正比，因此，这样的控制可保持电路电流恒定。但是，实际感应电机的等效电路具有 RL 电路特性，电路的电流为

$$I \propto \frac{U}{\sqrt{R^2 + \left(\omega L\right)^2}}$$

因此，对于高频工作，电路感抗 $\omega L = 2\pi f \cdot L >> R$，采用 V/f 控制可基本保持变频器输出电流（电机转矩）不变。但是，在低频工作时，随着 ωL 的降低，R 的比重将加大，此时，如果变频器输出电压仍随频率同比下降，将导致输出电流（电机转矩）的大幅度下降。因此，需要通过图 5.1-1 所示的 V/f 特性来提高输出电压、补偿电阻压降，以提高低频输出电流（电机转矩）。

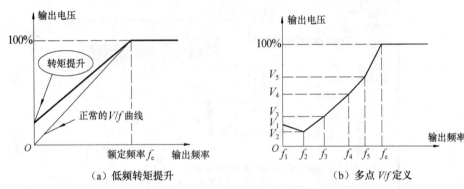

（a）低频转矩提升　　　　　　（b）多点 V/f 定义

图5.1-1　变频器的 V/f 特性调整

利用图 5.1-1（a）所示特性控制时，可通过变频器参数的设定规定输出频率为 0 时的输出电压值，使 V/f 控制特性的起始点上移，以提升低频转矩，这一功能称为变频器的低频转矩提升功能。利用图 5.1-1（b）所示特性控制时，可通过变频器参数定义若干 V/f 点，将 V/f 控制特性变为多段折线，使输出电流（电机转矩）更加稳定，这一功能称为变频器的多点 V/f 定义功能。

（2）矢量控制

矢量控制的基本出发点是：通过坐标变换，将电机的定子电流分解成为转矩电流 I_q 和励磁电流 I_d 两个独立的分量，实现磁通与转矩的"解耦"，然后对其进行独立控制，使交流电机具有直流电机同样的调速性能。

理论上说，采用矢量控制后，交流电机可具备类似于直流电机的恒转矩特性。但由于不同电机的参数有所不同，坐标变换与解耦计算十分复杂，实际使用时仍需要进行近似、简化处理。因此，变频器数量控制有简单矢量控制、完全矢量控制、磁通矢量控制、电流矢量控制等各种提法，所得到的调速特性也只能为近似的恒转矩特性。

变频器采用矢量控制后，其调速范围、输出转矩、动态响应性能均优于 V/f 控制，但低频运行时的速度波动较大，也不能用于 $1:n$ 控制。矢量控制需要知道定子/转子电阻、电感、励磁阻抗等诸多参数才能建立控制模型，因此，使用变频器时必须通过"自动调整运行"自动测试、计算与设定电机参数。

2. 运行控制

变频器的运行控制需要有控制电机启停、转向等的控制信号，以及用来控制输出频率的频率给定信号。根据习惯，控制电机的启停、转向的方法称为变频器的操作模式；输出频率给定

方式称为变频器的运行方式。

变频器的运行控制信号一般可通过图 5.1-2 所示的 I/O 连接端、网络通信接口或操作单元输入，并分别称为外部（EXT）或远程（REMOTE）、操作单元（PU）或本地（LOCAL）、网络或通信控制。

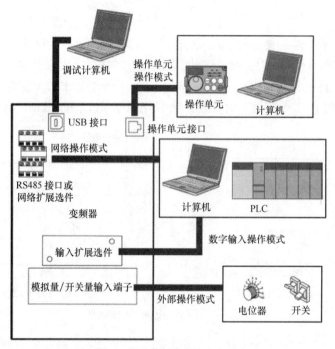

图5.1-2　变频器的运行控制

在实际使用时，变频器常用的运行控制方式有以下几种。

① 完全外部控制。变频器以图 5.1-3 所示的 DI 信号控制电机转向和启停，以 AI 输入或 DI 信号指定频率。这是机电设备最为常用的控制方式。

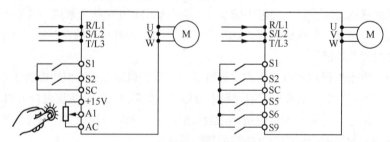

图5.1-3　完全外部控制

② 完全 PU 控制。变频器以 5.1-4（a）所示的操作单元控制电机转向、启停，调整输出频率。这样的操作无须连接任何控制信号，因此多用于变频器的试运行、调试。

③ 完全网络控制。变频器以 5.1-4（b）所示的网络通信命令控制电机转向、启停，调整输出频率。这样的操作只需要连接网线，多用于网络控制系统。

除了以上控制方式外，在调试、维修过程中有时也使用其他组合控制方式。例如，利用 DI 信号控制电机转向和启停（外部操作模式）、利用操作单元调整输出频率（PU 运行方式），或者利用操作单元控制电机转向和启停（PU 操作模式）、利用 AI 信号调整输出频率（外部运行方式）等。

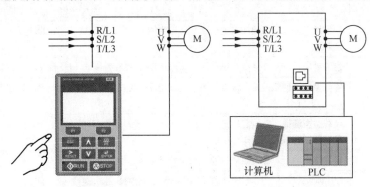

（a）完全 PU 控制　　　　　　　　（b）完全网络控制

图5.1-4　PU、网络控制

安川 CIMR-A1000 变频器常用的运行控制方式及基本要求如表 5.1-1 所示。

表 5.1-1　安川 CIMR-A1000 变频器常用的运行控制方式及基本要求

操作模式	转向、启停	运行方式	频率给定	变频器连接要求
外部操作	DI 输入	外部	AI 输入	S1/S2（正反转）；AI 输入
			DI 选择	S1/S2（正反转）；S5/S6/S9（频率）
		PU	操作单元	S1/S2（正反转）
		网络	通信输入	S1/S2（正反转）；网络总线
PU 操作	操作单元	外部	AI 输入	AI 输入
			DI 选择	S5/S6/S9（频率）
		PU	操作单元	—
网络操作	通信命令	外部	AI 输入	网络总线、AI 输入
			DI 选择	网络总线、S5/S6/S9（频率）
		网络	通信输入	网络总线

二、变频器功能与参数

1. 变频器功能

作为一种通用型速度控制装置，变频器通常设计有较为丰富的软件功能，它们可以通过变频器的参数设定予以生效、撤销。安川 CIMR-A1000 变频器常用功能如表 5.1-2 所示。

表 5.1-2　安川 CIMR-A1000 变频器常用功能

类别	主要功能
系统结构	开环 V/f 控制、闭环 V/f 控制、电机切换 V/f 控制；开环矢量控制、闭环矢量控制、电机切换矢量控制
速度控制	17 级变速、频率跳变、上下限频率设定、转差补偿、频率偏差控制（DROOP 控制）、弱磁控制、转矩提升控制、多点 V/f 特性设定
转矩控制	闭环转矩控制、转矩检出、最大转矩限制
切换控制	速度／转矩控制切换、多电机切换控制、加速度切换控制

续表

类别	主要功能
加减速控制	线性加减速、带停顿加减速（DWELL 功能）、2 段加减速、S 型加减速、自适应加减速、失速防止
停止控制	直流制动（DB 功能）、零速制动、伺服锁定、高转差制动（HSB 功能）、过励磁制动
自动重启	停电重启、速度搜索、速度预测、电流检测速度搜索、动能支持（KEB 功能）、故障复位重试
应用功能	负载类型选择、典型应用选择、PID 调节（带暂停）、节能运行、振动抑制、前馈控制、带参数备份拆装式端子排
智能控制	自动调整运行、在线自动调整、给定断开运行、惯性自学习（ASR）
网络控制	MEMOBUS 通信（RS-422/RS-485 最大 115.2kbps）
保护功能	过载保护、过电流保护、过压保护、欠压保护、瞬间停电保护、过励磁减速、接地保护、散热器过热、风扇故障检测

2. 变频器参数

变频器参数众多，为了便于检查、设定、调整，通常需要将变频器参数按照功能分为若干组。安川变频器参数号的表示方法如下，参数分组如表 5.1-3 所示。

$$\underset{\text{功能代号}}{A} \quad \underset{\text{组号}}{1} - \underset{\text{参数号}}{02}$$

表 5.1-3　安川变频器参数分组

代号	功能	组号	主要用途
A	操作设定	1	语言、参数保护、变频控制方式、用途、初始化、密码等
		2	常用参数登录、设定
b	基本应用	1	运行方式选择
		2	直流制动设定
		3	速度搜索功能设定
		4	DI/DO 延时设定
		5	PID 调节参数设定
		6	带停顿加减速（DWELL 功能）设定
		7	频率偏差控制（DROOP 控制）设定
		8	节能运行设定
		9	伺服锁定设定
C	调节器设定	1	线性加减速设定
		2	S 型加减速设定
		3	转差补偿设定
		4	转矩补偿设定
		5	速度调节器参数、电机惯量、负载惯量设定
		6	负载类型选择、载波频率设定
d	频率设定	1	多级变速频率、点动频率设定
		2	上下限频率设定
		3	频率跳变区设定
		4	远程控制频率设定

续表

代号	功能	组号	主要用途
d	频率设定	5	转矩控制参数设定
		6	励磁控制参数设定
		7	频率偏差（DROOP 控制）设定
E	电机参数	1	第 1 电机 V/f 控制参数设定
		2	第 1 电机基本参数
		3	第 2 电机 V/f 控制参数设定
		4	第 2 电机基本参数
		5	同步电机参数
F	附加模块参数	1	闭环接口附加模块设定
		2	模拟量输入附加模块设定
		3	DI 输入附加模块设定
		4	模拟量输出附加模块设定
		5	DO 输出附加模块设定
		6、7	通信附加模块设定
H	接口设定	1	DI 功能定义
		2	DO 功能定义
		3	AI 功能定义、偏移增益调整
		4	AO 功能定义、偏移增益调整
		5	MEMOBUS 通信参数设定
		6	PI/PO 功能定义
L	运行保护	1	电机保护参数
		2	瞬时断电功能设定
		3	失速防止功能设定
		4	频率检测功能设定
		5	故障重试功能设定
		6	转矩检测、机械老化功能设定
		7	转矩极限设定
		8	硬件检测、保护设定
n	智能控制	1	振动抑制功能设定
		2	速度反馈检测设定
		3	高转差制动设定
		4	前馈控制设定
		5	长线自动调整设定
		6	同步电机设定
o	操作显示	1	操作单元显示设定
		2	操作单元功能设定
		3	参数复制、读出功能设定
		4	定期维护设定

续表

代号	功能	组号	主要用途
q、r	特殊控制		DriveWorksEZ 功能参数
T	自动调整	1	感应电机自动测试、调整参数
		2	同步电机自动测试、调整参数
		3	惯量自动测试、调整参数
U	状态显示	1	变频器工作状态显示
		2、3	故障履历显示
		4	定期维护显示
		5	应用程序参数显示
		6	矢量控制参数显示
		7	DriveWorksEZ 状态显示

三、变频器基本参数设定

1. 变频器控制参数

变频器的基本控制方式有开环 V/f 控制、闭环 V/f 控制、开环矢量控制、闭环矢量控制 4 种，使用时必须选择其中之一。CIMR-A1000 变频器控制方式选择的相关主要参数如表 5.1-4 所示。

表 5.1-4　CIMR-A1000 变频器控制参数

参数号	参数名称	默认设定	设定值与意义
A1-02	控制方式选择	2	0：开环 V/f 控制；1：闭环 V/f 控制；2：开环矢量控制；3：闭环矢量控制
C6-01	负载类型选择	0	0：重载（HD）；1：轻载（ND）
C6-02	载波频率选择	不同	设定变频器 PWM 载波频率，默认值与容量有关，见下文
b1-01	运行方式选择	1	0：PU；1：外部；2：通信；3：附加模块输入；4：PI
b1-02	操作模式选择	1	0：PU；1：外部；2：通信；3：附加模块控制
b1-03	停止方式选择	0	0：减速停止；1：自由停车；2：直流制动；3：定时自由停车
b1-04	反转禁止	0	0：允许反转；1：反转禁止
b1-14	转向变换	0	设定"0"与"1"改变电机转向

PWM 载波频率是决定变频器性能的重要参数，提高载波频率可以改善输出电流波形、提高动态响应速度、降低运行噪声。但是，随着载波频率的提高，逆变功率管的开关损耗也将增加，连续输出电流将降低，低速时转矩的波动将加大，线路的高频干扰将增大。

PWM 载波频率与负载类型、控制方式等因素有关，总体而言，载波频率应随电枢连接线的长度、输出功率、负载的加大而降低。CIMR-A1000 变频器的载波频率范围为 2~15kHz，载波频率可通过参数 C6-02 进行设定。如电机运行时噪声较大，还可以选择柔性 PWM 控制功能调整载波频率或使用自适应调整功能。参数 C6-02 设定值的意义如表 5.1-5 所示。

表 5.1-5　参数 C6-02 设定值的意义

设定值	1	2	3	4	5	6	7~A	F
载波频率（kHz）	2	5	8	10	12.5	15	柔性 PWM 控制	自适应调整

CIMR-A1000 变频器的运行控制参数如表 5.1-4 所示。用于风机、水泵控制的电机一般只允许单向旋转，使用时可设定参数 b1-04 = 1，禁止反转；电机转向的变更可通过交换电机相序、改变 DI 信号等方法实现，或通过参数 b1-14 的设定改变。

2. 电机参数

变频器的输出电压、电流、V/f 控制特性等与电机密切相关，任何变频器都必须予以设定。CIMR-A1000 变频器的电机基本参数如表 5.1-6 所示。

表 5.1-6　CIMR-A1000 变频器的电机基本参数

参数号	参数名称	单位	设定值与意义
E1-01	变频器输入电压	V	变频器输入电源电压
E1-06	第 1 电机额定频率	Hz	电机额定频率
E1-13	第 1 电机的额定电压	V	电机额定电压
E2-01	第 1 电机的额定电流	A	电机额定电流
E2-04	第 1 电机的极对数	—	电机极对数，仅用于矢量控制
E2-11	第 1 电机的额定功率	10W	电机额定功率
L1-01	过载保护特性选择	1	0：无效；1：普通感应电机过载保护；2：专用变频电机过载保护；3：矢量控制电机过载保护
L1-02	过载保护动作时间	1	单位为 min，150% 过载保护动作时间

3. V/f 控制参数

变频器可选择出厂默认 V/f 特性或自行定义多点 V/f 特性。CIMR-A1000 变频器 V/f 控制参数如表 5.1-7 所示。

表 5.1-7　CIMR-A1000 变频器 V/f 控制参数

参数号	参数名称	单位	设定值与意义
E1-03	V/f 特性曲线选择	—	设定 0~F 选择 V/f 曲线
E1-04	最高输出频率	Hz	变频器最大输出频率
E1-05	最大输出电压	V	变频器最大输出电压
E1-06	V/f 特性的中间输出频率 3	Hz	V/f 特性参数
E1-07	V/f 特性的中间输出频率 1	Hz	V/f 特性参数
E1-08	V/f 特性的中间输出电压 1	V	V/f 特性参数
E1-09	V/f 特性的最低输出频率	Hz	变频器最小输出频率
E1-10	V/f 特性的最低输出电压	V	变频器最小输出电压
E1-11	V/f 特性的中间输出频率 2	Hz	V/f 特性参数
E1-12	V/f 特性的中间输出电压 2	V	V/f 特性参数
E1-13	V/f 特性的中间输出电压 3	V	V/f 特性参数

CIMR-A1000 变频器的 V/f 特性通过图 5.1-5 所示的 4 个 V/f 点定义。

利用参数 E1-03 可选择 15 种出厂默认的固定 V/f 特性（E1-03 = 0~E）、1 种可变特性（E1-03 = F）。选择固定 V/f 特性时，V/f 点使用出厂默认值。选择可变特性时，V/f 点的频率、电压可通过参数 E1-04~E1-10 设定。参数 E1-11/E1-12 仅用于额定频率以上区域的 V/f 特性微调，实际较少使用，可直接设定 E1-11/E1-12=0。

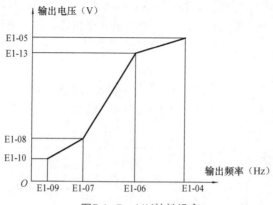

图5.1-5 V/f特性设定

通过参数 E1-03 选择的 15 种固定 V/f 特性，适用于额定频率为 50/60Hz 的感应电机，其适用负载、基本特点如表 5.1-8 所示，变频器的低频转矩提升值与容量有关。

表 5.1-8 固定 V/f 特性的适用范围

E1-03	适用负载	基本特点
0/1	恒转矩	E1-04 = E1-06、E1-05 = E1-13；采用出厂标准的低频转矩提升值
2/3		E1-04 = 1.2×（E1-06）；E1-05 = E1-13；采用出厂默认的低频转矩提升值
4/6	风机	E1-04 = E1-06、E1-05 = E1-13；输出转矩与频率近似成 3 次方关系
5/7		E1-04 = E1-06、E1-05 = E1-13；输出转矩与转速近似成 2 次方关系
8/A	恒转矩	E1-04 = E1-06、E1-05 = E1-13；低频转矩采用高提升值
9/B		E1-04 = E1-06、E1-05 = E1-13；低频转矩提升为变频器允许最大值
C/D/E	恒功率	60Hz 以下为恒转矩输出，60~90/120/180Hz 为恒功率输出

实践指导

一、输出频率设定

1. 设定参数

变频调速系统的调速范围取决于变频器的输出频率范围，因此，变频器使用时应根据系统的调速范围要求，正确设定输出频率参数。在速度连续变化的无级变速系统上，为了防止机械共振、降低系统噪声与振动，可根据实际需要，利用变频器参数设定频率跳变区。

变频器的调整与启制动

CIMR-A1000 变频器的不同输出频率范围需设定的相关参数如表 5.1-9 所示。

表 5.1-9 输出频率范围设定参数

参数号	参数名称	设定范围	默认设定	设定值与意义
d1-01~16	多级变速频率	0~400.00Hz	0	多级变速频率，见下文
d1-17	点动运行频率	0~400.00Hz	6	点动运行的输出频率值

续表

参数号	参数名称	设定范围	默认设定	设定值与意义
d2-01	输出频率上限	0~110%	100	以 E1-04 百分比设定的输出频率上限
d2-02	输出频率下限	0~110%	0	以 E1-04 百分比设定的输出频率下限
d2-03	主速频率下限	0~110%	0	以 E1-04 百分比设定的输出频率下限（主速）
d3-01	频率跳变区 1	0~400.00Hz	0	第 1 跳变频率值设定
d3-02	频率跳变区 2	0~400.00Hz	0	第 2 跳变频率值设定
d3-03	频率跳变区 3	0~400.00Hz	0	第 3 跳变频率值设定
d3-04	频率跳变幅度	0~20.00Hz	1	频率跳变区的宽度设定
E1-04	最大输出频率	0~400.00Hz	不同	变频器最大输出频率
E1-09	最小输出频率	0~400.00Hz	不同	变频器最小输出频率

2. 上下限频率设定

CIMR-A1000 变频器的上限频率通过参数 d2-01 设定。下限频率设定方法有如下几种：参数 d2-02 设定的是变频器能够输出的最小频率值，它对所有方式均有效；参数 d2-03 设定的是主速模拟量输入的最小输出频率，给定频率小于参数设定值时，将被限制在参数设定频率上，d2-03 设定对变频器的点动、多级变速运行无效。

变频器的输出频率限制有 E1-04/E1-09 与 d2-01/d2-02 两对设定参数。参数 d2-01/d2-02 设定的是变频器实际能输出的最大与最小频率的极限值，超出这一范围的频率一律被限制在上限或下限输出上。参数 E1-04/E1-09 定义的是与最大/最小给定输入（如 DC 10V/0V）对应的频率值，如给定频率超出这一范围，输出频率则被限制在 E1-04/E1-09 设定值上。

图 5.1-6 所示是 CIMR-A1000 变频器的输出频率限制参数与实际输出频率的关系。为保证所有模拟量输入值都能够有效地控制变频器的输出频率，参数 d2-01（上限频率）的设定值应大于等于 100%（参数 E1-04 设定的频率）。

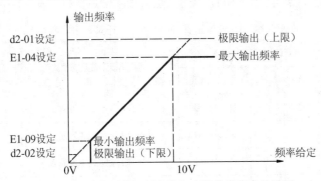

图5.1-6 输出频率限制参数与实际输出频率的关系

3. 频率跳变设定

为了避免机械共振，CIMR-A1000 变频器可设定频率跳变区。频率跳变区设定后，如给定频率处于跳变区域，变频器将自动改变输出频率、回避共振。频率跳变区仅对变频器的稳态运行有效。

CIMR-A1000 变频器的频率跳变区可通过图 5.1-7 所示的基准频率（d3-01~ d3-03）、跳变幅

度（d3-04）进行设定，3个跳变区的宽度相同。变频器升速运行时，跳变区的给定频率将以下限值输出；变频器降速运行时，跳变区的给定频率将以上限值输出。

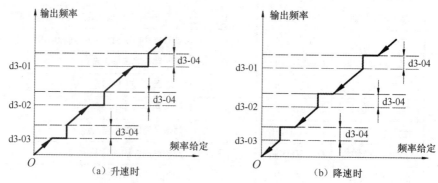

图5.1-7 输出频率跳变功能

二、速度给定选择与调整

CIMR-A1000变频器的输出频率（速度）可通过模拟量输入AI、脉冲输入、操作单元、多级变速或点动（JOG）、网络通信、远程调速等多种方式给定，其中多级变速或JOG、模拟量输入AI是常用的两种速度给定输入方式。

1. 多级变速与JOG

变频器的多级变速、JOG功能可用于变频器的固定频率运行，运行频率可通过DI信号选择，输出频率值可通过变频器参数设定。

一般而言，变频器JOG运行具有最高优先级，JOG运行的DI信号一旦输入，多级变速、模拟量输入都将无效。此外，多级变速的优先级高于模拟量输入AI，多级变速速度选择DI信号一旦输入，AI输入也将无效。

CIMR-A1000变频器的速度选择DI信号及运行频率设定参数如表5.1-10所示。

表5.1-10 速度选择DI信号及运行频率设定参数

速度选择	速度选择DI信号					运行频率设定参数	设定范围	默认设定
	4	3	2	1	JOG			
固定速度1	0	0	0	0	0	d1-01设定或主速输入	0~400.00Hz	0
固定速度2	0	0	0	1	0	d1-02设定或A2输入	0~400.00Hz	0
固定速度3	0	0	1	0	0	d1-03设定或A3输入	0~400.00Hz	0
固定速度4	0	0	1	1	0	d1-04	0~400.00Hz	0
固定速度5	0	1	0	0	0	d1-05	0~400.00Hz	0
⋮	递增的二进制编码				0	⋮	⋮	
固定速度16	1	1	1	1	0	d1-16	0~400.00Hz	0
JOG速度	—	—	—	—	1	d1-17	0~400.00Hz	6

2. 模拟量输入选择

模拟量输入 AI 是变频器最常用的频率给定方式，当变频器参数 b1-01 设定为"1"、运行方式选择外部时，如没有多级变速、JOG 运行信号输入，变频器的输出频率将由 AI 控制。

CIMR-A1000 变频器有 3 个模拟量输入连接端，其功能、类型、输入范围可通过表 5.1-11 所示的参数定义。

表 5.1–11　AI 定义参数

参数号	参数名称	默认设定	设定值与意义
H3-01	A1 端输入范围	0	0：0~10V；1：−10~10V
H3-02	A1 端输入功能选择	0	0：主速输入；1：增益调整；等等
H3-03	A1 端输入增益	100	以最大输出频率 E1-04 百分比设定的增益
H3-04	A1 端输入偏移	0	以最大输出频率 E1-04 百分比设定的偏移
H3-05	A3 端输入范围	0	0：0~10V；1：−10~10V
H3-06	A3 端输入功能选择	2	0：主速输入；1：增益调整；等等
H3-07	A3 端输入增益	100	以最大输出频率 E1-04 百分比设定的增益
H3-08	A3 端输入偏移	0	以最大输出频率 E1-04 百分比设定的偏移
H3-09	A2 端输入类型选择	2	0：0~10V；1：−10~10V；2：4~20mA；3：0~20mA
H3-10	A2 端输入功能选择	0	0：主速输入；1：增益调整；等等
H3-11	A2 端输入增益	100	以最大值百分比设定的增益
H3-12	A2 端输入偏移	0	以最大输出频率 E1-04 百分比设定的偏移

变频器用于外部无级变速控制时，需要选择其中的一个模拟量输入信号作为频率给定输入，这一输入称为主速输入。CIMR- A1000 变频器的主速输入可用如下方法选择。

① A1 端输入。连接端 A1 是变频器出厂默认的主速输入，输入类型规定为模拟电压。在 CIMR-A1000 变频器上，当参数 b1-01=1，且无多级变速、JOG 信号输入时，只要参数 H3-02 =0，A1 端即为主速输入。A1 端的模拟电压输入范围可通过参数 H3-01 选择（0~10V 或−10~10V）。

② A2 端输入。A2 端的输入类型可为模拟电压或电流。选择 A2 作为主速输入时，应将 A1 端与 AC 短接；然后通过参数 H3-09 及变频器设定开关 S1，选择 A2 输入范围与类型，并设定参数 b1-01=1、参数 H3-10= 0。这样，只要变频器无多级变速、JOG 信号输入，A2 即为主速输入。

③ A3 端输入。连接端 A3 的输入类型规定为模拟电压。选择 A3 作为主速输入时，应将 A1 端与 AC 短接；然后通过参数 H3-05 选择输入电压范围，并设定参数 b1-01= 1、H3-06= 0。这样，只要变频器无多级变速、JOG 信号输入，A3 即为主速输入。

3. AI 增益、偏移调整

当变频器利用 AI 给定频率时，为保证电机速度与给定输入相符，需要通过参数调整增益与偏移。

变频器的增益、偏移含义及调整方法均与交流伺服驱动器相同，有关内容可参见项目三的任务一。CIMR- A1000 变频器参数 H3-02、H3-10、H3-06 分别用于连接端 A1、A2、A3 的增益调整，参数含义如图 5.1-8（a）所示；参数 H3-03、H3-11、H3-07 分别用于连接端 A1、A2、A3 的偏移调整，参数含义如图 5.1-8（b）所示。

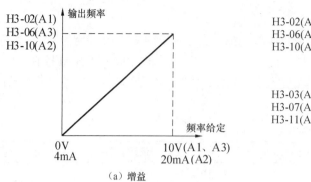

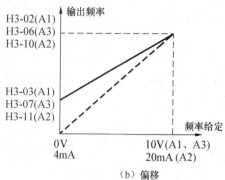

图5.1-8　AI输入增益、偏移调整

三、加减速与停止设定

1. 加减速设定

变频器的频率给定与运行控制命令一旦输入，输出频率将自动按照规定的加减速方式进行升降速。变频器常用的加减速方式有"线性加减速"与"S型加减速"两种，使用S型加减速可以减小启制动冲击。

CIMR-A1000变频器的加减速设定参数如表5.1-12所示。

表5.1-12　CIMR-A1000变频器的加减速设定参数

参数号	参数名称	默认设定	设定值与意义
C1-01/03/05/07	第1/2/3/4加速时间	10	从0加速到最大输出频率的时间
C1-02/04/06/08	第1/2/3/4减速时间	10	从最大输出频率减速到0的时间
C1-09	急停减速时间	10	急停输入时从最大频率减速到0的时间
C1-10	加减速时间单位	1	0：0.01s；1：0.1s
C1-11	加减速切换频率	0	加减速时间1/4自动切换的频率
C2-01～C2-04	S型加减速/加速时间	0.2	S型加减速时间设定，见后文
b6-01	两级加速启动转换频率	0	第1级加速结束频率
b6-02	两级加速启动等待时间	0	第1级加速结束到转换为第2级加速的时间
b6-03	两级加速停止转换频率	0	第1级减速结束频率
b6-04	两级加速启动等待时间	0	第1级减速结束到转换为第2级加速的时间

线性加减速是一种全范围加速度保持不变的加减速方式，加速度可通过加减速时间参数进行设定。加减速时间指的是输出频率0与最大值间的变化时间，频率变化量越大，加减速时间也越长。CIMR-A1000变频器的线性加减速可选择单段线性加减速（常用）、两段线性加减速2种；加减速时间可设定多组，由DI信号切换。变频器的线性加减速过程及相关参数如图5.1-9所示。

S型加减速是一种加速度变化率保持恒定的加减速方式，它可降低电机启制动时的机械冲击。CIMR-A1000变频器采用的是图5.1-10所示的直线/S型复合加减速，加减速开始与结束段的时间可用参数C2-01/C2-02、C2-03/C2-04单独设定；在S型加减速时间段以外区域，仍按直线加减速的设定线性加减速。

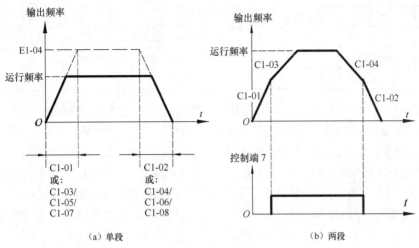

（a）单段 （b）两段

图5.1-9　线性加减速

S型加减速的时间单位为 s，实际需要的加减速时间为

$$t_{加速} = （线性加速时间） + \frac{1}{2}（C2-01） + \frac{1}{2}（C2-02）$$

$$t_{减速} = （线性减速时间） + \frac{1}{2}（C2-03） + \frac{1}{2}（C2-04）$$

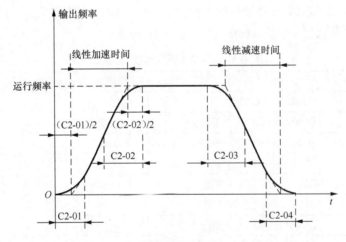

图5.1-10　直线/S型复合加减速与设定

2. 停止设定

变频器的停止有减速停止、自由停车、急停（直流制动）3 种，CIMR-A1000 变频器常用的设定参数如表 5.1-13 所示。

表 5.1-13　停止控制参数设定

参数号	参数名称	默认设定	设定值与意义
b1-03	停止方式选择	0	0：减速停止；1：自由停车；2：全范围直流制动； 3：带时间限制的自由停车

续表

参数号	参数名称	默认设定	设定值与意义
b2-01	零速频率	0.5	设定减速转换为直流制动、位置控制的频率值
b2-02	直流制动电流	50	以额定电流的百分比设定的直流制动电流
C1-09	急停减速时间	10	变频器急停时间

① 减速停止。变频器正常工作时一般使用减速停止方式，此时输出频率将按加减速参数的设定逐步降低；电机可在变频器的控制下逐步停止，电机能量可通过续流二极管返回到直流母线。

② 自由停车。采用自由停车停止方式时，变频器可通过关闭逆变功率管断开电机，此时，电机将依靠机械摩擦阻力自由停车。CIMR-A1000 变频器的自由停车方式可通过参数 b1-03 选择：如 b1-03 = 1，只要正反转信号撤销，就会关闭逆变功率管，重新正反转信号，不论电机是否已停止，变频器立即重新启动；如 b1-03 = 3，正反转信号撤销后同样会关闭逆变功率管，但重新启动必须经过规定的时间，以保证电机在完全停止的状态下重新启动。

③ 急停。这是一种用于紧急状态的快速停止功能，可通过变频器的急停输入（DI 信号）控制。变频器急停一般采用向电机加入直流电流的方式制动，并称之为 DB 功能（DC Braking）；直流制动的制动电流、制动时间可通过变频器参数 b2-02、C1-09 设定。

四、DI/DO连接端功能定义

1. DI 连接端功能定义

CIMR-A1000 变频器的 DI 连接端功能可通过表 5.1-14 所示的参数定义，变频器出厂默认值与 2 线制、3 线制初始化（参数 A1-03 的设定值）有关。

表 5.1-14　DI 信号功能定义参数

参数号	参数名称	设定范围	2 线制默认	3 线制默认
A1-03	2 线制、3 线制控制选择	—	2220	3330
H1-01	DI 输入连接端 S1 功能选择	0~9F	40	40
H1-02	DI 输入连接端 S2 功能选择	0~9F	41	41
H1-03	DI 输入连接端 S3 功能选择	0~9F	24	24
H1-04	DI 输入连接端 S4 功能选择	0~9F	14	14
H1-05	DI 输入连接端 S5 功能选择	0~9F	3	0
H1-06	DI 输入连接端 S6 功能选择	0~9F	4	3
H1-07	DI 输入连接端 S7 功能选择	0~9F	6	4
H1-08	DI 输入连接端 S8 功能选择	0~78	8	6

参数 H1-01~ H1-08 设定值称为功能代号，其含义如表 5.1-15 所示。不使用的 DI 连接端应设定为"F"。

表 5.1-15　DI 信号输入功能定义表

设定值	DI 信号名称	作用与功能
0	3 线制控制转向选择	3 线制控制时选择电机转向，ON：反转
1	外部操作模式选择	ON：外部操作；OFF：操作单元操作
2	第 2 运行控制方式	ON：选择运行控制 2 与频率给定 2

续表

设定值	DI 信号名称	作用与功能
3	多级变速速度选择 1	选择多级变速的运行速度 1
4	多级变速速度选择 2	选择多级变速的运行速度 2
5	多级变速速度选择 3	选择多级变速的运行速度 3
6	JOG 运行	点动运行方式选择
7	加减速时间选择 1	ON：C1-01~C1-04 加减速时间有效
8	常开型输出关闭	ON：封锁逆变功率管基极，关闭输出
9	常闭型输出关闭	OFF：封锁逆变功率管基极，关闭输出
A	加减速停止	ON：停止加减速，保持现行频率
B	变频器过热预警输入	ON：过热预警，操作单元显示 OH2
C	模拟量输入选择	ON：模拟量输入有效
D	开环/闭环 V/f 控制	ON：开环 V/f 控制
E	速度调节器 P/PI 切换	ON：速度调节器积分无效（P 控制）
F	连接端不使用	对于未使用的输入信号应定义为 F
10	远程控制 UP	ON：远程控制频率增加（与 DOWN 成对定义）
11	远程控制 DOWN	ON：远程控制时频率减少（与 UP 成对定义）
12	点动运行 FJOG	ON：点动正转
13	点动运行 RJOG	ON：点动反转
14	故障复位	清除变频器故障，上升沿有效
15	常开型急停输入	ON：变频器急停
16	第 2 电机切换	ON：切换为第 2 电机控制
17	常闭型急停输入	OFF：变频器急停
18	延时控制输入	必须同时定义一个延时输出端（设定值 12），延时时间与方式由参数 b4-01/02 设定
19	PID 控制取消	ON：取消 PID 控制
1A	加减速时间选择 2	ON：C1-05~C1-08 加减速时间有效
1B	参数写入允许	ON：允许参数写入
1E	频率采样信号	ON：对模拟量输入进行频率采样控制
20	常开型外部故障输入 1	ON：变频器减速停止（始终有效）
21	常闭型外部故障输入 1	OFF：变频器减速停止（始终有效）
22	常开型外部故障输入 2	ON：变频器减速停止（仅运行时有效）
23	常闭型外部故障输入 2	OFF：变频器减速停止（仅运行时有效）
24	常开型外部故障输入 3	ON：变频器自由停车（始终有效）
25	常闭型外部故障输入 3	OFF：变频器自由停车（始终有效）
26	常开型外部故障输入 4	ON：变频器自由停车（仅运行时有效）
27	常闭型外部故障输入 4	OFF：变频器自由停车（仅运行时有效）
28	常开型外部故障输入 5	ON：变频器紧急停止（始终有效）
29	常闭型外部故障输入 5	OFF：变频器紧急停止（始终有效）
2A	常开型外部故障输入 6	ON：变频器紧急停止（仅运行时有效）

续表

设定值	DI 信号名称	作用与功能
2B	常闭型外部故障输入 6	OFF：变频器紧急停止（仅运行时有效）
2C	常开型外部故障输入 7	ON：继续运行，显示报警（始终有效）
2D	常闭型外部故障输入 7	OFF：继续运行，显示报警（始终有效）
2E	常开型外部故障输入 8	ON：继续运行，显示报警（仅运行时有效）
2F	常开型外部故障输入 8	OFF：继续运行，显示报警（仅运行时有效）
30	PID 积分复位	ON：PID 积分复位
31	PID 积分保持	ON：PID 积分保持
32	多级变速速度 4	选择多级变速的运行速度 4
34	PID 加减速无效	ON：b5-17 设定的 PID 加减速无效
35	PID 输入特性切换	ON：改变 PID 输入的极性
40	2 线制正转启动信号	ON：正转启动（3 线制时为启动信号）
41	2 线制反转启动信号	ON：反转启动（3 线制时为停止信号）
42	2 线制控制 2 启停信号	ON：启动；OFF：停止
43	2 线制控制 2 的转向信号	ON：反转；OFF：正转
44	内部频率偏置 1 生效	ON：参数 d7-01 设定的偏置值生效
45	内部频率偏置 2 生效	ON：参数 d7-02 设定的偏置值生效
46	内部频率偏置 3 生效	ON：参数 d7-03 设定的偏置值生效
47	CAN open 网络地址设定	ON：CAN open 网络地址设定生效
60	直流制动生效	ON：直流制动功能生效
61	速度搜索功能 1 生效	ON：从最高频率开始搜索
62	速度搜索功能 2 生效	ON：从频率指令开始搜索
63	弱磁调速有效	ON：参数 d6-01/d6-02 设定的弱磁控制有效
65	常闭型瞬时断电控制 1	OFF：瞬时停电减速运行（KEB 功能）有效
66	常开型瞬时断电控制 1	ON：瞬时停电减速运行（KEB 功能）有效
67	通信测试信号	ON：启动 RS422/485 接口测试
68	高转差制动控制	ON：高转差制动功能（HSB 功能）有效
6A	驱动使能控制信号	ON：允许变频器运行
75	UP2 信号	ON：远程控制时频率定量增加
76	DOWN2 信号	ON：远程控制时频率定量减少
7A	常闭型瞬时停电控制 2	OFF：瞬时停电减速运行（KEB 功能）有效
7B	常开型瞬时停电控制 2	ON：瞬时停电减速运行（KEB 功能）有效
7C	常开型电枢短接制动	ON：PM 电机控制时短接电枢制动功能生效
7D	常闭型电枢短接制动	OFF：PM 电机控制时短接电枢制动功能生效
7E	单脉冲速度反馈方向	OFF：正转；ON：反转

2. DO 连接端功能定义

变频器的 DO 连接端较少，连接端 MA/MB/MC 的功能通常固定为故障输出，其余 DO 连接端功能可通过表 5.1-16 所示的参数定义。

表 5.1-16 DO 信号功能定义参数

参数号	参数名称	设定范围	默认设定
H2-01	DO 输出 M1/M2 功能选择	0~14D	0
H2-02	DO 输出 M3/M4 或 P1 功能选择	0~14D	1
H2-03	DO 输出 M5/M6 或 P2 功能选择	0~14D	2

DO 连接端功能定义参数的设定值（功能代号）含义如表 5.1-17 所示，不使用的 DO 连接端应设定为"F（无效）"。

表 5.1-17 DO 信号功能定义参数设定值

设定值	DO 信号名称	作用与功能
0	变频器运行中	1：启动信号已经输入或变频器输出电压不为 0
1	零速信号	1：输出频率为 0
2	频率一致信号 1	1：输出频率已经到达指令频率的 L4-02 允差范围
3	速度一致信号 1	1：输出频率到达参数 L4-01 设定值的允差范围
4	速度在允许范围 1	1：输出频率在 L4-01 设定值以内
5	速度超过信号 1	1：输出频率超出了 L4-01 设定值范围
6	变频器准备好	1：变频器电源已经接通，本身无故障
7	直流母线欠压	1：直流母线电压在 L2-05 设定值以下
8	输出关闭	1：变频器的输出关闭（逆变管的基极封锁）
9	操作单元频率给定	1：频率给定指令来自操作单元
A	操作单元运行控制	1：运行控制信号（转向、启停）来自操作单元
B	转矩过大、过小检测 1	1：变频器转矩超过了 L6-02 设定的范围（常开输出）
C	频率给定信号断开	1：频率给定在 0.4s 内下降幅度大于 90%
D	制动电阻故障	1：自动电阻、自动晶体管过热或故障
E	变频器故障	1：变频器发生了除操作、通信以外的故障
F	不使用	对于未使用的 DO 输出端应设定为 F
10	变频器警告	1：变频器发生了轻微的故障
11	变频器复位中	1：外部复位信号有效，变频器复位中
12	定时控制输出信号	与延时输入控制端（功能代号 18）对应的输出
13	频率一致信号 2	1：输出频率已经到达指令频率的 L4-04 允差范围
14	速度一致信号 2	1：输出频率到达参数 L4-03 设定值的允差范围
15	速度在允许范围 2	1：输出频率在 L4-03 设定值以内
16	速度超过信号 2	1：输出频率超出了 L4-03 设定值范围
17	转矩过大、过小检测 1	0：变频器转矩超过了 L6-02 设定的范围（常闭输出）
18	转矩过大、过小检测 2	1：变频器转矩超过了 L6-05 设定的范围（常开输出）
19	转矩过大、过小检测 3	0：变频器转矩超过了 L6-05 设定的范围（常闭输出）
1A	变频器反转输出	1：反转中
1B	输出关闭（常闭型）	0：变频器的输出关闭（逆变管的基极封锁）
1C	第 2 电机控制生效	1：第 2 电机控制有效
1D	回馈制动中	1：回馈制动动作执行中

续表

设定值	DO 信号名称	作用与功能
1E	故障重试中	1：故障重试动作执行中
1F	电机过载输出（OL1）	1：电机负载已经超过额定值的 90%
20	变频器过热预警（OH）	1：变频器温度超过了 L8-02 的设定值
22	机械老化信号	1：机械老化时间到达
2F	维修信号	1：风机、主电容、IGBT 使用时间到达
30	转矩限制	1：转矩限制功能生效
38	运行允许输出	1：变频器的运行允许信号（功能代号 6A）生效
39	累计电能输出	输出节能运行数据
3C	运行状态指示	1：完全操作单元操作方式（同时满足 9 与 A 功能）
3D	速度搜索功能有效	1：速度搜索功能执行中
3E	PID 反馈断开	1：PID 反馈值小于 b5-13 的设定值
3F	PID 反馈异常	1：PID 反馈值超过了 b5-36 的设定值
4A	瞬时停电减速运行中	1：瞬时停电时的减速运行动作执行中
4B	PM 电机短接制动中	1：PM 电机短接制动执行中
4C	急停	1：外部急停信号输入，急停执行中
4D	过热预警（OH）时间到	1：过热预警后累计运行时间到达
4E	制动晶体管不良	1：制动晶体管故障
4F	内置制动电阻过热	1：内置制动电阻过热

拓展提高

一、JOG运行与DI远程调速

1. JOG 运行

JOG 运行是以变频器参数设定的频率、由 DI 信号 JOG 直接控制的运行。CIMR- A1000 变频器的 JOG 运行可由操作单元或 DI 信号控制。JOG 运行具有最高优先级，JOG 信号一旦输入，多级变速速度选择信号、模拟量输入给定都将无效。

用来连接 JOG 运行控制信号的 DI 连接端，其功能定义参数的设定值应为"6"；JOG 运行时，变频器的输出频率可通过参数 d1-17 设定。

JOG 运行控制可选择图 5.1-11 所示的两种方式。

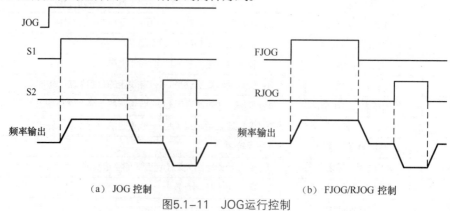

（a）JOG 控制　　　　　　　　　　　（b）FJOG/RJOG 控制

图5.1-11　JOG运行控制

① 图 5.1-11（a）所示为通过 DI 信号选择 JOG 运行方式；然后，利用变频器的固定连接端 S1/S2 的 DI 信号控制电机正反转。

② 图 5.1-11（b）所示为通过 DI 功能定义参数，定义 2 个 DI 信号 FJOG/RJOG；然后，通过 FJOG/RJOG 信号选择 JOG 运行并控制电机正反转。FJOG/RJOG 信号连接端的功能定义参数应设定为 12/13。

2. DI 远程调速

远程调速用于远距离速度调节，它可通过 DI 信号调整变频器输出频率，以避免模拟量信号长距离传输时的干扰、衰减。

CIMR-A1000 变频器的远程调速可采用频率连续增减、频率定量增减两种调节方式，两者不能同时使用。远程调速的优先级次于 JOG、高于多级变速和模拟量输入。

（1）连续增减 DI 远程调速

采用频率连续增减 DI 远程调速时，变频器的输出频率可利用 2 个 DI 信号 UP（功能代号 10）、DOWN（功能代号 11）进行调节。调节得到的频率值具有断电记忆功能，它可作为下次运行时的频率给定起始值。

连续增减 DI 远程调速的参数设定要求如下。

① 在 DI 连接端中定义一对 UP/DOWN 信号；如 DI 信号没有成对定义，或者功能被重复定义，变频器将发生 OPE 03（DI 功能定义错误）报警。

② 设定参数 b1-02 =1，选择外部操作模式，并连接正反转信号 S1/S2。

③ 利用参数 d2-01~d2-02，设定上限和下限频率，定义频率调节范围。

④ 利用参数 d2-03 设定主速频率的下限，作为远程调速的起始频率值。

连续增减 DI 远程调速的调节过程如图 5.1-12 所示，基本操作如下。

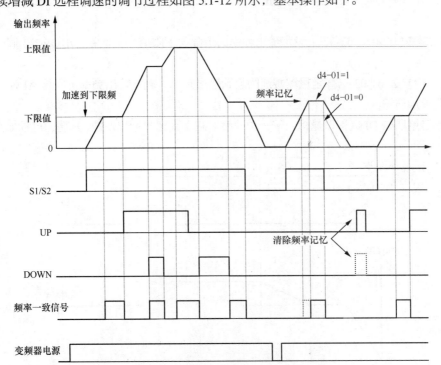

图5.1-12 连续增减DI远程调速调节过程

① 接通变频器电源，并用正反转信号 S1/S2 启动电机。

② 如主速模拟量输入（A1）的输入不为 0，变频器加速到主速给定的频率值；否则，以参数 d2-02（输出频率下限）、d2-03（主速下限）两参数中设定值的较大者作为电机起始运行频率启动电机运行。电机加速完成后，频率一致信号为"1"。

③ 输入 DI 信号 UP（或 DOWN），并保持 ON 状态；变频器输出频率将持续上升（或下降）；松开 UP/DOWN 信号或同时输入 DOWN 和 UP 信号，变频器将停止加减速，电机以当前频率运行，频率一致信号输出"1"。

④ 如变频器输出频率达到参数 d2-01 设定的上限或 d2-02 设定的下限，则停止加减速，频率被限制在上限或下限值上。

⑤ 如参数 d4-01 设定为"1"，利用 UP/DOWN 信号调节得到的运行频率将被记忆，并作为变频器下次启动时的起始频率值。但是，如在正反转控制信号 S1/S2 为 OFF 期间输入了 UP/DOWN 信号，则所记忆的频率将自动清除。

（2）定量增减 DI 远程调速

采用频率定量增减 DI 远程调速时，变频器的输出频率可利用 DI 信号 UP2/DOWN2（功能代号 1C/1D）进行定量增减调整。调节得到的频率值具有断电记忆功能，它可作为下次运行时的频率给定起始值。

频率定量增减 DI 远程调速的参数设定要求如下。

① 在 DI 连接端 S3~S12 中，定义一对 UP2/DOWN2 信号（功能代号 1C/1D）；如 DI 信号没有成对定义或重复定义，变频器将发生 OPE 03（DI 功能定义错误）报警。

② 设定参数 b1-02 =1，选择外部操作模式，并连接正反转控制信号 S1/S2。

③ 利用参数 d4-02 设定频率的定量增减值，增减值以参数 E1-04 最大输出频率的百分比形式指定。

④ 在参数 d2-01、d2-02 上设定输出频率的上限与下限值，确定 UP2/DOWN2 调速的输出频率范围。

⑤ 利用参数 b1-02 选择定量增减前的起始输出频率。起始输出频率可以是 AI 输入、多级变速速度或通信输入。

频率定量增减 DI 远程调速相当于一种速度增减量固定的远程调速，其调速过程如图 5.1-13 所示。

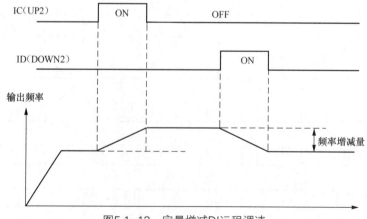

图5.1-13　定量增减DI远程调速

二、转差补偿和频率偏差控制

1. 转差补偿

感应电机在稳定运行区的机械特性为一条近似线性下垂的直线。电机稳定运行时，随着负载转矩的增加，电机的转差（输出转速与同步转速之差）将增大；如果电机通过变频器改变了频率，其同步转速将产生变化，使得机械特性上、下平移。

如果将感应电机的输出转速折算为频率值，便可得到图 5.1-14 所示的 f-M 特性，此时，电机的转差便可折算为"转差频率"。对于开环控制的变频调速系统来说，如果变频器的输出频率过低，随着同步转速的下降，就可能出现转差大于同步转速的情况，导致电机停转。

变频器的转差补偿功能又称"滑差补偿"。这是一种变频器根据实际输出转矩自动调整输出频率，补偿转差的功能。使用这一功能后，可通过变频器参数设定的、额定负载时的转差频率 Δf_e 以及图 5.1-14 所示的 f-M 特性，自动计算出不同输出转矩时的转差频率值，并提高输出频率、补偿转差，使得电机获得类似于闭环控制的转速特性。

变频器在额定转速时的转差频率 Δf_e 可根据电机同步转速 n_1、额定转速 n_e（r/min）电机极对数 P 按下式计算后得到

$$\Delta f_e = \frac{(n_1 - n_e) \cdot P}{60}$$

CIMR-A1000 变频器使用转差补偿功能时，需要注意以下几点。

① 闭环 V/f 控制的变频调速系统可通过实际速度的检测自动补偿转速误差，故不需要使用转差补偿功能。

② 采用矢量控制的变频器，其额定转差可通过变频器的"自动调整运行"自动设定，无须使用转差补偿功能。

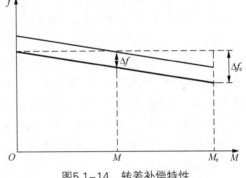

图5.1-14 转差补偿特性

CIMR-A1000 变频器的转差补偿参数如表 5.1-18 所示。

表 5.1-18 CIMR-A1000 变频器的转差补偿参数

参数号	参数名称	默认设定	设定值与意义
C3-01	转差补偿增益	注	转差补偿值的修正系数
C3-02	转差补偿滤波时间	注	转差补偿调节器的滤波时间常数
C3-03	转差补偿极限	200	以额定转差百分比设定的最大转差补偿量
C3-05	自动电压限制功能选择	0	0：无效；1：有效
E2-02	额定转差	注	额定负载时的转差值（折算为频率）
E2-03	空载电流	注	空载电流（用于转差补偿计算）

注：默认设定与变频器的控制方式、电压等级、容量、电机等有关。

参数 C3-01 用于转差补偿调整；如转差补偿后的实际转速与理论转速差距较大，可调整 C3-01、修整补偿值；如设定 C3-01=0，将撤销转差补偿功能。在闭环矢量控制的变频器上，参数 C3-01 为电机的输出转矩补偿参数，增加参数 C3-01 可提高电机输出转矩。

参数 C3-02 用于动态响应特性调整，如转差补偿后出现转速不稳定的现象，可适当增加滤波时间常数。

参数 C3-03 用来设定变频器的最大转差补偿量。在额定频率以下区域，转差补偿的上限为 C3-03；在额定频率以上区域，转差补偿上限将按图 5.1-15 增加。

参数 C3-05 可用来让输出电压限制功能生效。当变频器在额定频率以上区域工作时，输出电压限制在电机额定电压上，通过减小励磁电流、提高转速，可以得到类似恒功率调速特性。

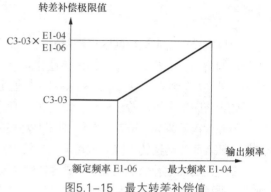

图5.1-15　最大转差补偿值

2. 频率偏差控制

感应电机用于行车、起重机等升降负载控制时，通常都需要使用绕线转子感应电机，利用转子串联电阻的方式实现有级调速（串级调速）。

串级调速是通过改变转差实现的调速，其机械特性为一组不同斜率的下垂线。

为了使得变频调速系统获得传统串级调速类似的特性，在采用闭环矢量控制功能的变频器上，可通过转差频率的设定，获得图 5.1-16 所示的机械特性，以适应升降负载的控制要求。变频器的这一功能称为频率偏差控制或下垂（Droop）功能。

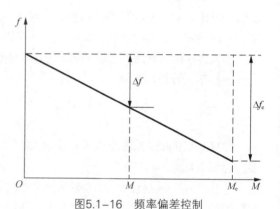

图5.1-16　频率偏差控制

频率偏差控制功能生效时，可通过变频器参数设定在额定输出转矩时的转差频率值 Δf_e，变频器将自动计算输出转矩时的转差频率值，获得所需的 f-M 特性。

CIMR-A1000 变频器的固定频率偏差控制功能的参数如表 5.1-19 所示，电机在额定转矩时的转差频率可通过参数 b7-01 设定。

表 5.1-19　CIMR-A1000 变频器的固定频率偏差控制功能的参数

参数号	参数名称	默认设定	设定值与意义
b7-01	固定偏差控制增益	0	额定转差频率
b7-02	固定偏差控制滤波时间	0.05	固定偏差控制调节的滤波时间
b7-03	固定偏差控制极限选择	0	0：无效；1：有效

参数 b7-01 设定的是额定输出转矩时的转差频率值，对于其他转矩值，其转差频率自动按照下式计算

$$\Delta f = \frac{矩电流分量（滤波后）}{额定电流} \cdot \frac{（b7-01设定值）}{100} \cdot 最大输出频率$$

三、PID调节功能

1. PID 调节原理

闭环控制系统是采用给定输入与实际值反馈的误差控制的系统。由于误差值很小，为了便

于控制，需要通过调节器对其进行放大、积分、微分等处理。

当调节器用于误差放大时，称为比例调节器（P 调节器）；用于积分运算时，称为积分调节器（I 调节器）；用于微分处理时，称为微分调节器（D 调节器）；如调节器同时具备放大、积分、微分 3 种功能，则称为 PID 调节器。

PID 调节器的输入、输出具有以下函数关系。

$$M\left(t\right) = K_{c}\left(e\left(t\right) + \frac{1}{T_{i}}\int_{0}^{t}e\left(t\right)\mathrm{d}t + T_{d}\frac{\mathrm{d}e}{\mathrm{d}t}\right) + M_{0}$$

式中：$M\left(t\right)$——调节器输出；

$e\left(t\right)$——误差输入；

K_{c}——比例增益；

T_{i}——积分时间常数；

T_{d}——微分时间常数；

M_{0}——初始值。

闭环系统采用 PID 调节器后，可利用比例控制迅速放大误差、改变输出，提高系统的响应速度；而积分控制则可保证系统只有在误差为 0 时，调节器的输出才能保持稳定值，故可消除稳态误差；微分控制可检测误差变化速度，提前改变输出，加快系统的响应速度。因此，这是一种结构简单、实现容易、参数调整方便，且不需要建立数学模型的通用调节方式。

2. PID 调节特性

由自动控制理论可知，对阶跃输入信号，PID 调节器的 P、I、D 调节部分具有图 5.1-17（a）所示的特性，PID 调节器的输出响应曲线如图 5.1-17（b）所示。

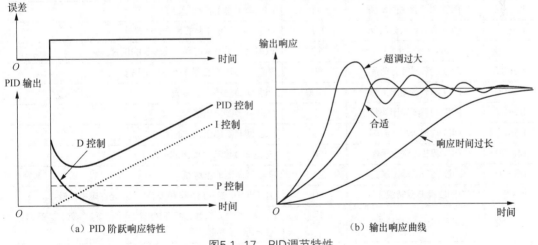

（a）PID 阶跃响应特性　　　　　（b）输出响应曲线

图5.1-17　PID调节特性

闭环系统的动态性能通常用"超调量"与"调节时间"两个指标来衡量，系统超调量越小、调节时间越短、其动态性能就越好。在 PID 调节系统中，增加比例增益 P、减小积分时间、增大微分时间都可以起到缩短"调节时间"的作用，但同时将加大超调量甚至引起系统的振荡。

PID 调节系统可以针对实际情况，进行如下基本调整。

① 超调量过大：增加积分时间或减小微分时间的设定值。

② 调节时间过长：增加微分时间或减小积分时间的设定值。

③ 系统振荡：增加积分时间或减小微分时间，增加滤波器时间、减小比例增益。

3. PID 变频调速系统

PID 变频调速系统通常用于流量、压力、温度等物理量变化相对缓慢的过程控制，系统的结构如图 5.1-18 所示。给定、反馈可通过模拟量输入连接端 AI 输入；调节器可为 PI、PD 或 PID。

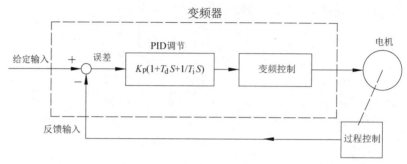

图5.1-18 PID变频调速系统结构

PID 变频调速系统一般需要有输出限制、输出增益与偏移调整、输出滤波、输出极性变换、转向限制、加减速控制等功能。此外，为了防止系统开环工作，变频器还需要有反馈监控、自动中断等配套功能。

CIMR-A1000 变频器的 PID 控制参数设定如表 5.1-20 所示。

表 5.1-20 CIMR-A1000 变频器的 PID 控制参数设定

参数号	参数名称	默认设定	设定值与意义
b5-01	PID 功能选择	0	0：PID 功能无效；1：PID 有效；等等
b5-02	PID 调节器比例增益	1	PID 调节器的比例增益 P
b5-03	PID 调节器积分时间	1	PID 调节器的 I 调节积分时间常数
b5-04	PID 积分上限	100	以最大输出频率的百分比设定的积分极限值
b5-05	PID 调节器微分时间	0	PID 调节器的 D 调节积分时间常数
b5-06	PID 调节器输出上限	100	PID 调节器输出上限值
b5-07	PID 调节器输出偏置	0	PID 调节器输出偏置
b5-08	PID 调节器滤波时间	0	PID 调节器输出滤波时间
b5-09	PID 调节器输出极性	0	改变 PID 调节器输出的极性
b5-10	PID 调节器输出增益	1	PID 调节器输出增益
b5-11	PID 调节反转设定	0	0：PID 调节不允许电机反转；1：允许电机反转
b5-12	PID 反馈断开检测	0	0：无效；1：有效，断开时继续运行；2：有效，断开时输出关闭、变频器报警
b5-13	PID 反馈断开检测值	0	以最大输出频率的百分比设定的反馈断开检测阈值
b5-14	PID 反馈断开检测时间	1	反馈断开检测延时
b5-15	PID 调节中断检测频率	0	PID 调节输出中断的动作频率
b5-16	PID 调节中断检测延时	0	PID 调节输出中断的检测时间
b5-17	PID 调节加减速时间	0	PID 软启动的加减速时间
b5-18	PID 调节给定选择	0	0：外部输入；1：参数 b5-19 设定
b5-19	PID 调节的内部给定	0	内部 PID 给定设定

参数号	参数名称	默认设定	设定值与意义
b5-20	PID 给定值单位	0	0：0.01Hz；1：0.01%；2：r/min；3：b5-38/39 设定
b5-34	PID 调节输出频率下限	0	PID 调节器输出下限
b5-35	PID 调节误差输入极限	100	误差输入极限
b5-36	PID 调节反馈输入极限	100	反馈输入极限
b5-37	PID 反馈极限检测时间	1	PID 调节器反馈输入极限检测时间
b5-38	PID 调节给定显示单位	—	以任意单位显示的最大给定值
b5-39	PID 给定的小数位数	2	给定值显示的小数点位数
b5-40	U1-01 显示设定	0	0：PID 补偿前的给定；1：PID 补偿后的给定
H6-01	PI 输入功能设定	0	0：频率给定；1：PID 给定；2：PID 反馈
H3-02	A1 输入功能选择	0	B：PID 反馈；C：PID 给定
H3-10	A2 输入功能选择	2	B：PID 反馈；C：PID 给定
H3-06	A3 输入功能选择	0	B：PID 反馈；C：PID 给定

使用 PID 功能时，可通过参数 H1-01~H1-10 的设定值定义如下 PID 控制信号。

19：PID 取消，ON 时取消 PID 调节功能。

30：积分复位，ON 将 PID 调节器的积分调节器输出置"0"。

31：PID 积分保持，ON 将 PID 调节器的积分调节器输入置"0"，调节器输出保持不变。

34：PID 软启动生效，ON 时增加 PID 加减速环节，参数 b5-17 设定的加减速时间有效。

35：PID 调节器极性变换，ON 时转换 PID 输出极性。

技能训练

通过任务学习，完成以下练习。

一、不定项选择题

1. 以下对 V/f 变频控制方式理解正确的是 ··（　　）

    A. 输出电压和频率之比保持不变　　　　　B. 可用于 $1:n$ 控制

    C. 电机输出转矩基本保持不变　　　　　　D. 适合高频调速

2. 以下对 V/f 低频转矩提升功能理解正确的是 ··（　　）

    A. 输出电压和频率之比保持不变　　　　　B. 提高输出电压和频率之比

    C. 输出电压和频率之比可以不同　　　　　D. 提高变频器低频输出电流

3. 以下对矢量控制变频方式理解正确的是 ··（　　）

    A. 是基于恒转矩调速的控制　　　　　　　B. 可提高变频器的低频输出转矩

    C. 可提高变频器的响应速度　　　　　　　D. 可以用于 $1:n$ 控制

4. 变频器单独调试时应选择的操作模式是 ··（　　）

    A. 外部操作　　　B. PU 操作　　　　　　C. 网络操作　　　D. 其他操作

5. 如果变频器用于数控、PLC 控制系统，通常选择的操作模式是 ···············（　　）

    A. 外部操作　　　B. PU 操作　　　　　　C. 网络操作　　　D. 其他操作

6. 如果变频器用于数控、PLC 控制系统，通常选择的运行方式是 ···············（　　）

A. 外部运行　　　　B. PU 运行　　　　　　C. 网络运行　　　　D. 其他运行

7. 如果 CIMR-A1000 变频器采用完全外部控制，必须连接控制信号的是............（　　）

　　A. S1　　　　　　B. S2　　　　　　　　C. S5　　　　　　　D. 模拟量输入

8. CIMR-A1000 变频器独立调试时，必须连接的是.....................................（　　）

　　A. 输入电源　　　B. 电机　　　　　　　C. S1/S2　　　　　　D. 模拟量输入

9. 变频器用于机电设备控制时，模拟量输入信号的常用形式为.....................（　　）

　　A. 0~10V　　　　B. −10~10V　　　　　C. 0~20mA　　　　D. 4~20mA

10. 提高变频器载波频率的作用是...（　　）

　　A. 改善输出电流波形　　　　　　　　　B. 减小变频器损耗

　　C. 提高动态响应速度　　　　　　　　　D. 降低运行噪声

11. 如 50Hz/4 极电机用于 300~3000r/min 调速，参数 E1-04/d2-01 可为..............（　　）

　　A. 50/50　　　　　B. 100/100　　　　　C. 50/100　　　　　D. 100/50

12. 如 50Hz/4 极电机用于 300~3000r/min 调速，参数 E1-09/d2-02 可为..............（　　）

　　A. 20/5　　　　　B. 5/20　　　　　　　C. 10/5　　　　　　D. 10/10

13. 最大输出为 60Hz 的电机，为避免 35~38Hz 运行，d3-01/02/03/04 可设定为...（　　）

　　A. 38/0/0/3　　　B. 35/0/0/3　　　　　C. 0/0/35/3　　　　D. 60/60/35/3

14. 采用默认 DI 的 CIMR-A1000 变频器，AI 给定速度时，输入不能为 ON 的 DI 端是...（　　）

　　A. S1/S2/S5/S6　　B. S1/S2/S7/S9　　　C. S1/S2　　　　　D. S5/S6/S7/S9

15. 安川 CIMR-A1000 系列变频器的主速输入用于.....................................（　　）

　　A. 点动运行　　　B. 多级变速　　　　　C. 无级变速　　　　D. 远程调速

16. 安川 CIMR-A1000 系列变频器默认的主速输入是.................................（　　）

　　A. 连接端 A1　　B. 连接端 A2　　　　C. 连接端 A3　　　D. 连接端 AC

17. 安川 CIMR-A1000 系列变频器可连接 4~20mA 输入的是.........................（　　）

　　A. 连接端 A1　　B. 连接端 A2　　　　C. 连接端 A3　　　D. 连接端 AC

18. 调试时如发现所有转速都低于指令转速，可采取的措施是.........................（　　）

　　A. 降低增益设定参数　　　　　　　　　B. 提高增益设定参数

　　C. 降低偏移设定参数　　　　　　　　　D. 提高偏移设定参数

19. 调试时发现输入正转信号后，电机低速反转，可采取的措施是.....................（　　）

　　A. 降低增益设定参数　　　　　　　　　B. 提高增益设定参数

　　C. 降低偏移设定参数　　　　　　　　　D. 提高偏移设定参数

20. 安川 CIMR-A1000 变频器可以使用的加减速方式是.............................（　　）

　　A. 线性　　　　　B. 两段线性　　　　　C. S 型　　　　　D. 直线/S 型复合

21. 以下对变频器 S 型加减速功能理解正确的是.......................................（　　）

　　A. 加速度保持不变　　　　　　　　　　B. 加速度变化率保持不变

　　C. 加减速时间可延长　　　　　　　　　D. 加减速时间可缩短

22. 安川 CIMR-A1000 变频器可采用的停止方式是...................................（　　）

　　A. 减速停止　　　B. 自由停车　　　　　C. 直流制动　　　D. 断开电源

23. 变频器正常运行时，通常采用的停止方式是.......................................（　　）

　　A. 减速停止　　　B. 自由停车　　　　　C. 直流制动　　　D. 断开电源

24. 变频器急停时，通常采用的停止方式是 .... ( )

    A. 减速停止　　　　B. 自由停车　　　　　C. 直流制动　　　　D. 断开电源

25. 安川 CIMR-A1000 变频器不使用的 DI/DO 端应设定为 ....( )

    A. 0　　　　　　　　B. F　　　　　　　　　C. FF　　　　　　　D. 00

二、简答题

1. 简述 V/f 变频控制与矢量控制的特点。

2. 在变频调速系统上，电机的正反转、启停可采用哪些方式控制？电机的转速可通过哪些方法调整？

3. 频率跳变区有何作用？安川 CIMR-A1000 变频器应如何设定跳变区？

4. 安川 CIMR-A1000 变频器的速度可以采用哪些方法给定？其优先级是如何规定的？

5. 什么叫变频器的主速输入？怎样使得安川 CIMR-A1000 变频器的 A2 端成为主速输入？

6. 安川 CIMR-A1000 变频器可采用哪些加减速方式？S 型加减速有何优点？

7. 简述自由停车、减速停止与急停的区别。

三、计算题

1. 假设 CIMR-A1000 变频器的参数设定为：E1-04 = 120Hz、H3-01 = 0、H3-02 = 100%、H3-08 = 0、H3-09 = 1，试计算以下值。

① 输入端 A1 的增益值。

② A1 输入为 0V 的变频器输出频率。

③ A1 输入为 2V 时的变频器输出频率。

2. 假设 CIMR-A1000 变频器的参数设定为：E1-04 = 120Hz、H3-01 = 0、H3-02 = 100%、H3-03 = 2、H3-08 = 0、H3-09 = 0，试计算以下值。

① A1 输入为 0V 的变频器输出频率。

② A1 输入为 2V 的变频器输出频率。

••• 任务二　变频器操作、调试与维修 •••

知识目标

1. 熟悉 CIMR-A1000 变频器操作单元。

2. 掌握变频器参数设定、初始化、保护的基本方法。

3. 掌握变频器参数快速设置操作。

4. 掌握变频器快速调试操作。

5. 熟悉变频器自动调整、试运行操作。

6. 了解变频器状态监控与故障处理的一般方法。

能力目标

1. 能够进行变频器参数设定、初始化、保护操作。

2. 能够完成变频器参数快速设置。

3. 能够完成变频器的快速调试、自动调整、试运行。

基础学习

一、操作单元说明

CIMR-A1000 系列变频器的操作单元有图 5.2-1 所示的多行显示、单行显示两种。多行显示的操作单元功能较强，本书将以此为例进行介绍，单行显示操作单元的操作可见拓展学习及安川相关说明书。

（a）多行显示　　　　　　　　（b）单行显示

图5.2-1　CIMR-A1000操作单元

操作单元分为"状态指示区""操作显示区""操作按键区"3 个区域，各区域的作用如下。

1. 状态指示区

状态指示区安装有 1 个报警指示灯 ALM，用于变频器报警指示。ALM 灯亮，表明变频器存在报警；ALM 灯暗，表明变频器正常工作；ALM 灯闪烁，表明变频器存在报警、操作错误或自动调整出现故障。

2. 操作显示区

操作单元的显示区为 6 行液晶显示，显示内容如下。

① 第 1 行，状态显示行。第 1 行左侧第 1 区为变频器操作模式指示，显示内容如下。

MODE：操作模式选择状态。

MONITR：状态监控状态。

VERIFY：校验式状态。

PRMSET：参数设定状态。

A.TUNE：自动调整状态。

SETUP：调试状态。

变频器的 DriveWorksEZ 功能生效时，第 1 行中间区显示 "DWEZ"。

第 1 行中偏右位置为变频器工作状态指示，显示内容如下。

DRV：变频器运行（Drive），亦称驱动模式。

PRG：变频器设定（Programming），亦称编程模式。

第 1 行右侧为变频器运行指示，显示"Rdy"为变频器准备好或运行状态。

② 第 2 行，数据说明行。

第 2 行显示是对显示行数据的简要说明，如 FREF(Frequency Ref, 频率给定)、Monitor Menu（监控菜单）等。当显示频率给定 FREF 时，还可以在括号内显示如下的当前频率给定输入方式。

（OPR）：可通过操作单元选择。

（AI）：来自模拟量输入 AI。

（COM）：来自通信命令。

（OP）：由操作单元设定。

（RP）：来自脉冲输入 PI。

③ 第 3~5 行，数据显示行。正常可显示 3 个连续数据，当前选定的数据以大字符显示在第 3 行上，随后的 2 个数据显示在第 4、5 行。

第 4、5 行的右侧显示的是变频器的控制命令来源，即 LO/RE（Local/ Remote）指示，显示内容如下。

RSEQ：运行控制命令（正反转和启停）来自变频器的 DI 输入（Remote，外部控制模式）。

LSEQ：运行控制命令（正反转和启停）来自操作单元（Local，操作单元控制模式）。

RREF：频率给定来自 AI 输入（Remote，外部控制模式）。

LREF：频率给定来自操作单元（Local，操作单元控制模式）。

④ 第 6 行，功能键【F1】、【F2】功能提示和转向显示。

第 6 行的中间为转向显示，FWD 为正转，REV 为反转。

第 6 行左侧、【F1】键上方为功能键【F1】的功能提示，显示内容如下。

JOG：JOG 操作选择。

HELP：帮助信息。

⬅：光标左移。

HOME：直接返回到频率给定显示。

ESC：退出，返回到上一级操作、显示状态。

第 6 行右侧、【F2】键上方为功能键【F2】的功能提示，显示内容如下。

FWD/REV：转向选择。

DATA：数据显示。

➡：光标右移。

RESET：变频器复位。

3. 操作按键区

操作按键区共有 8 个固定键和两个功能键，按键的名称与作用如表 5.2-1 所示。

表 5.2-1　操作单元按键的名称与作用

符号	名称	作用
ESC	回退键	光标前移（左移）或返回到上一级操作、显示状态；按下并保持，直接返回到频率给定显示
RESET	变频器复位与光标移动键	对变频器故障进行复位或光标右移
∧	数值增加、显示切换键	改变光标指示位置的数值（增加）、切换上一页显示等

续表

符号	名称	作用
Ⅴ	数值减少、显示切换键	改变光标指示位置的数值（减少）、切换下一页显示等
LO/RE	操作模式转换键	切换操作单元操作/外部操作模式，带指示灯；指示灯亮为操作单元操作模式，暗为外部操作模式
ENTER	输入键	输入数据或改变显示页面
RUN	运行键	选择操作单元操作模式时，可启动变频器运行，带指示灯；指示灯的说明见下述
STOP	停止键	停止变频器运行，按键对外部操作模式同样有效
F1	功能键1	按键功能可变，功能在显示区指示
F2	功能键2	按键功能可变，功能在显示区指示

4. RUN 指示灯

操作按键【RUN】的指示灯有"亮""闪烁""快速闪烁""暗"4种状态。其中，"闪烁"为周期1s的交替亮/暗；"快速闪烁"是0.5s的周期0.25s交替亮/暗和0.5s暗的组合，两者的状态区别如图5.2-2所示。

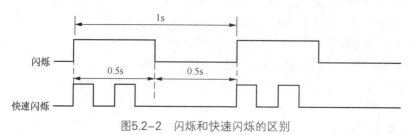

图5.2-2　闪烁和快速闪烁的区别

【RUN】指示灯亮为变频器正常运行（包括频率上升阶段）状态；指示灯暗为变频器运行停止状态；指示灯闪烁为电机减速停止或运行时的频率给定为0的情况。指示灯的状态如图5.2-3所示。

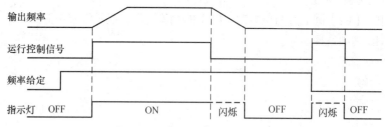

图5.2-3　【RUN】指示灯状态

【RUN】指示灯快速闪烁属于以下情况。

① 变频器选择操作单元操作模式时，从DI端输入了运行控制信号，变频器强制切换到外部控制模式。

② 在变频器未选择运行模式时，从DI端输入了运行控制信号。

③ 输入急停DI信号，变频器紧急停止。

④ 在外部控制模式下，按下了操作单元上的【STOP】键。

⑤ 驱动器未设定电源启动直接运行（参数b1-17＝0），在开机时运行控制信号已生效。

二、变频器基本操作

CIMR-A1000 变频器操作单元总体可分为运行（Drive，又称驱动）和设定（Programming，又称编程）2 种操作显示模式，操作显示模式的转换，可直接通过操作单元的显示切换键【▲】/【▼】进行。

1. 运行模式

当 CIMR-A1000 变频器选择运行模式时，可进行图 5.2-4 所示的显示切换。

CIMR-A1000 变频器的运行模式具有控制变频器的运行和停止、修改操作单元操作时的频率给定值、监控变频器状态、显示变频器报警和报警历史记录等功能。

变频器的运行启动、停止可直接利用操作单元上的【RUN】【STOP】键进行。变频器的状态监控、报警和报警历史记录可直接用操作单元的按键，通过显示状态监控参数（U1~U6组）进行。

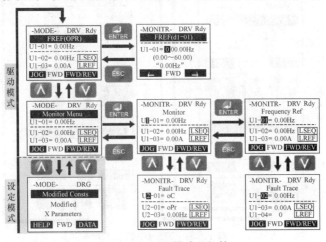

图5.2-4　运行模式的切换

在运行模式下，改变 PU 操作频率给定的操作步骤如图 5.2-5 所示。设定的频率一般需要按数据输入键【ENTER】生效，但是，如变频器参数 o2-05 设定为"1"，则输入完成后输入频率可以立即生效。

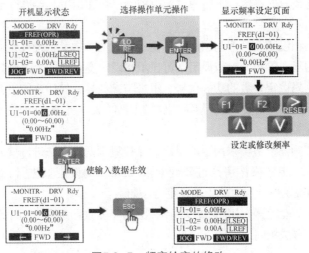

图5.2-5　频率给定的修改

2. 设定模式

CIMR-A1000 变频器的设定模式可进行参数校验（Modified Consts）、快速设置（Quick Setting）、参数设定（Programming）、自动调整（Auto-Tuning）等操作，设定模式的切换如图 5.2-6 所示。

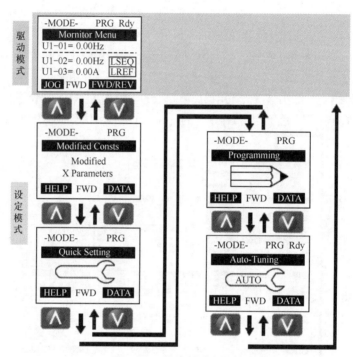

图5.2-6 设定模式的切换

三、参数设定、初始化及保护

1. 参数设定

CIMR-A1000 变频器的参数设定可通过参数校验、快速设置、参数设定 3 种模式进行，但参数的设定范围有所不同。

参数校验可显示和设定变频器与出厂默认值不一致的参数；快速设置可显示和设定保证变频器最低运行要求的基本参数；参数设定则可显示和设定变频器的全部参数。

在设定参数时需先选定参数的功能代号、组号与参数号，然后才能进行参数的修改。参数设定时，需要用光标键调整位置，然后用数值增/减键（【▲】/【▼】）改变参数号、参数值，确认后用【ENTER】键输入。

CIMR-A1000 变频器参数可采用手动设定、参数复制两种方法进行输入。参数复制需要分读出、写入与校验 3 步，操作可通过改变参数 o3-01 的设定值进行，其操作方法可参见 CIMR-A1000 变频器说明书。参数的手动设定方法如下。

变频器参数的手动设定操作如图 5.2-7 所示，图为将变频器参数 C1-01 设定为 20s 的操作过程，其他参数的设定方法相同。

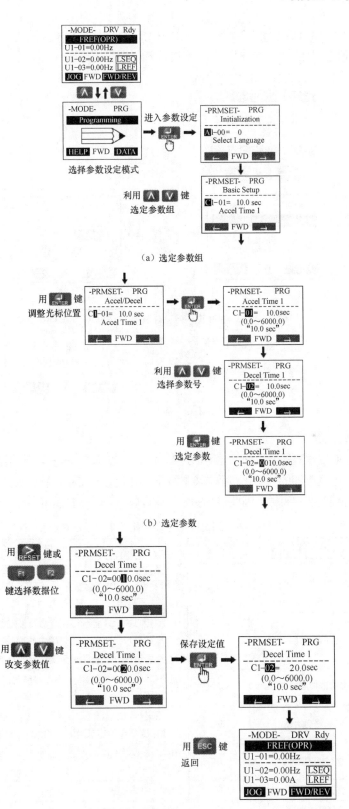

（a）选定参数组

（b）选定参数

（c）参数修改

图5.2-7 参数设定操作

变频器的参数也可通过图 5.2-8 所示的校验操作进行设定，校验模式将自动显示被用户修改的参数，参数值可以通过与上述相同的方法进行修改。

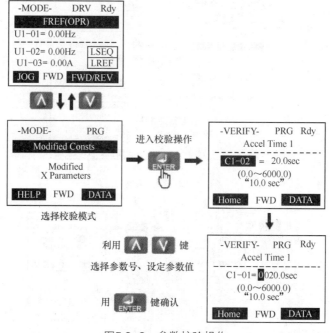

图5.2-8　参数校验操作

2. 参数初始化

CIMR-A1000 变频器的参数初始化可通过参数 A1-03 的设定进行，初始化操作可将参数恢复为出厂设定。由于变频器的初始化参数与变频器的操作设定、变频控制方式、运行控制信号、容量、载波频率等控制要求有关，因此进行初始化操作前，一般需要设定表 5.2-2 所示的控制条件。

表 5.2-2　CIMR-A1000 初始化条件设定参数

参数号	参数名称	默认值	设定值与意义
A1-00	操作单元显示语言	1	0：英语；1：日语；2：德语；3：法语；4：意大利语；5：西班牙语；6：葡萄牙语；7：中文；8：捷克语；9：俄语；10：土耳其语；11：波兰语；12：希腊语
A1-01	参数保护级	2	0：监控方式，只显示 U 组参数及设定参数 A1-01/04；1：用户显示，只显示/设定用户参数 A2 中定义的参数；2：高级设置，可显示/设定变频器的全部参数
A1-02	变频器控制方式	2	0：开环 V/f 控制；1：闭环 V/f 控制；2：开环矢量控制 1；3：闭环矢量控制；4：开环矢量控制 2
A1-03	变频器初始化	0	0：不进行初始化；1110：用户设定参数初始化；2220：2 线制控制初始化；3330：3 线制控制初始化
A1-04	参数保护密码	0	用户参数保护密码输入，当本参数输入与 A1-05 不一致时，参数 A1-01~A1-03、A2-01~A2-32 参数的写入被禁止
A1-05	保护密码预置	0	预置的保护密码
E1-03	V/f 特性选择	F	变频器的 V/f 特性曲线
C6-01	负载类型	0	0：重载工作（恒转矩控制）；1：轻载工作（风机类负载）

CIMR-A1000 变频器的初始化操作可按以下步骤进行。

① 设定 A1-00,选定操作单元显示语言。

② 将 A1-01 的参数保护等级设定为"2"(可设定与显示全部参数)。

③ 根据需要选择变频控制方式(A1-02)、V/f 特性(E1-03)、变频器容量(o2-04)、负载类型(C6-01)。

④ 根据电路设计要求,设定初始化参数 A1-03 为 1110、2220 或 3330。A1-03 一旦被设定,变频器将根据以上控制条件将所有参数恢复至初始值。

变频器的调试完成后,为了便于用户设定参数的恢复,可设定变频器参数 o2-02 = 1,将全部参数作为用户设定初始化参数存储。用户设定初始化参数可直接用 A1-03 = 1110 的初始化操作一次性恢复。如需要清除用户设定初始化参数,可设定变频器参数 o2-02=2,重新装载出厂设定值。

3. 参数保护

CIMR-A1000 变频器参数可通过密码、用户设定两种方式保护,密码可禁止全部参数的显示,用户设定可有选择地开放部分参数。如果需要,变频器的参数写入操作可用 DI 信号禁止。禁止参数写入的 DI 连接端的功能代号为"1B",信号一旦被定义,只有 DI 输入 ON 时,才可进行参数写入操作,但仍允许参数显示。

① 密码保护。CIMR-A1000 变频器参数只有在 A1-04 上输入与 A1-05 设定值相同的保护密码后才能显示。变频器出厂默认的 A1-05 密码设定为"0000",改变参数 A1-05 的设定可重新设定密码。参数 A1-05 通常不能显示,如需要,可在显示参数 A1-04 时同时按【▲】和【STOP】键显示密码。密码可通过参数初始化操作清除,恢复出厂设定值"0000"。

② 用户设定。通过用户设定,设计人员可任意选择不超过 32 个的参数向使用者开放,其他参数的显示与修改将被禁止。用户设定时首先需要将参数 A1-01 的保护等级设定为"2"(可设定与显示全部参数);然后将参数 A2-33 设定为 0,使用户设定功能生效;接着便可在参数 A2-01~A2-32 中,依次输入需要向使用者开放的参数号。

实践指导

一、变频器参数快速设置

1. 快速设置流程

为了简化用户使用,CIMR-A1000 系列变频器可利用快速设置模式简单完成变频器基本参数的设定。快速设置是一种简单、便捷、实用的调试功能。一般而言,变频器通过快速设置,便可简单地完成基本参数的设定,并进行正常运行。

CIMR-A1000 变频器快速设置的基本操作流程如图 5.2-9 所示。进行快速设置前,应检查、确认如下基本条件。

① 确认变频器规格型号、电机规格型号正确。

② 变频器的主电源电压连接正确。

③ 中小功率的变频器一般无独立的控制电源输入端;但对于大功率变频器,控制电源有独立的连接端。控制电源独立输入的变频器,应根据设计要求,正确设定、连接控制电源。

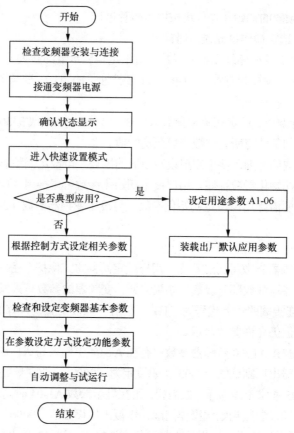

图5.2-9　快速设置流程

④ 确认电机安装与机械部件连接。单独试运行的电机应可靠固定，电机旋转轴需要进行必要的防护；对于安装在设备上的电机，应将负载分离。

⑤ 接通变频器电源，检查操作单元的显示是否正确；如变频器显示报警，则需首先排除故障，然后才能进入快速调试模式。

2. 快速设置操作

快速设置设定的变频器参数与变频器用途、控制方式有关，CIMR-A1000 系列变频器的用途有普通应用、典型应用两种。普通应用的变频器通常可选择 V/f 控制、矢量控制方式，并设定 E1 组 V/f 控制参数、E2 组电机参数（自动调整运行）。典型应用选择是 CIMR-1000 系列变频器的新增功能，它可直接通过变频器参数 A1-06 的设定自动装载典型负载参数，有关内容见下文。

CIMR-A1000 变频器利用操作单元实现快速设置的操作步骤如图 5.2-10 所示。

3. 基本参数设定

变频器基本参数设定操作可直接通过选择"快速设置"页面选择。基本参数是保证变频器运行最低要求的必需参数，变频器使用时，必须予以检查、设定。CIMR-A1000 变频器的基本参数如表 5.2-3 所示。

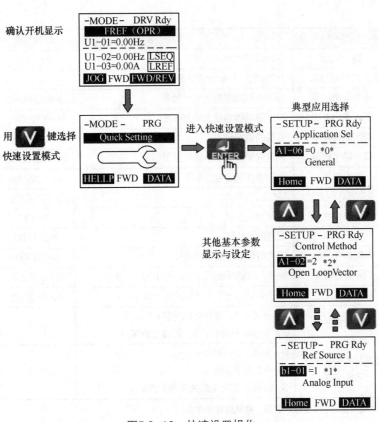

图5.2-10　快速设置操作

表 5.2-3　CIMR-A1000 变频器的基本参数

参数号	参数名称	说明	设定范围	默认设定
A1-06	变频器用途 （典型应用）	0：普通应用；1：水泵；2：传送带； 3：普通风机；4：高压风机；5：空气压缩机； 6：升降起重机；7：平移起重机	0~7	0
A1-02	变频控制方式	0：开环 V/f 控制；1：闭环 V/f 控制； 2：开环矢量控制 1；3：闭环矢量控制； 4：开环矢量控制 2	0~4	2
b1-01	变频器运行方式	0：PU；1：外部；2：网络； 3：附加模块；4：脉冲输入（RP/AC）	0~4	1
b1-02	变频器操作模式	0：PU；1：外部；2：网络； 3：附加模块	0~3	1
b1-03	变频器停止方式	0：减速停止；1：自由停车；2：直流制动	0~3	0
C1-01	加速时间 1	从 0 加速到最大频率的时间	0~6000.0s	10.0
C1-02	减速时间 1	从最大频率减速到 0 的时间	0~6000.0s	10.0
C6-01	负载类型选择	0：重载（HD）；1：轻载（ND）	0/1	0
C6-02	PWM 载波频率	正常的 PWM 载波频率	1~F	注
d1-01~04	多级变速频率	多级变速对应的频率值	0~400.00Hz	0.00
d1-17	JOG 频率	JOG 操作对应的频率值	0~400.00Hz	6.00

续表

参数号	参数名称	说明	设定范围	默认设定
E1-01	输入电压	变频器主电源输入电压	155~510V	200/400
E1-03	V/f曲线选择	V/f控制时的输出特性选择	0~F	F
E1-04	最大输出频率	设定变频器的最大输出频率	0~400.00Hz	60.00
E1-05	最大输出电压	设定变频器的最大输出电压	0~510.0V	200.0/400.0
E1-06	额定输出频率	电机的额定频率	0~400.00Hz	60.00
E1-09	最小输出频率	设定变频器的最小输出频率	0~400.00Hz	0.50
E1-13	基准电压	恒功率区输出电压设定	0~510.0V	0
E2-01	电机额定电流	电机额定电流	0~1210.00	注
E2-04	电机极数	设定电机极数	2~48	4
E2-11	电机功率	设定电机功率	0~650.00	注
F1-01	编码器脉冲数	电机每转脉冲数（仅闭环）	0~60000	600
H4-02	FM 增益设定	端子 FM 输出电压（1 对应 10V）	0.00~2.50	1.00
H4-05	AM 增益设定	端子 AM 输出电压（1 对应 10V）	0.00~2.50	0.50
L1-01	电机保护选择	0：无效；1：通用电机保护； 2：专用电机保护；3：矢量控制保护	0~3	1
L3-04	减速时的失速防止功能选择	0：无效；1：有效； 2：最短时间减速； 3：使用外置电阻的失速保护方式	0~3	1

注：默认设定与变频器的电压等级、容量、电机型号等有关。

二、变频器快速调试

变频器的快速调试同样与变频器用途、控制方式有关。对于普通应用，需要进行 V/f 控制、矢量控制调试；对于典型应用，需要利用参数 A1-06 选择负载类型。

1. V/f 控制快速调试

CIMR-A1000 变频器可通过参数 A1-02，选择开环、闭环 V/f 控制；参数 A1-02 = 0 时，开环 V/f 控制生效；A1-02 =1 时，闭环 V/f 控制生效。

V/f 控制的变频器必须设定、检查表 5.2-3 的 E1 组基本参数；选择闭环 V/f 控制时，还必须设定 E2-04（电机极数）、F1-01（编码器脉冲数）等参数。如变频器与电机之间的电枢线连接长度超过 50m，则应进行长线自动调整，以提高变频器的速度控制精度；用于节能运行的变频器，还需要进行变频器节能控制自动调整操作。

V/f 控制方式的快速调试步骤如图 5.2-11 所示。有关自动调整的功能、要求以及操作步骤详见后文。

V/f 控制基本参数设定完成、并执行了要求的自动调整操作后，便可以进行试运行。试运行的第一步应在电机与负载分离的情况下进行，如果电机的动作全部正常，则可连接负载进行试运行，并对变频器参数进行进一步的调整和优化。

2. 矢量控制快速调试

当 CIMR-A1000 变频器用于高精度速度控制、高启动转矩控制或需要进行速度限制时，参数 A1-02 应设定为"2"或"3"，选择矢量控制方式。

变频器的矢量控制必须知道电机的详细参数，才能建立控制模型；为此，需要进行 E2 组电机参数 E2-01~E2-12 的设定。如电机生产厂家未提供详细的电机参数，则应通过自动调整操作进行电机参数的自动测试与设定。

矢量控制方式的设定与调整步骤如图 5.2-12 所示。有关自动调整的功能、要求以及操作步骤详见后文。

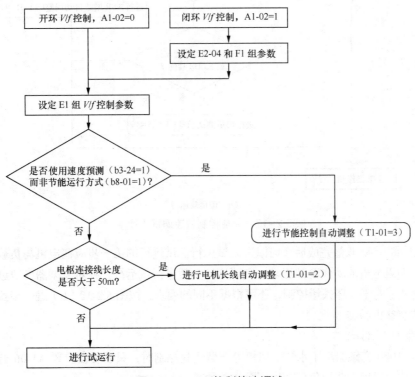

图5.2-11 V/f控制快速调试

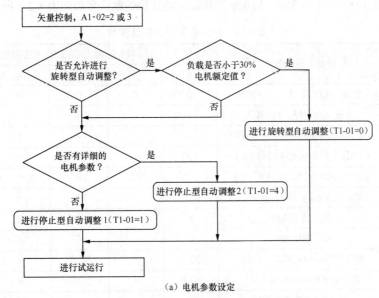

（a）电机参数设定

图5.2-12 矢量控制快速调试

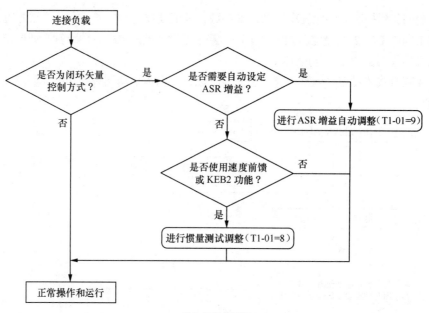

（b）带负载运行

图5.2-12　矢量控制快速调试（续）

矢量控制的自动调整完成后，可以进入试运行。试运行的第一步应在电机与负载分离的情况下进行，如果电机的动作全部正常，则可连接负载进行试运行，并对变频器参数进行进一步的调整和优化。对于闭环矢量控制，还可根据不同的要求，按图5.2-12（b）进一步实施自动调整，有关内容参见后文。

3. 典型应用调试

CIMR-A1000 变频器用于水泵、风机等典型负载控制时，只需要在参数 A1-06 选择典型应用，便可自动装载用于典型负载的出厂默认参数。

对于常见的典型应用，CIMR-A1000 变频器自动装载的默认参数如表 5.2-4 所示。

表 5.2-4　常见典型应用默认参数

参数号	参数名称及意义	不同典型应用（A1-06）的默认参数				
		1	2	3	4	5
A1-02	控制方式选择。0：V/f控制	0	0	0	0	0
b1-04	反转禁止选择。1：禁止	1	×	1	1	1
b1-17	电源启动时的运行。1：允许	×	×	×	1	×
C1-01	0 到最大频率的加速时间（s）	1.0	3.0	×	×	5.0
C1-02	最大频率到 0 的减速时间（s）	1.0	3.0	×	×	5.0
C6-01	负载选择。0：HD；1：ND	1	0	1	1	0
C6-02	载波频率选择	×	×	×	3	×
E1-03	V/f曲线选择	F	×	F	×	F
E1-07	输出特性的中间频率（Hz）	30.0	×	30.0	×	×
E1-08	输出特性的中间电压（V）	50.0	×	50.0	×	×
H2-03	DO 输出 P2 功能选择	×	×	×	39	×

续表

参数号	参数名称及意义	不同典型应用（A1-06）的默认参数				
		1	2	3	4	5
L2-01	瞬时停电功能。1：有效	1	×	1	2	1
L3-04	减速时失速防止。1：有效	1	1	1	×	1
L8-03	过热预警选择。4：继续运行	×	×	×	4	×
L8-38	载波频率降低。2：全范围	×	×	×	2	×

注："×"不改变设定值。

　　当典型应用选定后，对于不同的应用，表 5.2-5 所示的参数将作为用户设定保存到 A2 组参数中，向使用者开放，以便进行必要的调整。

表 5.2-5　典型应用的用户参数

参数号	参数名称	典型应用（A1-06 设定）				
		1	2	3	4	5
A1-02	控制方式选择	×	●	×	×	×
b1-01	频率给定指令来源	●	●	●	●	●
b1-02	启动、停止、转向控制指令来源	●	●	●	●	●
b1-03	变频器停止方式	×	×	×	●	×
b1-04	反转禁止功能选择	●	×	×	×	×
b3-01	速度搜索方式选择	×	×	●	×	×
C1-01	0 到最大频率的加速时间	●	●	●	●	●
C1-02	最大频率到 0 的减速时间	●	●	●	●	●
C6-02	载波频率选择	×	×	×	●	×
d2-01	输出频率上限	×	×	×	●	×
d2-02	输出频率下限	×	×	×	●	×
E1-03	V/f 曲线选择	●	×	●	●	×
E1-04	最大输出频率	×	×	×	●	×
E1-07	输出特性曲线的中间频率	●	×	●	×	●
E1-08	输出特性曲线的中间电压	●	×	●	●	●
E2-01	电机额定电流	●	●	×	×	×
H1-05	DI 输入 S5 功能定义	●	×	●	×	×
H1-06	DI 输入 S6 功能定义	●	×	●	×	×
H1-07	DI 输入 S7 功能定义	●	×	●	×	×
H3-11	AI 输入 A2 增益	×	×	×	●	×
H3-12	AI 输入 A2 偏移	×	×	×	●	×
L2-01	瞬时停电功能选择	×	×	×	×	×
L3-04	减速时失速防止	×	●	×	×	×
L5-01	故障重试次数	●	×	●	×	×
o4-12	电量监视初始化选择	×	×	×	●	×

注："×"不作为用户参数；"●"作为用户参数保存。

三、变频器自动调整

1. 自动调整方式

CIMR-A1000 变频器的自动调整方式可通过参数 T1-01 的设定选择。自动调整方式与使用条件如表 5.2-6 所示。

表 5.2-6　自动调整方式与使用条件

T1-01 设定	自动调整方式	控制方式		使用条件
		V/f	矢量	
0	旋转型自动调整	×	●	电机和负载可以分离，电机允许自由旋转；或 电机和负载不能分离，但负载小于电机额定输出的 30%
1	停止型自动调整 1	×	●	电机和负载不能分离，负载小于电机额定输出的 30%； 无详细的电机参数，不能设定额定转差率
2	长线自动调整	●	●	采用 V/f 控制时，不能采用其他方式进行自动调整时；或 变频器和电机容量不一致；或 变频器与电机间的连接线长度大于 50m
3	节能型自动调整	●	×	电机允许自由旋转，且 使用速度预测或节能控制功能的 V/f 控制方式
4	停止型自动调整 2	×	●	电机和负载不能分离，负载大于电机额定输出的 30%； 有详细的电机参数，能进行空载电流和额定转差率设定
8	惯量测试调整	×	●	仅用于闭环矢量控制方式，且 在完成其他自动调整功能后的试运行阶段实施
9	ASR 增益自动调整	×	●	仅用于闭环矢量控制方式，且 在完成其他自动调整功能后的带负载试运行阶段实施

注："×"不能使用；"●"可使用。

CIMR-A1000 变频器自动调整的功能如下。

① 旋转型自动调整。旋转型自动调整（T1-01=0）是一种用于矢量控制的动态自动调整功能。旋转型自动调整可对电机进行静态（停止状态）与动态（旋转状态）测试，并设定全部电机参数。旋转型自动调整需要 2min 以上，调整过程中电机将自动旋转。如负载在电机额定输出的 30% 以内，旋转型自动调整可在带负载的情况下进行。

② 停止型自动调整 1。停止型自动调整①（T1-01=1）是一种用于矢量控制的静态自动调整功能。停止型自动调整①只对电机进行静态测试以设定部分电机参数，电机的基本参数需要手动设定。停止型自动调整①需要的时间为 1min 左右，调整过程中需要进行电机励磁，但输出频率保持 0，电机不会旋转。

③ 长线自动调整。长线自动调整（T1-01=2）是一种用于 V/f 控制的电机电枢连接线电阻自动测定功能。当电机与变频器之间的连接线长度大于 50m 时，原则上需要进行本操作。长线自动调整的时间在 20s 左右，调整过程中同样需要对电机励磁，但输出频率保持 0，电机不会旋转。

④ 节能运行自动调整。节能运行自动调整（T1-01=3）是一种用于 V/f 控制的旋转型自动调整功能，它用于使用节能控制（参数 b8-01=1）、速度预测（参数 b3-24=1）功能的变频器。当使用节能控制功能时，变频器可根据负载的大小自动调节输出电压，以便将变频器损耗降至

最低；如使用速度预测功能，变频器将自动调节输出电压、预测速度。

⑤ 停止型自动调整 2。停止型自动调整 2（T1-01＝4）用于已知电机详细参数、可准确设定电机空载电流及额定转差率的情况，其他功能与停止型自动调整 1 相同。

⑥ 惯量测试调整（T1-01＝8）和 ASR 增益自动调整（T1-01＝9）用于闭环矢量控制的变频器，且需要在其他自动调整操作完成后、在带负载试运行阶段实施。通过惯量测试调整操作，变频器可自动测试电机转子和负载惯量，并进行调节器参数的优化和设定，功能可以用于速度前馈、动能支持（Kinetic Energy Backup，KEB）等特殊控制需要。ASR（Automatic Speed Regulator，自动速度调节器）增益自动调整的作用与惯量测试调整类似，其主要功能是用于闭环矢量控制变频器的速度调节器参数的优化和设定。

2. 调整参数设定

为了保证自动调整的正常进行，实施自动调整前应设定表 5.2-7、表 5.2-8 所示的自动调整基本参数。

表 5.2-7　自动调整基本参数设定 1

参数号	参数名称	自动调整方式（T1-01 设定）				
		0	1	2	3	4
T1-00	电机 1/2 选择	●	●	●	●	●
T1-02	电机额定功率（kW）	●	●	●	●	●
T1-03	电机额定电压（V）	●	●	×	●	●
T1-04	电机额定电流（A）	●	●	●	●	●
T1-05	电机额定频率（Hz）	●	●	×	●	●
T1-06	电机极数	●	●	×	●	●
T1-07	电机额定转速（r/min）	●	●	×	●	●
T1-08	编码器脉冲数（p/r）	☆	☆	×	×	☆
T1-09	电机空载电流（A）	×	●	×	×	●
T1-10	额定转差率（Hz）	×	×	×	×	●
T1-11	电机损耗（W）	×	×	×	●	×

注："×"不需要设定；"●"需要设定；"☆"仅闭环矢量控制需要设定。

惯量测试调整（T1-01＝8）和 ASR 增益自动调整（T1-01＝9）用于闭环矢量控制的变频器，且需要在其他自动调整操作完成后、在带负载试运行阶段实施。自动调整前，需要设定表 5.2-8 所示的电机基本参数。

表 5.2-8　自动调整基本参数设定 2

参数号	参数名称	自动调整方式（T1-01 设定）	
		8	9
T3-01	测试信号频率（Hz）	●	●
T3-02	测试信号幅值（rad）	●	●
T3-03	电机惯量（kg·m²）	●	●
T3-04	系统响应频率（Hz）	×	●

注："×"不需要设定；"●"为需要设定。

3. 自动设定参数

通过自动调整，CIMR-A1000 变频器可完成 E2 组电机参数的自动测试和设定。如变频器选择了电机切换控制功能，第 2 电机同样可实施自动调整操作，这时需设定参数 T1-00 = 2 选定第 2 电机。自动调整得到的结果将被保存到 E4 组第 2 电机参数中。

CIMR-A1000 变频器通过自动调整操作设定的电机参数如表 5.2-9 所示。

表 5.2-9　自动调整设定的参数

参数号	参数名称	单位	设定值与意义
E2-01~ E2-11	第 1 电机参数	—	第 1 电机参数
E2-12	第 1 电机铁芯饱和系数 3	—	电机铁芯饱和系数 3
E4-01	第 2 电机额定电流	A	电机额定电流
E4-02	第 2 电机额定转差	Hz	电机额定转差
E4-03	第 2 电机空载电流	A	电机空载时的变频器输出电流值
E4-04	第 2 电机极数	—	电机极数
E4-05	第 2 电机定子电阻	Ω	电机定子电阻
E4-06	第 2 电机电感	%	以额定电压百分比设定的电感压降分量
E4-07	第 2 电机铁芯饱和系数 1	—	电机铁芯饱和系数 1
E4-08	第 2 电机铁芯饱和系数 2	—	电机铁芯饱和系数 2
E4-09	第 2 电机机械损耗	%	以电机额定功率百分比设定的损耗功率
E4-10	第 2 电机铁芯损耗	W	用于输出转矩补偿的电机铁芯损耗
E4-11	第 2 电机容量	kW	电机额定功率
E4-14	第 2 电机转差补偿增益	—	电机转差补偿增益
E4-15	第 2 电机转矩补偿增益	—	电机转矩补偿增益

4. 自动调整操作

变频器的自动调整可以通过变频器操作单元进行。以矢量控制（A1-02 = 2）为例，其操作步骤如下。

① 参数设定。自动调整模式选择和参数设定操作如图 5.2-13 所示，操作时，可根据变频器的显示提示，逐一完成全部调整参数的设定。

如果变频器需要进行电机切换控制，并在 DI 信号上定义了电机选择信号（功能代号 16），自动调整参数将首先显示电机选择参数 T1-00，以便确定自动设定的电机参数组 E2 或 E4；否则，将直接显示自动调整方式选择参数 T1-01。

② 自动调整检查。对于存在重力作用的系统，执行自动调整操作前，如电机无法与负载分离，则进行停止型自动调整时需要保证制动器始终处于制动状态。对于安装有制动器的负载、但需进行旋转型自动调整的情况，则应先松开制动器，然后进行旋转型自动调整操作。

③ 自动调整操作。自动调整运行的操作步骤如图 5.2-14 所示。自动调整一般需要数分钟时间，自动调整正常完成后显示 END 状态。自动调整的中断通过操作单元上的【STOP】键进行，调整中断后，操作单元显示"Er-03"报警。

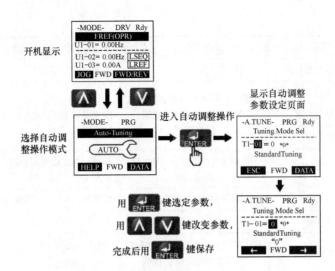

图5.2-13 自动调整模式选择和参数设定操作

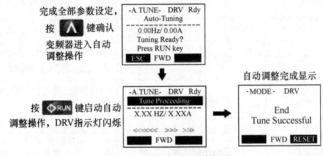

图5.2-14 自动调整操作

5. 报警与处理

如果自动调整过程出现报警，操作单元将显示报警信息。自动调整报警信息与原因、处理方法如表 5.2-10 所示。

表 5.2-10 自动调整报警与处理

报警显示	含义	故障原因	报警处理
End1	V/f比计算出错	转矩超过或空载电流过大	检查参数设定、电机连接和负载
End2	铁芯饱和系数出错	自动调整测量结果不正确，或自动调整没有完成	检查参数设定、电机连接和负载
End3	额定电流错误	电机参数设定错误	检查参数设定
End4	转差率计算出错	转差率超过允许范围	检查参数设定或使用停止型自动调整 2
End5	电阻计算出错	电阻超过允许范围	检查参数设定、电机连接
End6	电感计算出错	电感（漏抗）超过允许范围	检查参数设定、电机连接
End7	空载电流计算出错	空载电流过大或过小	检查参数设定、电机连接
Er-01	电机数据错误	电机参数输入错误；电机电流过大；变频器输出电流异常	检查、确认电机参数；检查变频器与电机的容量匹配；检查电机是否空载或30%以下运行
Er-02	自动调整轻故障	电机数据、连接或负载有轻微不正确	检查参数设定、电机连接和负载

续表

报警显示	含义	故障原因	报警处理
Er-03	自动调整强制中断	自动调整时按了【STOP】键	重新启动自动调整
Er-04	定子电阻不正确	参数设定错误、自动调整测量结果不正确或自动调整没有完成	检查参数设定、电机连接和负载
Er-05	空载电流异常		
Er-08	转差异常		
Er-09	加速故障	电机不能在规定时间内完成加速过程	加速时间设定错误（C1-01）；转矩限制设定错误（L7-01/02）；负载过重
Er-10	转向出错	编码器参数或连接出错	检查参数 F1-05 和编码器连接
Er-11	转速异常	加速转矩过大	延长加速时间（C1-01）；减轻负载
Er-12	电流异常	输出电流超过、电流检测连接错误或故障、电机缺相	检查电机连接；检查电流检测回路
Er-13	电感出错	无法在规定时间内完成电感测试	检查电机连接，检查参数 T1-04 设定
Er-14	速度出错	调整时电机转速超过范围	减小参数 C5-01 设定，重新调整
Er-15	转矩出错	输出转矩超过极限	增加参数 L7-01、L7-04 设定；减小 T3-01、T3-02 设定，重新调整
Er-16	惯量出错	惯量超过允许范围	检查参数 T3-03 设定；减小 T3-01、T3-02 设定，重新调整
Er-17	反转禁止	惯量测试时反转被禁止	检查参数 b1-04 设定，取消反转禁止
Er-18	感应电压出错	感应电压超过允许范围	检查 T2 组参数设定，重新调整
Er-19	PM 电机出错	仅 PM 电机控制时发生，见安川手册	
Er-20	定子电阻出错	定子电阻超过允许范围	检查 T2 组参数设定，重新调整
Er-21	Z 相校正出错	编码器出错	检查编码器设定和连接

四、变频器试运行

在变频器基本参数设定与自动调整完成后，可根据需要继续进行其他参数的设定。参数设定完成后便可以对其进行试运行操作。试运行前必须确保急停线路能够可靠动作，电机可以安全旋转。为了防止试运行过程中发生问题，试运行原则上应通过变频器操作单元进行。

变频器的空载试运行一般可利用操作单元的控制，通过变频器的 JOG 运行进行，其操作步骤如图 5.2-15 所示。

安川变频器出厂默认的 JOG 运行频率通常为 6Hz，如果需要，可以直接通过操作单元调整 JOG 运行频率值、改变电机转速，进行中速、高速的运行试验。

当变频器空载运行正常后，可以进行负载运行试验。出于安全的考虑，变频器的带负载运行宜从低速开始逐步升速，运行过程中应随时观测变频器与电机的状态，并用操作单元监视变频器的输出电流（参数 U1-03）；如输出电流过大或机械部件出现异常振动与声音，则应对系统进行进一步的调整。

变频器调整结束后，应在校验模式下检查与记录变频器设定的特殊参数，包括自动调整中设定的参数；然后，将参数读出并存储到操作单元上，以便更换变频器时恢复。

如需要，还可以通过设定参数 o2-03 = 1，将系统特殊的参数保存到用户设定参数存储区域。这一存储区的参数可通过参数 A1-03 = 1110 的初始化进行恢复。

参数保存结束，调试人员可根据需要在 A1-01、A1-04、A1-05 上设定密码，或通过外部控制信号对参数的显示与修改进行保护。

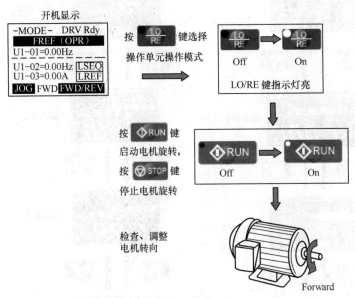

图5.2-15　空载JOG运行试验

拓展提高

一、单行显示单元操作

配套单行显示操作单元的 CIMR 变频器，其操作步骤与多行显示操作单元基本相同，但显示形式有所不同。

单行显示操作单元的显示切换如图 5.2-16 所示。单行显示操作单元的显示与多行显示操作单元稍有不同，例如，单行显示器具有转向显示页、快速设置显示为基本设定（STUP）等。

变频器选择完全 PU 控制时，其频率给定可直接在给定频率显示页设定；电机转向可通过转向显示页设定，其操作步骤如图 5.2-17 所示。

变频器的基本参数设定可在基本设定显示选定后，按【ENTER】键进入，其操作步骤如图5.2-18 所示。

在基本设定模式，操作单元可逐一显示变频器的基本参数号。其中，参数号 A1-06（变频器用途）以英文 application 的缩写"APPL"显示。参数号显示后，按【ENTER】键便可显示该参数的当前值。如需要，可通过图 5.2-18（b）所示的操作修改变频器的基本参数值。基本设定模式的参数设定操作，可直接通过【ESC】键退出、返回至频率给定显示页面。

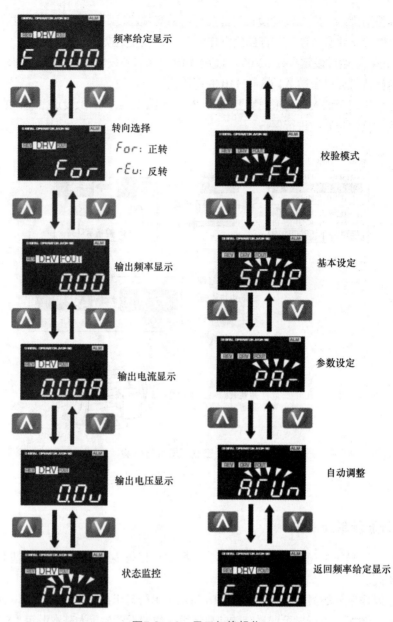

频率给定显示

转向选择
For: 正转
rEu: 反转

输出频率显示

输出电流显示

输出电压显示

状态监控

校验模式

基本设定

参数设定

自动调整

返回频率给定显示

图5.2-16　显示切换操作

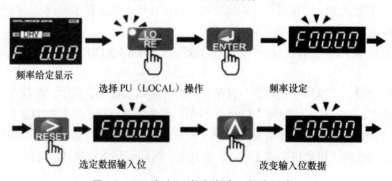

频率给定显示　　　选择PU（LOCAL）操作　　　频率设定

选定数据输入位　　　改变输入位数据

图5.2-17　完全PU控制频率、转向设定

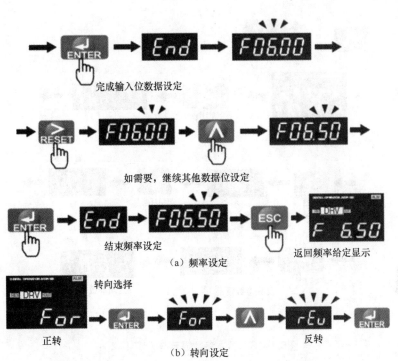

（a）频率设定

（b）转向设定

图5.2-17 完全PU控制频率、转向设定（续）

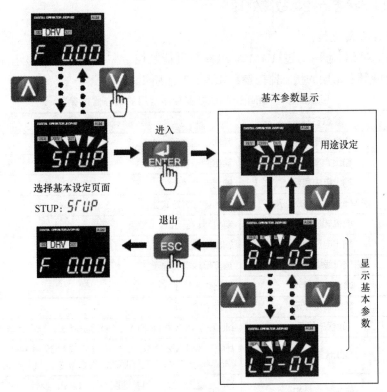

（a）参数显示

图5.2-18 基本参数显示与设定

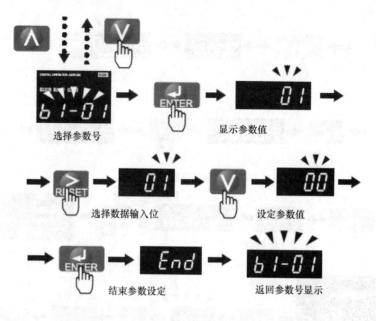

选择参数号　　ENTER　　显示参数值

选择数据输入位　　设定参数值

结束参数设定　　返回参数号显示

（b）参数设定

图5.2-18　基本参数显示与设定（续）

二、变频器状态监控与故障处理

1. 变频器状态监控

变频器的实际状态可通过 U1~U6 组参数进行监控，监控参数只能显示而不能设定。CIMR-A1000 变频器常用的状态监控参数如表 5.2-11 所示。

表 5.2-11　CIMR-A1000 变频器常用的状态监控参数

参数号	参数名称	显示值与意义
U1-01	指令频率显示	频率给定显示
U1-02	输出频率显示	输出频率显示
U1-03	输出电流显示	输出电流显示
U1-04	变频器控制方式显示	变频器控制方式显示
U1-05	电机转速显示	电机转速显示
U1-06	输出电压显示	输出电压显示
U1-07	直流母线电压显示	直流母线电压显示
U1-08	输出功率显示	输出功率显示
U1-09	转矩给定显示	转矩给定显示
U1-10	DI 状态显示	bit 0~ 7 依次为 DI 输入 S1~S8 的状态，"1"代表 ON
U1-11	DO 状态显示	bit 0：M1/M2 状态；bit 1： P1 或 M3/M4 状态；bit 2：P2 或 M5/M6 状态；bit 7：MA/MB/MC 状态，"1"代表 ON
U1-12	运行状态显示	bit 0：运行中；bit 1：速度为 0；bit 2：反转；bit 3：复位；bit 4：频率一致；bit 5：准备好；bit 6：警示；bit 7：报警
U4-01	累计运行时间显示	累计运行时间显示
U1-25	Flash ROM 版本显示	Flash ROM 版本显示

续表

参数号	参数名称	显示值与意义
U1-13	AI 输入 A1 电压显示	AI 输入端 A1 电压显示（百分比显示）
U1-14	AI 输入 A2 电压显示	AI 输入端 A2 电压显示（百分比显示）
U1-15	AI 输入 A3 电压显示	AI 输入端 A3 电压显示（百分比显示）
U1-18	操作出错的参数号显示	操作出错的参数号显示
U1-19	MEMOBUS 通信出错代码	MEMOBUS 通信出错代码
U1-24	PI 输入频率显示	PI 脉冲频率显示
U4-18	频率给定方式显示	显示变频器的频率给定方式
U4-21	运行控制方式显示	显示变频器的运行控制方式

2. 变频器报警

"报警"是变频器最严重的故障，报警一旦发生，变频器将立即关闭输出，电机进入自由停车状态，同时报警输出触点将动作。变频器的报警发生后将被自动记忆，故障排除后需要按操作单元上的【RESET】键，或重启、外部 DI 信号复位操作，才能清除报警、恢复正常运行。

变频器报警的显示、内容及原因如表 5.2-12 所示，部分报警可以通过参数设定转换为警示信息。

表 5.2-12 变频器报警的显示、内容及原因

显示	报警名称	报警内容	报警原因
OC	过电流	变频器输出电流大于 200% 额定输出电流	输出短路或局部短路； 负载过大或变频器容量选择不合适； 加减速时间过短； 对电机电枢进行了断开/接通操作
GF	接地	接地电流大于 50% 额定电流	输出短路或局部短路
COF	电流检测异常	电流检测回路故障	电流检测回路不良或电机在旋转中
OV	过压	直流母线电压超过	加减速时间过短或制动过于频繁； 电源电压过高
UV1	主回路欠压	直流母线电压低于 L2-05 设定值	输入缺相或瞬时断电； 主回路连接不良； 电源波动过大或输入电压过低
UV2	控制电压过低	内部控制回路电压过低	连接不良
UV3	浪涌抑制器不良	浪涌抑制回路动作出错	内部器件故障或连接不良
PF	直流母线不良	直流母线电压波动过大	输入缺相或瞬时断电； 主回路连接不良； 电源波动过大或输入电压过低
LF	输出缺相	输出缺相	输出连接不良或电机不良； 变频器容量选择太大
LF2	输出不平衡	输出电流三相不平衡	输出连接或电机不良
OH	变频器过热	散热片温度超过 L8-02 设定值	环境温度过高或长期过载； 冷却风机不良或电器柜通风不良
OH1	散热片过热		
OH3、4	电机过热	电机温度超过了 L1-03 设定值	负载过重或加减速过于频繁； V/f 曲线错误或额定电流设定错误； 电机绕组存在局部短路

续表

显示	报警名称	报警内容	报警原因
RH	制动电阻过热	制动电阻温度超过了 L8-01 设定值	加减速时间过小或加减速过于频繁
RR	制动管故障	内部制动晶体管故障	连接不良或制动晶体管故障
OL1	电机过载	变频器过载保护动作	负载过重或加减速过于频繁； V/f 曲线错误或加减速时间过短； 额定电流设定错误； 电机绕组存在局部短路
OL2	变频器过载	变频器输出电流超过	变频器容量过小或 V/f 特性选择不当； 加减速时间过短或过于频繁
OL3	输出转矩过大	输出电流大于 L6-02 设定值，且持续时间超过 L6-03 设定值	参数 L6-02/L6-03 设定不当； 负载过重
OL4	输出转矩过大	输出电流大于 L6-05 设定值，且持续时间超过 L6-06 设定值	参数 L6-05/L6-06 设定不当； 负载过重
OL5	机械老化	机械老化设定时间到	使用时间到达
OL7	高转差制动出错报警	在参数 N3-04 设定的时间内输出频率无变化	负载惯性过大； 加减速时间设定不当
UL3	输出转矩过低	输出电流小于 L6-02 设定值，且持续时间超过 L6-03 设定值	参数 L6-02/L6-03 设定不当； 机械连接不良
UL4	输出转矩过低	输出电流小于 L6-05 设定值，且持续时间超过 L6-06 设定值	参数 L6-05/L6-06 设定不当； 机械连接不良
UL5	机械老化	机械老化设定时间到	使用时间到达
OS	速度超过	速度大于 F1-08 设定值，且持续时间超过 F1-09 设定值	参数 F1-08/F1-09 设定错误； 速度调节器参数设定不合适； 速度给定过大； 闭环系统编码器不良
PGO	编码器断线	未检测到编码器速度脉冲	编码器连接错误； 编码器与电机的机械连接不良； 编码器电源不正确
STO	PM 电机报警	检测到 PM 电机错误	电机代码错误； PM 电机参数设定错误
DEV	速度误差过大	速度误差大于 F1-10 设定值，且持续时间超过 F1-11 设定值	负载惯性过大或负载过重； 加减速时间设定不当； 参数 F1-10/F1-11 设定错误； 制动器不良或传动系统不良
CF	矢量控制故障	速度预测或转矩限制出错	电机参数设定错误或电机不良； 在电机自落状态下进行了启动
FBL	PID 反馈断开	PID 反馈小于 b5-13 设定值，且持续时间超过 b5-14 设定值	PID 反馈连接不良； 参数 b5-13/b5-14 设定不良
FBH	PID 反馈超过	PID 反馈小于 b5-36 设定值，且持续时间超过 b5-37 设定值	PID 反馈不良； 参数 b5-36/b5-37 设定不良
EFO	网络故障输入	来自网络通信的外部故障	网络控制故障或通信扩展模块不良
EF3~12	外部故障输入	接收 DI 输入的外部故障信号	外部故障

续表

显示	报警名称	报警内容	报警原因
SVE	伺服锁定故障	伺服锁定位置误差过大	转矩极限设定过小或负载过重; 编码器连接不良; 位置误差设定过小
OPR	操作单元断开	操作单元连接错误	操作单元未安装或安装不良; 操作单元不良
CE	MEMOBUS 出错	通信数据不能正确接收	通信连接不良; 通信错误
BUS	通信指令出错	运行指令不正确	
SER	速度搜索出错	速度搜索次数超过了b3-19设定值	电机参数设定不合理
ERR	EEPROM 写入错	EEPROM 不良	EEPROM 不良
E-15	通信命令出错	来自通信的运行命令不正确	通信命令错误或通信连接不良; 通信格式错误
E-10	通信选件出错	通信接口检测异常	通信选件安装、连接不良
CPF00	变频器通信故障	CPU 与操作单元通信未建立	操作单元连接不良; CPU 或 RAM 不良
CPF01	操作单元连接错	与操作单元的通信断开	操作单元连接不良
CPF02	输出关闭故障	无法封锁逆变管基极	变频器内部连接或器件不良
CPF03	EEPROM 故障	EEPROM 不良	EEPROM 安装不良或损坏
CPF04	A/D 转换器故障	内部 A/D 转换出错	A/D 转换安装不良或损坏
CPF05	A/D 转换器故障	外部 A/D 转换出错	A/D 转换安装不良或损坏
CPF06	扩展选件故障	扩展选件不良	安装不良或器件损坏
CPF07	ASIC-RAM 故障	ASIC 内部 RAM 不良	安装不良或器件损坏
CPF08	时间监控出错	软件不良或干扰	控制软件出错或接地干扰过大
CPF09	CPU 通信故障	CPU 或 ASIC 不良	安装不良或器件损坏
CPF10	ASIC 软件出错	ASIC 不良	安装不良或器件损坏
CPF20	通信模块故障	扩展选件不良	安装不良或器件损坏
CPF21	通信模块故障	通信模块自诊断出错	安装不良或器件损坏
CPF22	通信模块规格错	通信模块自诊断出错	安装不良或器件损坏
CPF23	通信检查出错	通信诊断出错	安装不良或器件损坏
OFA*	通信模块故障	扩展选件不良	安装不良或器件损坏

3. 变频器警示

变频器警示信息是指变频器出现了有可能导致报警的错误。出现警示信息时变频器仍然可以继续运行，报警触点输出不动作，操作单元闪烁警示信息；故障原因消除后可以自动恢复正常工作状态。

CIMR-A1000 变频器的警示信息如表 5.2-13 所示，部分警示可以通过参数设定转换为故障报警。

表 5.2-13　CIMR-A1000 变频器的警示信息

显示	警示名称	警示内容	警示原因
EF	正反转同时指令	正反转 DI 信号同时 ON	—
UV	主电压过低	无运行指令时，出现以下情况： 直流母线电压小于 L2-05 设定值； 过电流抑制回路工作； 控制电压已到下限	输入缺相； 瞬时断电； 主回路连接不良； 电源波动过大或输入电压过低
OH	变频器过热	散热片温度到达 L8-02 设定范围	环境温度过高或长期过载； 冷却风机不良或电器柜通风不良
OH2	过热预警	外部过热预警信号输入	—
OH3	电机过热	电机温度（PTC 检测）到达上限	负载过重或加减速过于频繁； V/f 曲线错误或额定电流设定错误； 电机绕组存在局部短路
OL3	输出转矩过大	输出电流大于 L6-02 设定值，且持续时间超过 L6-03 设定值	参数 L6-02/L6-03 设定不当； 负载过重
OL4	输出转矩过大	输出电流大于 L6-05 设定值，且持续时间超过 L6-06 设定值	参数 L6-05/L6-06 设定不当； 负载过重
UL3	输出转矩过低	输出电流小于 L6-02 设定值，且持续时间超过 L6-03 设定值	参数 L6-02/L6-03 设定不当； 机械连接不良
UL4	输出转矩过低	输出电流小于 L6-05 设定值，且持续时间超过 L6-06 设定值	参数 L6-05/L6-06 设定不当； 机械连接不良
OS	速度超过	速度大于 F1-08 设定值，且持续时间超过 F1-09 设定值	参数 F1-08/F1-09 设定错误； 速度调节器参数设定不合适； 速度给定过大； 闭环系统编码器不良
PGO	编码器断线	未检测到编码器速度脉冲	编码器连接错误； 编码器与电机的机械连接不良； 编码器电源不正确
DEV	速度误差过大	速度误差大于 F1-10 设定值，且持续时间超过 F1-11 设定值	负载惯性过大或负载过重； 加减速时间设定不当； 参数 F1-10/F1-11 设定错误； 制动器不良或传动系统不良
EF0	通信故障输入	接收到来自通信输入的故障	外部故障
EF3~12	外部故障输入	接收到 DI 输入外部故障信号	外部故障
FBL	PID 反馈断开	PID 反馈小于 b5-13 设定值，且持续时间超过 b5-14 设定值	PID 反馈连接不良； 参数 b5-13/b5-14 设定不良
FBH	PID 反馈超过	PID 反馈小于 b5-36 设定值，且持续时间超过 b5-37 设定值	PID 反馈不良； 参数 b5-36/b5-37 设定不良
CE	MEMOBUS 出错	通信数据不能正确接收	通信连接不良； 通信错误
BUS	通信指令出错	运行指令不正确	
CALL	通信等待中	通信数据不能正确接收	
RUNC	复位错误	在运行时进行的复位操作	操作错误

续表

显示	警示名称	警示内容	警示原因
RUN	切换错误	在运行时进行切换操作	操作错误
UCA	过电流预警	输出电流已经到达预警值	长时间过载
PASS	通信测试正常	通信测试正常完成	状态输出
BB	基极封锁	基极封锁中	状态输出
DNE	驱动禁止	驱动未使能	状态输出
HBB	安全触点	安全触点未使能	状态输出
HBBF	安全触点	安全触点未使能	状态输出
SE	通信检测错误	通信测试出错	变频器通信接口或软件不良
OL5	机械老化	机械老化设定时间到	使用时间到达
UL5			
E-15	通信选件出错	来自通信选件的运行指令不正确	通信指令错误或通信连接不良； 通信格式错误

4. 操作错误

变频器操作错误是指变频器参数设定、自动调整操作、参数复制操作等过程中出现了错误。出现操作错误的变频器不能进行启动，但故障触点输出不动作。CIMR-A1000 变频器的操作错误信息如表 5.2-14 所示。

表 5.2-14 变频器操作错误信息

显示	错误名称	错误内容	错误原因
OPE01	变频器容量不正确	变频器容量设定错误	参数错误
OPE02	参数超过允许范围	输入值超过允许范围	按【ENTER】键，从 U1-34 中读出出错的参数号
OPE03	DI 信号功能定义错误	定义了不允许的输入信号	不同输入端定义了相同功能； UP/DOWN 没有成对定义； UP/DOWN 与 IC/ID 被同时定义； 外部速度搜索 1 与 2 被同时定义； PID 控制时定义了 UP/DOWN 信号； 1C/1D 没有成对定义； 同时定义了常开与常闭型输入信号
OPE05	频率给定选择错误	选择了不存在的输入	参数 b1-01 设定错误
OPE06	控制方式选择错误	选择了不允许的方式	参数 A1-02 设定错误
OPE07	AI 或 PI 功能错误	AI 或 PI 功能定义错误	参数 H3、H6、b1-01 的设定不正确
OPE08	功能选择错误	选择了不允许的功能	按【ENTER】键，从 U1-34 中读出出错的参数号
OPE09	PID 设定错误	设定了错误的 PID 参数	参数 b5-01、b5-15、b1-03 设定错误
OPE10	V/f 参数设定错误	V/f 曲线定义错误	参数设定未满足如下条件： E1-04≥E1-06≥E1-07≥E1-09； E3-02≥E3-04≥E3-05≥E3-07

续表

显示	错误名称	错误内容	错误原因
OPE11	参数设定错误	设定了不允许的参数	参数设定出现了以下情况： C6-05 > 6；C6-04 > C6-03； C6-03~C6-05 设定错误； C6-02 = 2~F 时 C6-01 = 0； C6-02 = 7~F 时 C6-01 = 1； PWM 载波频率设定错误
OPE13	脉冲输出定义错误	参数不正确	检查脉冲输出相关参数
ERR	EEPROM 写入错	进行 EEPROM 写入时参数出现不一致	变频器规格不一致； 其他参数设定有误

三、变频器常见故障与处理

1. 不能正常操作、运行

当变频器发生不能正常运行的故障时，可根据不同情况，按照如下步骤进行检查。

（1）参数不能设定

变频器参数不能被设定的可能原因如下。

① 变频器在运行中，部分参数的写入不允许。

② DI 写入保护生效或密码设定错误。

（2）变频器不能正常运行

当变频器无报警但是不能正常启动与旋转时，需要进行主回路、输入控制信号、变频器参数与机械传动部件等方面的综合检查。

主回路检查包括如下内容。

① 检查电源电压是否已经正常加入变频器。

② 检查电机电枢线是否已经正确连接。

③ 检查直流母线连接是否脱落等。

控制信号检查包括如下内容。

① 检查变频器的源、汇点输入选择设定是否正确。

② 检查转向信号输入是否为"1"。

③ 检查频率给定是否已经输入。

④ 检查变频器的运行控制命令是否已经为"1"。

⑤ 检查频率给定是否为"0"，极性是否连接正确。

⑥ 检查变频器输出关闭信号是否已经输入。

⑦ 检查变频器复位信号是否已经输入。

检查编码器是否连接正确（闭环控制运行时）等。

参数检查包括如下内容。

① 检查运行命令选择参数 b1-02 的设定是否正确。

② 检查最小输出频率参数 E1-09 设定是否过大。

③ 检查模拟量输入功能定义参数 H3-09/H3-05 的设定是否正确。

④ 检查转向禁止参数 b1-04 的设定是否正确等。

机械传动部件包括如下内容。

① 检查负载是否过重。

② 检查机械制动装置是否已经松开。

③ 检查机械传动部件是否可以灵活转动。

④ 检查机械连接件是否脱落等。

2. 运行不良

（1）电机严重发热

电机发热与以下因素有关。

① 电机负载过重或散热不良。

② 电机额定电流、额定电流参数设定错误。

③ 电机类型选择不合理。

④ 负载类型选择不合理。

⑤ 转矩提升设定过大。

⑥ 电机未进行自动调整。

⑦ 电机内部局部短路。

电机额定频率、额定电压设定错误等。

（2）电机噪声过大

电机运行时的噪声与以下因素有关。

① PWM 载波频率设定不合适。

② 速度调节器、转矩调节器参数设定不合理。

③ 电机类型选择不正确等。

（3）速度偏差过大或不能调速

如果在电机启动后出现速度偏差过大或速度不能改变的情况，可以按照如下步骤进行相关检查。

① 检查频率给定输入或设定是否正确。

② 检查变频器操作模式选择是否正确（如是否工作于 JOG 模式、多级变速模式等）。

③ 检查开关量输入控制信号是否正确（如是否将转向信号、停止信号定义成了 JOG 模式、多级变速模式的输入信号等）。

④ 检查上限频率、下限频率、额定电压的设定是否正确。

⑤ 检查模拟量输入增益、偏移设定参数设定是否正确。

⑥ 检查负载是否过重。

⑦ 检查频率跳变区域的设定是否合适，变频器是否已经工作在跳变区。

检查制动电阻与直流母线的连接是否正确等。

（4）加减速不稳定

当电机出现加减速不稳定时，可能的原因如下。

① 加减速时间设定不合理。

② 在 V/f 控制时，转矩提升设定不合理。

③ 负载过重等。

（5）转速不稳定

当电机出现转速不稳定时（如果采用矢量控制，变频器的输出频率在 2Hz 之内的波动属于正常现象），可能的原因如下。

① 负载变化过于频繁。

② 频率给定输入波动或受到干扰。

③ 给定滤波时间常数设定不合适。

④ 接地系统与屏蔽线连接不良或给定输入未使用屏蔽线。

⑤ 矢量控制时电机极数、容量设定错误。

⑥ 变频器到电机的电枢连接线过长或连接不良。

⑦ 矢量控制时未进行电机的自动调整。

V/f 控制方式的电机额定电压设定错误等。

技能训练

根据实验条件，进行变频器操作、调试、故障维修实践。